《电工实战丛书》编委会

电工 实战丛书

DIANGONG SHIZHAN CONGSHU

电工技能速成与实战技巧

与实战技巧

DIANGONG JINENG SUCHENG YU SHIZHAN JIQIAO

孙克军 主 编

刘 骏 孙会琴 副主编

化学工业出版社

·北京·

图书在版编目（CIP）数据

电工技能速成与实战技巧/孙克军主编. —北京：化
学工业出版社，2017.4
（电工实战丛书）
ISBN 978-7-122-29162-2

Ⅰ.①电… Ⅱ.①孙… Ⅲ.①电工技术 Ⅳ.①TM

中国版本图书馆 CIP 数据核字（2017）第 035673 号

责任编辑：高墨荣　　　　　　　　　　　文字编辑：孙凤英
责任校对：王　静　　　　　　　　　　　装帧设计：刘丽华

出版发行：化学工业出版社（北京市东城区青年湖南街 13 号　邮政编码 100011）
印　　刷：北京永鑫印刷有限责任公司
装　　订：三河市宇新装订厂
787mm×1092mm　1/16　印张 18　字数 438 千字　2017 年 6 月北京第 1 版第 1 次印刷

购书咨询：010-64518888（传真：010-64519686）　　售后服务：010-64518899
网　　址：http://www.cip.com.cn
凡购买本书，如有缺损质量问题，本社销售中心负责调换。

定　　价：58.00 元

前　言

随着国民经济的飞速发展，电能在工农业生产、军事、科技及人民日常生活中的应用越来越广泛。各行各业对电工的需求越来越多，新电工不断涌现，新知识也需要不断补充，为了满足广大再就业人员学习电工技术的要求，我们组织编写了"电工实战丛书"。本丛书按高压电工、低压电工、维修电工、建筑电工、物业电工、家装电工、水电工、汽车电工、电工分册。本丛书采用大量图表，内容由浅入深、言简意赅、通俗易懂、简明实用、可操作性强，力求帮助广大读者快速掌握行业技能，顺利上岗就业。

本书是电工分册，是根据广大初、中级电工的实际需要，参考《工人技术等级标准》规定的初、中级应知应会的主要要求而编写的，以帮助电工提高电气技术的理论水平及处理实际问题的能力。在编写过程中，从当前电工的实际情况出发，面向生产实际，搜集、查阅了大量有关资料，归纳了电工基础、电子技术基础、电工工具和电工仪表的使用、变压器的使用与维护、电动机的原理与使用、低压电器的使用与维护、常用电气控制电路、低压架空线路、室内配电线路、电气照明装置和电风扇、安全用电等方面的内容。编写时考虑到了系统性，力求突出实用性，努力做到理论联系实际。书中介绍了电工与电子技术基础知识，并介绍了常用电工工具和电工仪表的使用方法，着重讲述了变压器、电动机、低压电器的安装、使用与维护，还重点讲述了低压配电线路和电气照明的安装与维护等。

本书具有简明实用、通俗易懂、可操作强的特点。书中全面介绍了电工应掌握的基础知识和基本操作技能。本书不仅可作为农村进城务工人员，以及没有相应技能基础的广大城乡待业、下岗人员的就业培训用书，也可供已经就业的电工在技能考评和工作中使用，还可作为职业院校有关专业师生的教学参考书。

本书由孙克军主编，刘骏、孙会琴副主编。第1章由刘骏编写，第2章由王晓晨编写，第3章由马超编写，第4章由孙会琴编写，第5章和第11章由孙克军编写，第6章由杨国福编写，第7章由刘庆瑞编写，第8章由孙丽华编写，第9章由王素芝编写，第10章由朱维璐编写。编者对关心本书出版、热心提出建议和提供资料的单位和个人在此表示衷心的感谢。

由于水平所限，书中难免有不妥之处，希望广大读者批评指正。

编　者

目　录

第3章　电工工具和电工仪表的使用

第 6 章　低压电器的使用与维护

第 7 章　常用电气控制电路

第8章 低压架空线路

第9章 室内配电线路

第10章 电气照明装置和电风扇

第 11 章　安 全 用 电

参 考 文 献

第1章

电工基础

«««

»» 1.1 直流电路

○ 1.1.1 电路的组成

由电源、负载、导线和开关等组成的闭合回路是电流所经之路，称为电路，例如，在日常生活中，把一个灯泡通过开关、导线和电池连接起来，就组成了一个照明电路，如图 1-1 所示。当合上开关时，电路中就有电流通过，灯泡就会亮起来。

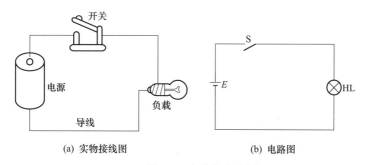

(a) 实物接线图　　　　　　　(b) 电路图

图 1-1　电路与电路图

电路一般由以下四部分组成。

(1) 电源

电源是提供电能的装置，其作用是将其他形式的能量转换为电能，如发电机、蓄电池、光电池等都是电源。发电机将机械能转换成电能；蓄电池将化学能转换成电能；光电池将光能转换成电能。

(2) 负载

负载是消耗电能的电器或设备，其作用是将电能转换为其他形式的能量，如电灯、电炉、电动机等都是负载。电灯将电能转换成光能；电炉将电能转换成热能；电动机将电能转换成机械能。

(3) 导线

连接电源与负载的金属线称为导线。导线用于将电路的各种元件、各个部分连接起来，形成完整的电路。导线通过一定的电流，以实现电能或电信号的传输与分配。

(4) 开关

开关是控制电路接通和断开的装置。

注：电路中，根据需要还装配有其他辅助设备，如测量仪表用来测量电路中的电量；熔断器用来执行保护任务等。

1.1.2 电路的工作状态

电路的工作状态有以下三种。

(1) 通路

通路就是电源与负载连接成闭合电路。如图 1-1 所示，开关 S 位于"闭合"位置时，电路处于通路状态。这时，电路中有电流通过。必须注意，处于通路状态的各种电气设备的电压、电流、功率等数值不能超过其额定值。

(2) 断路（开路）

断路就是电源与负载未接成闭合电路。如图 1-1 所示，开关 S 位于"断开"位置时，电路处于断路状态。这时，电路中没有电流通过。断路又称开路。如果将电路的回路切断或发生断线，电路中的电流不能通过，就称为断路。在实际电路中，电气设备与电气设备之间、电气设备与导线之间连接时，接触不良也会使电路处于断路状态。

(3) 短路

短路就是电源未经负载而直接由导线（导体）构成通路，如图 1-2 所示，电源被短接，电路处于短路状态。电气设备在正常工作时，电路中的电流由电源的一端经过电气设备流回到电源的另一端，形成回路。如果电流不经电气设备而由电源的一端直接回到电源的另一端，导致电路中的电流急剧增大，这就称为短路。

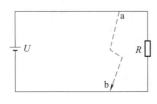

图 1-2 电路短路

一般情况下，短路时的大电流会损坏电源和导线等。短路属于事故状态，往往造成电源被烧坏或酿成火灾，必须严加避免。

1.1.3 电流

电荷有规则地定向移动称为电流。在金属导体中，电流是电子在外电场作用下有规则地运动形成的。在某些液体或气体中，电流则是正离子或负离子在电场力作用下有规则地运动形成的。

(1) 电流的方向

电流不仅有大小，而且有方向，习惯上规定正电荷移动的方向为电流的方向。

在分析或计算电路时，常常要求出电流的方向，但当电路比较复杂时，某段电路中电流的实际方向往往难以确定，此时，可先假定电流的参考方向，然后列方程求解，当解出的电流为正值时，就认为电流的实际方向与参考方向一致，如图1-3（a）所示；反之，当解出的电流为负值时，就认为电流的实际方向与参考方向相反，如图1-3（b）所示。

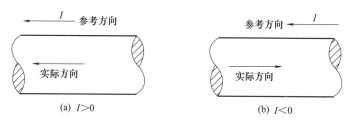

图1-3 电流的方向

（2）电流的大小

为了比较准确地衡量某一时刻电流的大小或强弱，引入了电流这个物理量，表示符号为I。电流的大小等于通过导体横截面的电荷量与通过这些电荷量所用的时间的比值。如果在时间t内通过导体横截面的电荷量为q，那么，电流I为

$$I = \frac{q}{t}$$

式中，电流I的单位是安培，简称安，用字母A表示；电量q的单位是库仑，简称库，用字母C表示；时间t的单位为秒，用字母s表示。

如果在1秒（1s）内通过导体横截面的电量为1库仑（1C），则导体中的电流就是1安培（1A）。除安培外，常用的电流单位还有千安（kA）、毫安（mA）和微安（μA）等，其换算关系如下。

$$1kA = 10^3 A$$
$$1A = 10^3 mA$$
$$1mA = 10^3 \mu A$$

（3）电流的种类

导体中的电流不仅可具有大小的变化，而且可具有方向的变化。大小和方向都不随时间而变化的电流称为恒定直流电流，如图1-4（a）所示。方向始终不变，大小随时间而变化的电流称为脉动直流电流，如图1-4（b）所示。大小和方向均随时间变化的电流称为交流电流。工业上普遍应用的交流电流是按正弦函数规律变化的，称为正弦交流电流，如图1-4（c）所示，非正弦交流电流如图1-4（d）所示。

为了区别直流电流和交流电流，直流电流用大写字母I表示；交流电流用小写字母i表示。

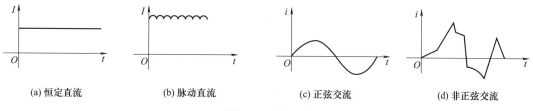

(a) 恒定直流　　　(b) 脉动直流　　　(c) 正弦交流　　　(d) 非正弦交流

图1-4 电流种类

（4）电流密度

在实际工作中，有时要选择导线的粗细（横截面），这就要用到电流密度这一概念。所谓电流密度，就是指当电流在导体的横截面上均匀分布时，该电流与导体横截面积的比值。电流密度用字母 J 表示，其数学表达式为

$$J = \frac{I}{S}$$

式中，当电流 I 的单位为 A、导体横截面积 S 的单位为 mm^2 时，电流密度 J 的单位是 A/mm^2。

选择合适的导线横截面积就可使导线的电流密度在允许的范围内，保证用电安全。当导线中通过的电流超过允许值时，导线将过热，甚至造成事故。

◎ 1.1.4 电压和电动势

（1）电压

电压又称电位差，是衡量电场力做工本领的物理量。

水要有水位差才能流动，与此相似，要使电荷有规则地移动，在电路两端必须有一个电位差，也称为电压。电压用符号 U 表示（直流电压用大写字母 U 表示，交流电压用小写字母 u 表示）。

电压的基本单位是伏特，简称伏，用字母 V 表示，例如干电池两端电压一般是 1.5V，电灯电压为 220V 等。有时采用比伏更大或更小的单位：千伏（kV）、毫伏（mV）、微伏（μV）等。这些单位之间的换算关系如下。

$$1kV = 10^3 V$$
$$1V = 10^3 mV$$
$$1mV = 10^3 \mu V$$

电压和电流一样，不仅有大小，而且有方向，即有正负。对于负载来说，规定电流流进端为电压的正端，电流流出端为电压的负端。电压的方向由正指向负。

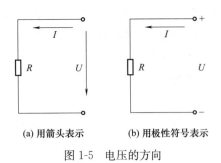

(a) 用箭头表示　　(b) 用极性符号表示

图 1-5　电压的方向

电压的方向在电路图中有两种表示方法，一种用箭头表示，如图 1-5（a）所示；另一种用极性符号表示，如图 1-5（b）所示。

在分析电路时，往往难以确定电压的实际方向，此时可先任意假设电压的参考方向，再根据计算所得电压值的正负来确定电压的实际方向。当计算出的电压为正值时，电压的实际方向与参考方向一致；当计算出的电压为负值时，电压的实际方向与参考方向相反。

对于电阻负载来说，没有电流就没有电压，有电压一定有电流。电阻两端的电压被称为电压降。

（2）电动势

电动势是衡量电源将非电量转换成电量本领的物理量。电动势的定义为：在电源内部，

外力将单位正电荷从电源的负极移动到电源的正极所做的功。

一个电源（例如发电机、电池等）能够使电流持续不断地沿电路流动，就是因为它能使电路两端维持一定的电位差，这种使电路两端产生和维持电位差的能力就叫做电源的电动势。电动势常用符号 E 表示（直流电动势用大写字母 E 表示；交流电动势用小写字母 e 表示）。

电动势的单位与电压相同，也是伏特（V）。电动势的方向规定为：在电源内部由负极指向正极。直流电动势的两种图形符号如图 1-6 所示。

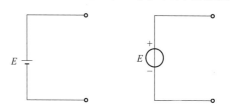

图 1-6 直流电动势的两种图形符号

对于一个电源来说，既有电动势，又有端电压，电动势只存在于电源内部，而端电压则是电源加在外电路两端的电压，其方向由正极指向负极。一般情况下，电源的端电压总是低于电源内部的电动势，只有当电源开路时，电源的端电压才与电源的电动势相等。

1.1.5 电阻

(1) 电阻的定义

电流在导体中通过时所受到的阻力称为电阻。电阻是反映导体对电流起阻碍作用的大小的一个物理量。不但金属导体有电阻，其他物体也有电阻。

电阻常用字母 R 或 r 表示，其单位是欧姆，简称欧，用字母 Ω 表示。若导体两端所加的电压为 1V，导体内通过的电流是 1A，这段导体的电阻就是 1Ω。

除欧姆外，常用的电阻单位还有千欧（$k\Omega$）、兆欧（$M\Omega$），它们之间的换算关系如下。

$$1k\Omega = 10^3\,\Omega$$
$$1M\Omega = 10^3\,k\Omega = 10^6\,\Omega$$

(2) 电阻定律

导体的电阻是客观存在的，它不随导体两端电压大小而变化。即使没有电压，导体仍然有电阻。试验证明，导体的电阻 R 与导体的长度 l 成正比，与导体的横截面积 A 成反比，并与导体的材料性质有关，即

$$R = \rho \frac{l}{A}$$

上式称为电阻定律。式中的 ρ 是与导体材料性质有关的物理量，称为导体的电阻率或电阻系数。

电阻率 ρ 与导体的几何形状无关，而与导体材料的性质和导体所处的条件（如温度等）有关。电阻率 ρ 通常是指在 20℃时，长 1m，横截面积为 $1m^2$ 的某种材料的电阻值。当 l、A、R 的单位分别为 m、m^2、Ω 时，电阻率 ρ 的单位是欧·米，用符号 $\Omega\cdot m$ 表示。表 1-1 列出了常用材料在 20℃时的电阻率。

表 1-1 常用材料的电阻率（20℃）

材料名称	电阻率 $\rho/\Omega\cdot m$	电阻温度系数 $\alpha/℃^{-1}$
银	1.6×10^{-8}	0.0036
铜	1.7×10^{-8}	0.004

续表

材料名称	电阻率 $\rho/\Omega \cdot m$	电阻温度系数 $\alpha/℃^{-1}$
铝	2.8×10^{-8}	0.0042
钨	5.5×10^{-8}	0.0044
铁	9.8×10^{-8}	0.0062
碳	1.0×10^{-5}	-0.0005
锰铜	44×10^{-8}	0.000006
康铜	48×10^{-8}	0.000005

(3) 电阻与温度的关系

导体的电阻除了取决于导体的几何尺寸和材料性质外，还受温度的影响。不同的材料因温度变化而引起的电阻变化是不同的，同一导体在不同的温度下有不同的电阻，也就有不同的电阻率。表 1-1 列出的电阻率是温度为 20℃时的值。

把温度升高 1℃时电阻所产生的变动值与原电阻的比值称为电阻温度系数，用字母 α 表示，单位为 $℃^{-1}$。

如果温度为 t_1 时，导体的电阻为 R_1；温度为 t_2 时，导体的电阻为 R_2，则电阻的温度系数 α 是

$$\alpha = \frac{R_2 - R_1}{R_1(t_2 - t_1)}$$

即

$$R_2 = R_1[1 + \alpha(t_2 - t_1)]$$

表 1-1 所列的电阻温度系数 α 是导体在某一温度范围内温度系数的平均值，并不是任何初始温度下，每升高 1℃都有相同比例的电阻变化。

一般金属材料的电阻温度系数 α 的数值是很小的，但当导体的工作温度很高时，电阻的变化也很显著，不能忽视。表 1-1 中碳的电阻温度系数是负数，这表明，当温度升高时，碳的电阻反而减小。

◯ 1.1.6 欧姆定律

(1) 部分电路欧姆定律

欧姆定律是用来说明电压、电流、电阻三者之间关系的定律，是电路分析的基本定律之一，实际应用非常广泛。

部分电路欧姆定律的内容是：在某一段不含电源的电路（又称部分电路）中，流过该段电路的电流与该电路两端的电压成正比，与这段电路的电阻成反比，如图 1-7 所示，其数学表达式为

$$I = \frac{U}{R}$$

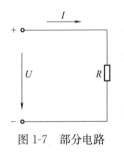

图 1-7 部分电路

式中 I——流过电路的电流，A；

U——电路两端电压，V；

R——电路中的电阻，Ω。

上式还可以改写成 $U = IR$ 和 $R = \dfrac{U}{I}$ 两种形式。这样就可以很方便地由已知的两个量求

出另一个未知量。

从图 1-7 中还可以看出，电阻两端的电压方向是由高电位指向低电位的，并且电位是逐渐降低的。

(2) 全电路欧姆定律

全电路是指含有电源的闭合电路，如图 1-8 所示。

由图 1-8 可以看出，全电路是由内电路和外电路组成的闭合电路的整体。图 1-8 中的虚线框代表一个实际电源的内部电路，称为内电路。电源内部一般都是有电阻的，这个电阻称为电源的内电阻（内阻），一般用字母 r（或 R_0）表示。为了看起来方便，通常在电路图中把内电阻 r 单独画出。事实上，内电阻 r 在电源内部，与电动势 E 是分不开的。因此，内电阻也可以不单独画出，而在电源符号的旁边注明内电阻的数值就行了。

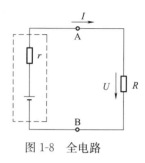

图 1-8 全电路

全电路欧姆定律是用来说明当温度不变时，一个含有电源的闭合回路中电动势、电流、电阻之间的关系的基本定律。

全电路欧姆定律的内容是：在全电路中，电流与电源的电动势成正比，与整个电路的内、外电阻之和成反比，其数学表达式为

$$I = \frac{E}{R+r}$$

式中　E——电源的电动势，V；

　　　R——外电路（负载）的电阻，Ω；

　　　r——内电路（电源）的电阻，Ω；

　　　I——电路中的电流，A。

由上式得出

$$E = I(R+r) = IR + Ir$$

令 $IR = U$，$Ir = U_r$，则

$$E = U + U_r \quad \text{或 } U = E - U_r$$

式中　U_r——电源内阻 r 上的电压降，V；

　　　U——电源向外电路的输出电压，称为电源端电压，V。

1.1.7 电功与电功率

(1) 电功

一个力作用在物体上，使物体在力的方向上产生运动，就认为这个力对物体做了功。在电路中，电荷受到电场力的作用，并沿着电场力的方向运动形成电流，说明电场力对电荷做了功，习惯上叫做电流做了功，称为电功。

电流做功总是伴随着能量的变化和转换，例如电流通过灯泡做功，要损耗电能，而这些损耗的电能却转换为光能和热能；又如电流通过电动机做功，把电能转换为机械能和热能；电流通过电炉丝做功，把电能转换为热能等。电功是电能变化的量度。在电路中，电功用字

母 W（或 A）表示，其单位是焦耳，简称为焦，用字母 J 表示。

研究表明：电功的大小与通过用电器的电流大小及加在它们两端电压的高低和通电时间的长短成正比，其数学表达式为

$$W=UIt \quad 或 \quad W=I^2Rt$$

式中　U——加在负载上的电压，V；

　　　I——流过负载的电流，A；

　　　R——负载电阻，Ω；

　　　t——时间，s；

　　　W——电功，J。

通过手电筒灯泡的电流，每秒钟做功大约是 1J。通过普通电灯泡的电流，每秒钟做功一般是几十焦。通过洗衣机中电动机的电流每秒钟做功 200J 左右。

在实际应用中，焦耳这个单位显得过小，用起来不方便，故一般以千瓦·时（kW·h）作为电功的实用单位，1kW·h 就是通常所说的 1 度电：

$$1kW·h=3.6×10^6J$$

电功通常用电能表（俗称电度表）来测量。

(2) 电功率

电功表示电场力做功的多少，但不能表示做功的快慢。把单位时间内电流所做的功称为电功率，用它来表示电场力做功的快慢。电功率用字母 P 表示，则

$$P=\frac{W}{t}=\frac{UIt}{t}=UI$$

在上式中，若电功 W 的单位为 J，时间 t 的单位为 s，则电功率 P 的单位为 J/s 或 W（称为瓦特，简称瓦）。在直流电路或纯电阻交流电路中，电功率等于电压和电流的乘积，当电压 U 的单位为 V，电流 I 的单位为 A 时，则电功率 P 的单位为 W。

在实际应用中，电功率的单位还有兆瓦（MW）、千瓦（kW）、毫瓦（mW），它们的换算关系如下。

$$1MW=10^3kW$$
$$1kW=10^3W$$
$$1W=10^3mW$$

根据欧姆定律，电阻消耗的电功率还可以用下式表达。

$$P=UI=\frac{U^2}{R}=I^2R$$

上式表明，当电阻一定时，电阻上消耗的功率与其两端电压的平方成正比，或与通过电阻的电流的平方成正比。

◯ 1.1.8　电阻的串联与并联

(1) 电阻的串联

① 电阻的串联电路　将两个或两个以上的电阻器，一个接一个地依次连接起来，组成无分支的电路，使电流只有一条通道的连接方式叫电阻的串联。如图 1-9（a）所示为由三个电阻构成的串联电路。

② 串联电路的基本特点

a. 串联电路中流过每个电阻的电流都相等，即

$$I = I_1 = I_2 = I_3 = \cdots = I_n$$

b. 串联电路两端的总电压等于各电阻两端的电压（即各电阻上的电压降）之和，即

$$U = U_1 + U_2 + U_3 + \cdots + U_n$$

③ 串联电路的总电阻　在分析串联电路时，为了方便起见，常用一个电阻来表示几个串联电阻的总电阻，这个电阻称为串联电路的总电阻（又称等效电阻），如图 1-9（b）所示。

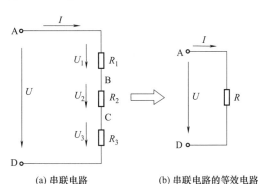

(a) 串联电路　　　　(b) 串联电路的等效电路

图 1-9　电阻的串联及其等效电路

用 R 代表串联电路的总电阻，I 代表串联电路的电流，在图 1-9 中，总电阻应该等于总电压 U 除以电流 I，即

$$R = \frac{U}{I} = \frac{U_1 + U_2 + U_3}{I} = \frac{IR_1 + IR_2 + IR_3}{I} = R_1 + R_2 + R_3$$

也就是说，串联电路的总电阻等于各个电阻之和。同理，可以推导出

$$R = R_1 + R_2 + R_3 + \cdots + R_n$$

(2) 电阻的并联

① 电阻的并联电路　把两个或两个以上的电阻并列连接在两点之间，使每一个电阻两端都承受同一电压的连接方式叫做电阻的并联。图 1-10（a）所示电路是由三个电阻构成的并联电路。

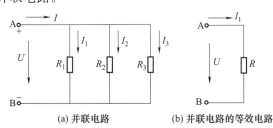

(a) 并联电路　　　　(b) 并联电路的等效电路

图 1-10　电阻的并联及其等效电路

② 并联电路的基本特点

a. 并联电路中，各电阻（或各支路）两端的电压相等，并且等于电路两端的电压，即

$$U = U_1 = U_2 = U_3 = \cdots = U_n$$

b. 并联电路中的总电流等于各电阻（或各支路）中的电流之和，即

$$I = I_1 + I_2 + I_3 + \cdots + I_n$$

③ 并联电路的总电阻　在分析并联电路时，为了方便起见，常用一个电阻来表示几个并联电阻的总电阻，这个电阻称为并联电路的总电阻（又称等效电阻），如图 1-10（b）所示。

用 R 代表并联电路的总电阻，U 代表并联电路各支路两端的电压，在图 1-10 中，根据欧姆定律可得

$$I = \frac{U}{R}, \ I_1 = \frac{U}{R_1}, \ I_2 = \frac{U}{R_2}, \ I_3 = \frac{U}{R_3}$$

因为

$$I = I_1 + I_2 + I_3$$

即

$$\frac{U}{R}=\frac{U}{R_1}+\frac{U}{R_2}+\frac{U}{R_3}$$

所以

$$\frac{1}{R}=\frac{1}{R_1}+\frac{1}{R_2}+\frac{1}{R_3}+\cdots+\frac{1}{R_n}$$

a. 当只有两个电阻并联时，可得

$$R=R_1/\!/R_2=\frac{R_1R_2}{R_1+R_2}$$

上式中的"$/\!/$"是并联符号。

b. 若并联的 n 个电阻值都是 R_0，则

$$R=\frac{R_0}{n}$$

可见，并联电路的总电阻比任何一个并联电阻的阻值都小。

>>> 1.2 磁场与电磁感应

● 1.2.1 磁的基本知识

(1) 磁场和磁力线

人们通过长期的探索和研究，发现当两个互不接触的磁体靠近时，它们之间之所以会发生相斥或相吸，是因为在磁体周围存在着一个作用力的空间，这一作用力的空间称为磁场。

磁体周围的磁场可以用磁力线（又称磁感应线）来形象描述，如图 1-11 所示。磁力线的方向就是磁场的方向，可用小磁针在各点测知。用磁力线来描述磁场时，磁力线具有以下特点。

① 磁力线在磁体外部总是由 N 极指向 S 极，而在磁体内部则是由 S 极指向 N 极，磁力线出入磁体总是垂直的。

② 磁力线上任意一点的切线方向就是该点的磁场方向，即小磁针 N 极的指向。

③ 磁力线的疏密程度反映了磁场的强弱。磁力线越密，表示磁场越强；磁力线越疏，表示磁场越弱。

④ 因为磁针的 N 极和 S 极总是成对出现，而且磁场中任何一点，小磁针只能受到一个磁场力的作用，所以磁力线是一些互不相交的闭合曲线。

⑤ 磁力线均匀分布而又相互平行的区域称为均匀磁场，如图 1-12 所示；反之则称为非均匀磁场。

(2) 电流的磁场

磁铁并不是磁场的唯一来源。把一根导线平行放在磁针的上方，给导线通电，磁针就会发生偏转（见图 1-13），当电流停止时，磁针又恢复原来位置。电流对磁针的这种作用说明了通电导线的周围存在着磁场，电与磁是有密切联系的。

法国科学家安培确定了通电导线周围的磁场方向，并用磁力线进行了描述。

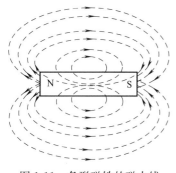

图 1-11 条形磁铁的磁力线

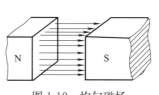

图 1-12 均匀磁场

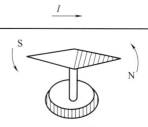

图 1-13 通电导体与小磁针

① 通电直导线周围的磁场　用一根长直导体垂直穿过水平玻璃板或硬纸板。在板上撒一些铁屑，使电流通过这个垂直导体，并用手指轻敲玻璃板，振动板上的铁屑，这时铁屑在电流磁场的作用下排成磁力线的形状，如图1-14（a）所示。再将小磁针放在玻璃板上，可以确定磁力线的方向。如果改变电流的方向，则磁力线的方向也随之改变。

通电直导线产生的磁力线方向与电流方向之间的关系可用右手螺旋定则来说明，如图1-14（b）所示。用右手握住通电直导线，并把拇指伸出，让拇指指向电流方向，则四指环绕的方向就是磁力线的方向。

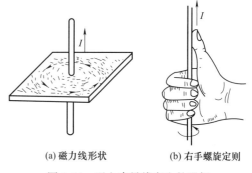

(a) 磁力线形状　　(b) 右手螺旋定则

图 1-14 通电直导线产生的磁场

② 通电螺线管的磁场　如果把导线制成螺线管，通电后磁力线的分布情况如图1-15（a）所示。在螺线管内部的磁力线绝大部分是与管轴平行的，而在螺线管外面就逐渐变成散开的曲线。每一根磁力线都是穿过螺线管内部，再由外部绕回的闭合曲线。

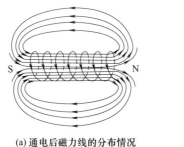

(a) 通电后磁力线的分布情况

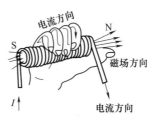

(b) 右手螺旋定则

图 1-15 通电螺线管的磁场

将通电螺线管作为一个整体来看，管外的磁力线从一端发出，到另一端回进，其表现出来的磁性类似一个条形磁体，一端相当于 N 极，另一端相当于 S 极。如果改变电流的方向，它的 N 极、S 极也随之改变。

通电螺线管产生的磁力线方向与电流方向之间的关系也可用右手螺旋定则来说明，如图1-15（b）所示。用右手握住螺线管，使弯曲的四指指着电流的方向，则伸直的拇指所指的方向就是螺线管内部磁力线的方向。也就是说，拇指所指的是螺线管的 N 极。

[例 1-1]　在图 1-16 中标出电流产生的磁场方向或电源的正负极性。

解：根据右手螺旋定则可以判定图 1-16 中电流产生的磁场方向和电源的极性如图 1-17 所示。

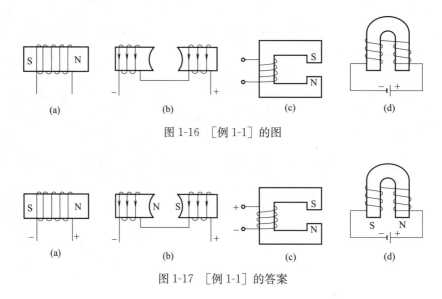

图 1-16 ［例 1-1］的图

图 1-17 ［例 1-1］的答案

● 1.2.2 磁场对载流导体的作用

（1）磁场对载流直导体的作用（电磁力定律）

在均匀磁场中悬挂一根直导体，并使导体垂直于磁力线。当导体中未通电流时，导体不会运动。如果接通直流电源，使导体中有电流通过，则通电直导体将受到磁场的作用力而向某一方向运动。若改变导体中电流的方向（或改变均匀磁场的磁极极性），则载流直导体将会向相反的方向运动。把载流导体在磁场中所受的作用力称为电磁力，用 F 表示。

① 电磁力的大小 试验证明，电磁力 F 的大小与导体中电流的大小成正比，还与导体在磁场中的有效长度及载流导体所在位置的磁感应强度成正比，即

$$F=BIl \tag{1-1}$$

式中 B——均匀磁场的磁感应强度，T；

  I——导体中的电流，A；

  l——导体在磁场中的有效长度，m；

  F——导体受到的电磁力，N。

若载流直导体 l 的方向与磁感应强度 B 的方向成 α 角（如图 1-18 所示），则导体在与 B 垂直方向的投影 l_L 为导体的有效长度，即 $l_L=l\sin\alpha$，因此导体所受的电磁力为

$$F=BIl\sin\alpha \tag{1-2}$$

从式（1-2）中可以看出，当导体垂直于磁感应强度 B 的方向放置时，$\alpha=90°$，$\sin90°=1$，导体所受到的电磁力最大；导体平行于磁感应强度 B 的方向放置时，$\alpha=0°$，$\sin0°=0$，导体受到的电磁力最小，为零。

② 电磁力的方向 载流直导体在磁场中的受力方向可以用左手定则来判定，如图 1-19 所示。将左手伸平，使拇指与其他四指垂直，将掌心对着磁场的北极（N 极），即让磁力

线从手心垂直穿过，使四指指向电流的方向，则拇指所指的方向就是导体所受电磁力的方向。

（2）磁场对通电线圈的作用

磁场对通电线圈也有作用力。如图 1-20 所示，将一个刚性（受力后不变形）的矩形载流线圈放入均匀磁场中，当线圈在磁场中处于不同位置时，磁场对线圈的作用力大小和方向也不同。

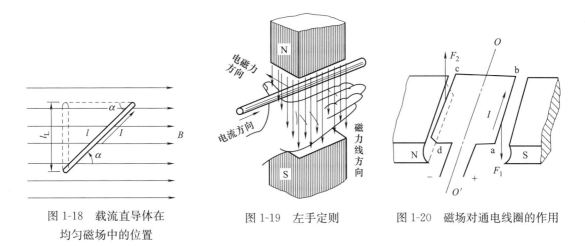

图 1-18　载流直导体在　　　图 1-19　左手定则　　　图 1-20　磁场对通电线圈的作用
　　均匀磁场中的位置

从图 1-20 中可以看出，线圈 abcd 可以看成是由 ab、bc、cd、da 四根导体所组成的。当线圈平面与磁力线平行时，可以根据电磁力定律判定各导体的受力情况。

在图 1-20 中，导体 bc 和导体 da 与磁力线平行，不受电磁力作用；而导体 ab 和导体 cd 与磁力线垂直，受电磁力作用，设导体长度 $ab=cd=l$，线圈中的电流为 I，均匀磁场的磁感应强度为 B，则导体 ab 和导体 cd 所受电磁力的大小为 $F_1=F_2=BIl$，且 F_1 向下，F_2 向上。这两个力大小相等、方向相反、互相平行，这就构成了一个力偶矩（又称电磁转矩），使线圈以 OO' 为轴，沿顺时针方向偏转。

如果改变线圈中电流的方向（或改变磁场的方向），则线圈 abcd 将以 OO' 为轴，沿逆时针方向偏转。

在图 1-20 中，当线圈 abcd 沿顺时针（或逆时针）方向旋转 90°时，电磁力 F_1 与 F_2 大小相等、方向相反，但是作用在同一条直线上，因此这两个力产生的电磁转矩为零，线圈静止不动。

综上所述，把通电的线圈放到磁场中，磁场将对通电线圈产生一个电磁转矩，使线圈绕转轴转动。常用的电工仪表，如电流表、电压表、万用表等指针的偏转，就是根据这一原理实现的。

［例 1-2］　把 25cm 长的通电直导线放入均匀磁场中，导线中的电流 $I=2$A，磁场的磁感应强度 $B=1.4$T。求导线方向与磁场方向垂直时，导线所受的电磁力 F。

解： 因为　导线与磁力线垂直，导线长度 $l=25$cm$=0.25$m

所以　$F=BIl=1.4×2×0.25=0.7$（N）

即：导线所受的电磁力 F 为 0.7N。

● 1.2.3　电磁感应定律

(1) 电磁感应现象

在磁场的基本知识中已经知道电流能产生磁场，这是电流的磁效应。那么，磁会不会也能产生电呢？自从丹麦物理学家奥斯特发现了电流的磁效应之后，世界上很多科学家都在寻找它的逆效应。英国科学家法拉第做了大量实验，终于在 1831 年发现了磁能够转换为电能的重要事实及其规律——电磁感应定律。

法拉第通过大量实验发现，当导体相对于磁场运动而切割磁力线，或者线圈中的磁通发生变化时，在导体或线圈中都会产生感应电动势。若导体或线圈构成闭合回路，则导体或线圈中将有电流流过。这种由磁感应产生的电动势称为感应电动势，由感应电动势产生的电流称为感应电流，其方向与感应电动势的方向相同。这种磁感应出电的现象称为电磁感应。

在此需说明的是：只有导体（或线圈）构成闭合回路时，导体（或线圈）中才会有感应电流的存在，而感应电动势的存在与导体（或线圈）是否构成闭合回路无关。

(2) 直导体的感应电动势

将一根直导体放入均匀磁场内，当在外力作用下，导体做切割磁力线运动时，该导体中就会产生感应电动势。

① 感应电动势的大小　如果直导体的运动方向是与磁力线垂直的，那么感应电动势的大小与该导体的有效长度 l、该导体的运动速度 v、磁感应强度 B 有关，即感应电动势的表达式为

$$e = Blv \tag{1-3}$$

式中　e——导体中的感应电动势，V；

B——磁场的磁感应强度，T；

l——导体切割磁力线的有效长度，m；

v——导体切割磁力线的线速度，m/s。

如果直导体的运动方向不与磁力线垂直，而是成一角度 α，如图 1-21 所示，则此时感应电动势的大小为

$$e = Blv\sin\alpha \tag{1-4}$$

② 感应电动势的方向　直导体中感应电动势的方向可以用右手定则来判定，如图 1-22 所示。将右手伸平，使拇指与其他四指垂直，将掌心对着磁场的北极（N 极），即让磁力线从手心垂直穿过，使拇指指向导体运动的方向，那么，四指的指向就是导体内感应电动势的方向。

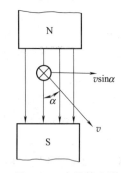

图 1-21　直导体在均匀磁场中的运动方向

(3) 线圈中的感应电动势

设有一个匝数为 N 的线圈放在磁场中，不论什么原因，例如线圈本身的移动或转动、磁场本身发生变化等，造成了和线圈交链的磁通 Φ 随时间发生变化，线圈内都会感应电动势。

如图 1-23 所示，匝数为 N 的线圈交链着磁通 Φ，当 Φ 变化时，线圈 AX 两端将产生感应电动势 e。

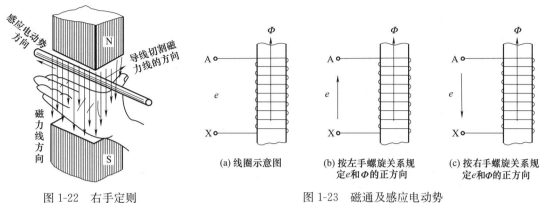

图 1-22 右手定则

图 1-23 磁通及感应电动势

(a) 线圈示意图

(b) 按左手螺旋关系规定 e 和 Φ 的正方向

(c) 按右手螺旋关系规定 e 和 Φ 的正方向

① 感应电动势的大小 线圈中感应电动势 e 的大小与线圈匝数 N 及通过该线圈的磁通变化率（即变化快慢）成正比。这一定律就称为电磁感应定律。

设 Δt 时间内通过线圈的磁通为 $\Delta\Phi$，则线圈中产生的感应电动势为：

$$|e| = \left| N\frac{\Delta\Phi}{\Delta t} \right| \tag{1-5}$$

式中 e——在 Δt 时间内产生的感应电动势，V；

N——线圈的匝数；

$\Delta\Phi$——线圈中磁通变化量，Wb；

Δt——磁通变化 $\Delta\Phi$ 所需要的时间，s。

式（1-5）表明，线圈中感应电动势的大小取决于线圈中磁通的变化速度，而与线圈中磁通本身的大小无关。$\dfrac{\Delta\Phi}{\Delta t}$ 越大，则 e 越大。当 $\dfrac{\Delta\Phi}{\Delta t}=0$ 时，即使线圈中的磁通 Φ 再大，也不会产生感应电动势 e。

② 感应电动势的方向 线圈中感应电动势的方向可由楞次定律确定。楞次定律指出，如果在感应电动势的作用下，线圈中流过感应电流，则该感应电流产生的磁通起着阻止原来磁通变化的作用。

如果把感应电动势 e 的参考向与磁通 Φ 的参考向规定为符合右手螺旋关系，如图 1-23（c）所示，则感应电动势可用下式表示。

$$e = -N\frac{\Delta\Phi}{\Delta t} \tag{1-6}$$

当磁通增加时，$\dfrac{\Delta\Phi}{\Delta t}$ 为正值，而由式（1-6）可知，e 为负值，即 e 的实际方向与图 1-23（c）中所标注的参考向相反，因此，图 1-23（c）中线圈内的感应电流应从 X 端流向 A 端，其产生的磁通将阻止原磁通的增加。而当磁通减少时，$\dfrac{\Delta\Phi}{\Delta t}$ 为负值，而由式（1-6）可知，e 为正值，即 e 的实际方向与图 1-23（c）中所标注的参考向相同，因此图 1-23（c）中线圈内的感应电流应从 A 端流向 X 端，其产生的磁通将阻止原磁通减少。

［例 1-3］ 已知均匀磁场的磁感应强度 $B=4\mathrm{T}$，直导体的有效长度 $l=0.15\mathrm{m}$，导体在垂直于磁力线方向上的运动速度 $v=3\mathrm{m/s}$，试求该导体中产生的感应电动势的大小。

解：

$$e = Blv = 4 \times 0.15 \times 3 = 1.8 \ (V)$$

［例 1-4］　有一个线圈，匝数 $N = 100$，将一根条形磁铁插入线圈，使线圈中的磁通在 0.5s 的时间内由 $\Phi_1 = 0.015\text{Wb}$ 增加到 $\Phi_1 = 0.030\text{Wb}$，试求线圈中的感应电动势。

解：

$$e = \left| N \frac{\Delta \Phi}{\Delta t} \right| = \left| 100 \times \frac{0.030 - 0.015}{0.5} \right| = 3 \ (V)$$

>>> 1.3　交流电路

◉ 1.3.1　正弦交流电的基本物理量

正弦交流电动势瞬时值的函数表达式为

$$e = E_m \sin(\omega t + \varphi) \tag{1-7}$$

下面以正弦交流电动势为例来讨论表征正弦交流电的物理量。式（1-7）中的三个常数 E_m、ω 和 φ，分别称为正弦波的振幅、角频率和初相位。这三个参数一经确定，正弦电量就唯一确定了，因此这三个参数称为正弦交流电的三要素。

(1) 瞬时值、最大值

① 瞬时值　正弦交流电在变化过程中，某一时刻所对应的交流量的数值称为在这一时刻交流电的瞬时值。电动势、电压和电流的瞬时值分别用小写字母 e、u 和 i 表示，例如，在图 1-24 中，e 在 t_1 时刻的瞬时值为 e_1。

② 最大值　正弦交流电变化一个周期中出现的最大瞬时值称为交流电的最大值（也称为振幅、幅值或峰值）。电动势、电压和电流的最大值分别用 E_m、U_m 和 I_m 表示。在波形图中，曲线的最高点对应的值即为最大值，例如，在图 1-24 中，e 的最大值为 E_m。

(2) 周期、频率、角频率

① 周期　正弦交流电完成一次周期性变化所需的时间称为交流电的周期，用字母 T 表示。周期的单位为秒（s）。常用单位还有毫秒（ms）、微秒（μs）、纳秒（ns）。在图 1-25 中，在横坐标轴上，由 O 到 a 或由 b 到 c 的这段时间就是一个周期。

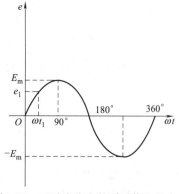

图 1-24　正弦交流电的瞬时值和最大值

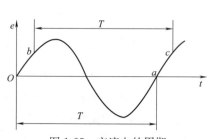

图 1-25　交流电的周期

② **频率** 正弦交流电在单位时间（1s）内完成周期性变化的次数称为交流电的频率，用字母 f 表示。频率的单位是赫兹（简称赫），用符号 Hz 表示。

一般 50Hz、60Hz 的交流电称为工频交流电。

根据定义，周期和频率互为倒数，即

$$f = \frac{1}{T} \quad 或 \quad T = \frac{1}{f} \tag{1-8}$$

频率和周期都是反映交流电变化快慢的物理量，周期越短（频率越高），那么交流电就变化得越快。

③ **角频率** 交流电变化得快慢除了用周期和频率表示外，还可以用角频率表示。通常交流电变化一周也可用 2π 弧度或 360°来计量。正弦交流电单位时间（1s）内所变化的弧度数（指电角度）称为交流电的角频率，用字母 ω 表示。角频率的单位是弧度/秒，用符号 rad/s 表示。

交流电在一个周期中变化的电角度是 2π 弧度。因此，角频率、频率和周期的关系为

$$\omega = 2\pi f = \frac{2\pi}{T} \tag{1-9}$$

在我国供电系统中，交流电的频率 $f = 50$Hz，周期 $T = 0.02$s，角频率 $\omega = 2\pi f = 314$rad/s。

(3) 相位、初相位、相位差

① **相位** 由式 $e = E_m \sin(\omega t + \varphi)$ 可知，电动势的瞬时值 e 是由振幅 E_m 和正弦函数 $\sin(\omega t + \varphi)$ 共同决定的。也就是说，交流电瞬时值何时为零，何时最大，不是简单由时间 t 来确定的，而是由 $\omega t + \varphi$ 来确定的。把 t 时刻线圈平面与中性面的夹角 $\omega t + \varphi$ 称为该正弦交流电的相位或相角。

相位对于确定交流电的大小和方向起着重要作用。

② **初相位** 交流电动势在开始时刻（常确定为 $t = 0$）所具有的电角度称为初相位（或初相角），简称初相，用字母 φ 表示。初相位是 $t = 0$ 时的相位，它反映了正弦交流电起始时刻的状态。

交流电的初相位可以为正，也可以为负或零。初相位一般用弧度表示，也可用电角度表示，通常用不大于 180°的电角度来表示，例如图 1-26 中，e_1 的初相位 $\varphi_1 = 60°$；e_2 的初相位 $\varphi_2 = -75°$。

③ **相位差** 两个同频率交流电的相位（或初相位）之差称为相位差，如

$$e_1 = E_{m1} \sin(\omega t + \varphi_1)$$

$$e_2 = E_{m2} \sin(\omega t + \varphi_2)$$

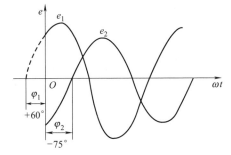

图 1-26 相位和相位差

以上两个交流电动势的相位差为

$$\varphi_{12} = \omega t + \varphi_1 - (\omega t + \varphi_2) = \varphi_1 - \varphi_2$$

应该注意的是：初相位的大小与时间起点的选择（计时时刻）密切相关，而相位差与时间起点的选择无关。如果交流电的频率相同，则相位差是恒定的，不随时间而改变。

根据两个同频率交流电的相位差可以确定两个交流电的相位关系。若 $\varphi_{12} = \varphi_1 - \varphi_2 > 0$，则称 e_1 超前于 e_2，或称 e_2 滞后于 e_1，如图 1-26 所示，e_1 超前 e_2 135°，或 e_2 滞后 e_1 135°；若 $\varphi_{12} = 0°$，表示 e_1 与 e_2 的相位相同，称为同相，如图 1-27 所示；若 $\varphi_{12} = 180°$，表示 e_1 与 e_2

的相位相反，称为反相，如图 1-28 所示；若 $\varphi_{12}=\pm 90°$，称 e_1 与 e_2 相位正交。

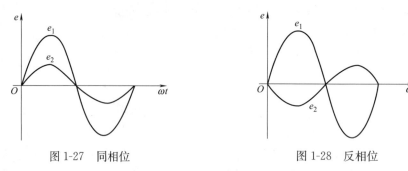

图 1-27　同相位　　　　　　　　　　　　　图 1-28　反相位

(4) 有效值、平均值

① 有效值　正弦交流电的瞬时值是随时间变化的，在工程实际中，往往不需要知道它某一时刻的大小，只要知道它在电功率等方面能反映效果的数值即可。通常用与热效应相等的直流电来表示交流电的大小，称为交流电的有效值。也就是说，交流电的有效值是根据电流的热效应来规定的，在单位时间内，让一个交流电流和一个直流电流分别通过阻值相同的两个电阻，若两个电阻产生的热量相等，那么就把这一直流电的数值称为这一交流电的有效值。交流电动势、交流电压和交流电流的有效值分别用大写字母 E、U 和 I 表示。

可以证明，正弦交流电有效值与最大值之间的关系如下。

$$E=\frac{1}{\sqrt{2}}E_m=0.707E_m \quad 或 \quad E_m=\sqrt{2}E=1.414E$$

$$U=\frac{1}{\sqrt{2}}U_m=0.707U_m \quad 或 \quad U_m=\sqrt{2}U=1.414U$$

$$I=\frac{1}{\sqrt{2}}I_m=0.707I_m \quad 或 \quad I_m=\sqrt{2}I=1.414I$$

通常所说的交流电的电动势、电压、电流的值，凡没有特别说明的，都是指有效值，例如，照明电路的电源电压为 220V，动力电路的电源电压为 380V 等，都是指有效值。用交流电压表和交流电流表测得的数值都是有效值；交流电气设备的名牌所标的电压、电流的数值也都是指有效值。

② 平均值　正弦交流电的波形是对称于横轴的，在一个周期内的平均值恒等于零。所以，在通常情况下，所说的正弦交流电的平均值是指半个周期内的平均值。交流电动势、电压和电流的平均值用字母 E_{av}、U_{av} 和 I_{av} 表示。根据分析、计算，正弦交流电在半个周期内的平均值与正弦交流电最大值的关系如下。

$$E_{av}=0.637E_m$$
$$U_{av}=0.637U_m$$
$$I_{av}=0.637I_m$$

● 1.3.2　正弦交流电的表示法

(1) 解析式表示法
用三角函数式来表示正弦交流电与时间之间的变化关系的方法称为解析式表示法，简称

解析法。正弦交流电的电动势、电压和电流的瞬时值表达式就是正弦交流电的解析式，即

$$e = E_m \sin(\omega t + \varphi_e)$$
$$u = U_m \sin(\omega t + \varphi_u)$$
$$i = I_m \sin(\omega t + \varphi_i)$$

如果知道了交流电的有效值（或最大值）、频率（或周期）和初相位，就可以写出它的解析式，便可计算出交流电任意瞬间的瞬时值。

（2）波形图表示法

正弦交流电还可用与解析式相对应的波形图，即正弦曲线来表示，如图 1-29 所示。图中的横坐标表示时间 t 或角度 ωt，纵坐标表示交流电的瞬时值。从波形图中可以看出交流电的最大值、周期和初相位。

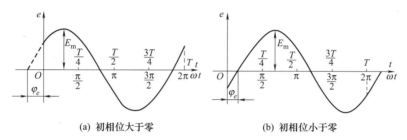

(a) 初相位大于零　　　　　　(b) 初相位小于零

图 1-29　正弦交流电的波形图

有时为了比较几个正弦量的相位关系，也可以把它们的曲线画在同一坐标系内。图 1-30 画出了交流电压 u 和交流电流 i 的曲线，但由于它们的单位不同，故纵坐标上电压、电流可分别按照不同的比例来表示。

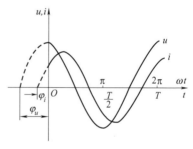

图 1-30　交流电压 u 和
交流电流 i 的波形图

（3）相量图表示法

正弦交流电也可以采用相量图表示法。所谓相量图表示法，就是用一个在直角坐标系中绕原点旋转的矢量来表示正弦交流电的方法。现以正弦电动势 $e = E_m \sin(\omega t + \varphi)$ 为例说明如下。

如图 1-31 所示，在直角坐标系内，作一矢量 OA，并使其长度等于正弦交流电电动势的最大值 E_m，使矢量与横轴 Ox 的夹角等于正弦交流电动势的初相位 φ，令矢量以正弦交流电动势的角频率 ω 为角速度，绕原点按逆时针方向旋转，如图 1-31（a）所示。这样，旋转矢量在任一瞬间与横轴 Ox 的夹角即为正弦交流电动势的相位 $\omega t + \varphi$，旋转矢量任一瞬间在纵轴 Oy 上的投影就是对应瞬时的正弦交流电动势的瞬时值，例如，当 $t = 0$ 时，旋转矢量在纵轴上的投影为 e_0，相当于图 1-31（b）中电动势波形的 a 点；当 $t = t_1$ 时，旋转矢量与横轴的夹角为 $\omega t_1 + \varphi$，此时旋转矢量在纵轴上的投影为 e_1，相当于图 1-31（b）中电动势波形的 b 点。如果旋转矢量继续旋转下去，就可得出正弦交流电动势的波形图。

从以上分析可以看出，一个正弦量可以用一个旋转矢量来表示。但实际上交流电本身不是矢量，因为它们是时间的正弦函数，所以能用旋转矢量的形式来描述它们。为了与一般的空间矢量（如力、电场强度等）相区别，把表示正弦交流电的这一矢量称为相量，并用大写字母加黑点的符号来表示，如 $\dot{E}_m$、$\dot{U}_m$ 和 $\dot{I}_m$ 分别表示电动势相量、电压相量和电流相量。

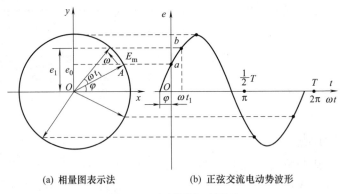

(a) 相量图表示法   (b) 正弦交流电动势波形

图1-31 相量图表示原理

实际应用中也常采用有效值相量图，这样，相量图中每一个相量的长度不再是最大值，而是有效值，这种相量称为有效值相量，用符号 $\dot{E}$、$\dot{U}$、$\dot{I}$ 表示，而原来最大值的相量称为最大值相量。

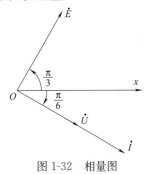

图1-32 相量图

把同频率的正弦交流电画在同一相量图上时，由于它们的角频率都相同，所以不管其旋转到什么位置，彼此之间的相位关系始终保持不变。因此，在研究同频率的相量之间的关系时，一般只按初相位作出相量，而不必标出角频率，如图1-32所示。

用相量图表示正弦交流电后，在计算几个同频率交流电之和（或差）时，就可以按平行四边形法则进行，比解析式和波形图要简单得多，而且比较直观，故它是研究交流电的重要工具之一。

◎ 1.3.3 三相交流电的产生及表示方法

(1) 三相正弦交流电动势的产生

三相正弦交流电动势一般是由三相同步发电机产生的，其工作原理如图1-33所示。

三相同步发电机的转子是一对磁极，定子铁芯槽内分别嵌有U、V、W三相定子绕组，U_1、V_1、W_1 分别为三相绕组的首端，U_2、V_2、W_2 分别为三相绕组的末端，三相绕组匝数相等，结构相同，沿定子铁芯的内圆彼此相隔120°电角度放置（注意：U、V、W三相分别对应于A、B、C三相；其中 U_1、V_1、W_1 分别对应于三相绕组的首端A、B、C；U_2、V_2、W_2 分别对应于三相绕组的末端X、Y、Z）。

发电机的转子由原动机带动旋转，当直流电经电刷、集电环通入励磁绕组

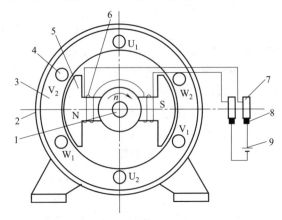

图1-33 三相同步发电机的工作原理

1—转轴；2—机座；3—定子铁芯；4—定子绕组；5—磁极铁芯；
6—励磁绕组；7—集电环；8—电刷；9—直流电源

后，转子就会产生磁场。由于转子是在不停旋转着的，所以这个磁场就成为了一个旋转磁场，它与静止的定子绕组间形成相对运动，于是在定子绕组中就会感应出交流电动势来。由于设计和制造发电机时，有意使转子磁极产生的磁感应强度的大小沿圆周按正弦规律分布，所以，定子绕组中产生的感应电动势也随着时间按正弦规律变化。

转子磁极的轴线处磁感应强度最高（磁力线最密），所以，当某相定子绕组的导体正对着磁极的轴线时，该相绕组中的感应电动势就达到了最大值。由于三相绕组在空间互隔120°电角度，所以三相绕组的感应电动势不能同时达到最大值，而是按照转子的旋转方向，即按图1-33中的箭头 n 所示的方向，先是 U 相达到最大值，然后是 V 相达到最大值，最后是 W 相达到最大值，如此循环下去。这三相电动势的相位互差120°，它们随时间变化的规律如图1-34（a）所示。这种最大值相等、频率相同、相位互差120°的三个正弦电动势称为对称三相电动势。

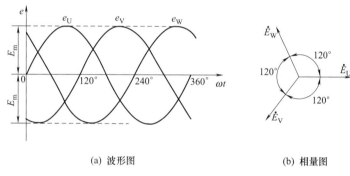

(a) 波形图　　　　　　　　　　　(b) 相量图

图1-34　对称三相电动势波形图和相量图

（2）三相正弦交流电动势的表示方法

若以 U 相绕组中的感应电动势为参考正弦量，则三相电动势的瞬时值表达式为

$$e_U = E_m \sin\omega t$$
$$e_V = E_m \sin(\omega t - 120°) \tag{1-10}$$
$$e_W = E_m \sin(\omega t - 240°) = E_m \sin(\omega t + 120°)$$

对称三相电动势的波形图和相量图如图1-34所示。

（3）相序

三相电动势中，各相电动势出现某一值（例如正最大值）的先后次序称为三相电动势的相序。在图1-34中，三相电动势达到正最大值的顺序为 e_U、e_V、e_W，其相序为 U-V-W-U，称为正序或顺序；若最大值出现的顺序为 U-W-V-U，恰好与正序相反，则称为负序或逆序。工程上通用的相序是正序。

〇1.3.4　三相交流电路

（1）三相电源的连接

三相电源的三相绕组一般都按两种方式连接起来向负载供电，一种方式是星形（Y）连接，另一种方式是三角形（△）连接。

① 三相电源的星形连接　三相电源的星形连接如图1-35（a）所示。

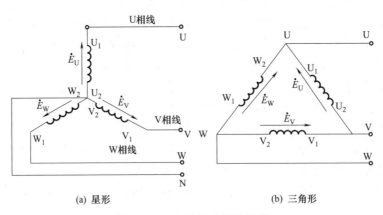

(a) 星形　　　　　　　　　　(b) 三角形

图 1-35　三相交流电源的连接

　　将三相发电机中三相绕组的末端 U_2、V_2、W_2 连在一起，首端 U_1、V_1、W_1 引出作输电线，这种连接称为星形连接，用 Y 表示。从三相绕组的首端 U_1、V_1、W_1 引出的三根导线称为相线或端线，俗称火线；三相绕组的末端 U_2、V_2、W_2 连接在一起，称为电源的中性点，简称中点，用 N 表示。从中性点引出的导线称为中性线，简称中线。低压供电系统的中性点是直接接地的，故把接大地的中性点称为零点，而把接地的中性线称为零线。

　　在图 1-35（a）中，任一根相线与零线之间的电压称为相电压，用 U_φ 表示，三相的相电压分别记为 $\dot{U}_U$、$\dot{U}_V$、$\dot{U}_W$；三根相线中，任意两根相线之间的电压称为线电压，用 U_L 表示，三相之间的线电压分别记作 $\dot{U}_{UV}$、$\dot{U}_{VW}$、$\dot{U}_{WU}$。从图 1-35（a）中各电压的参考方向可得线电压与相电压的关系为

$$\left.\begin{aligned}\dot{U}_{UV}&=\dot{U}_U-\dot{U}_V\\\dot{U}_{VW}&=\dot{U}_V-\dot{U}_W\\\dot{U}_{WU}&=\dot{U}_W-\dot{U}_U\end{aligned}\right\} \tag{1-11}$$

　　相电压和线电压的相量图如图 1-36 所示。作相量图时，可以先作出相量 $\dot{U}_U$、$\dot{U}_V$、$\dot{U}_W$，然后根据式（1-11）分别作出相量 $\dot{U}_{UV}$、$\dot{U}_{VW}$、$\dot{U}_{WU}$。由图 1-36 可见，三相线电压也是对称的，在相位上比相应的相电压超前 30°。

　　至于线电压与相电压的数量关系，可由图 1-36 中的等腰三角形得出，即

$$U_{UV}=2U_U\cos30°=2U_U\times\frac{\sqrt{3}}{2}=\sqrt{3}U_U \tag{1-12}$$

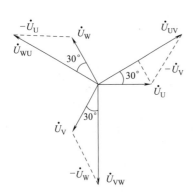

图 1-36　三相四线制线电压与相电压的相量图

　　由此得出对称三相电源星形连接时线电压 U_L 与相电压 U_φ 的数量关系为

$$U_L=\sqrt{3}U_\varphi \tag{1-13}$$

　　三相电源星形连接时，无中性线引出，仅有三根相线向负载供电的方式称为三相三线制供电；有中性线引出，共有四根线向负载供电的方式称为三相四线制供电，这种供电方式可向负载提供两种电压，即相电压和线电压。

② 三相电源的三角形连接　将三相发电机中三相绕组的各末端与相邻绕组的首端依次相连，即 U_2 与 V_1、V_2 与 W_1、W_2 与 U_1 相连，如图 1-35（b）所示，使三个绕组构成一个闭合的三角形回路，这种连接方式称为三角形连接，用△表示。

由图 1-35（b）可以明显看出，三相电源作三角形连接时，线电压就是相电压，即

$$U_L = U_\varphi \qquad (1\text{-}14)$$

因为三角形连接不存在中性点，不能引出中性线，所以这种连接方法只能引出三根相线向负载供电，故只能向负载提供一种电压。

若三相电动势为对称三相正弦电动势，则三角形闭合回路的总电动势等于零，即

$$\dot{E} = \dot{E}_U + \dot{E}_V + \dot{E}_W = 0$$

这时三相发电机的绕组内部不存在环流。但是，若三相电动势不对称，则闭合回路的总电动势就不为零，此时，即使外部没有接负载，由于各相绕组本身的阻抗均较小，闭合回路内将会产生很大的环流，这将使绕组过热，甚至烧毁。因此，三相发电机的绕组一般不采用三角形连接。三相变压器的绕组有时采用三角形连接，但要求连接前必须检查三相绕组的对称性及接线顺序。

（2）三相负载的连接

三相负载是指同时需要三相电源供电的负载，三相负载实际上也是由三个单相负载组合而成的。通常把各相负载相同（即阻抗大小相同，阻抗角也相同）的三相负载称为对称三相负载，如三相异步电动机、三相电炉等。如果各相负载不同，就称为不对称三相负载，如由三个单相照明电路组成的三相负载。

在一个三相电路中，如果三相电源和三相负载都是对称的，则称为对称三相电路，反之称为不对称三相电路。本章重点讨论对称三相电路。

三相负载也有两种连接方式，即星形连接（Y）和三角形连接（△），现分述如下。

① 三相负载的星形连接　将三相负载分别接在三相电源的相线和中性线之间的接法称为三相负载的星形连接（常用 Y 标记），如图 1-37 所示，图中，Z_U、Z_V、Z_W 为各相负载的阻抗，N′为负载的中性点。

在三相电路中，每相负载两端的电压称为负载的相电压，用符号 U_φ（或 U_{ph}）表示；流过每相负载的电流称为负载的相电流，用符号 I_φ（或 I_{ph}）表示；相线与相线之间的电压称为

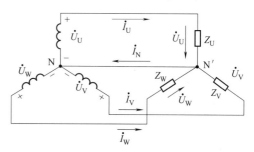

图 1-37　三相负载的星形连接

线电压，用符号 U_L 表示；流过相线的电流称为线电流，用符号 I_L 表示。

三相负载为星形连接时，设备物理量的参考方向如图 1-37 所示，即负载相电压的参考方向规定为自相线指向负载的中性点 N′，分别用 $\dot{U}_U$、$\dot{U}_V$、$\dot{U}_W$ 表示；相电流的参考方向与相电压的参考方向一致；线电流的参考方向为从电源端指向负载端；中性线电流的参考方向规定为由负载中性点 N′指向电源中性点 N。

由图 1-37 可知，在忽略输电线上的电压降时，负载的相电压就等于电源的相电压，三相负载的线电压就是电源的线电压。因此，三相负载星形连接时，负载的相电压 U_φ 与负载的线电压 U_L 的关系仍然是

$$U_L = \sqrt{3} U_\varphi$$

线电压的相位仍超前对应的相电压 30°，其相量图与图 1-36 一样。

三相星形负载接上三相电源后，就有电流产生。由图 1-37 可见，线电流的大小等于相电流，即

$$I_L = I_\varphi$$

三相电路的每一相就是一个单相电路，所以各相电流与相电压的数量关系和相位关系都可以用单相电路的方法来讨论。

若三相负载对称，则各相负载的阻抗相等，即 $Z_U = Z_V = Z_W = Z_\varphi$，因各相电压对称，所以各负载中的相电流大小相等，即

$$I_U = I_V = I_W = I_\varphi = \frac{U_\varphi}{Z_\varphi}$$

而且，各相电流与各相电压的相位差也相等，即

$$\varphi_U = \varphi_V = \varphi_W = \varphi = \arccos \frac{R_\varphi}{Z_\varphi}$$

式中　R_φ——各相负载的电阻。

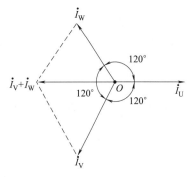

图 1-38　对称三相负载星形
连接时的电流相量图

因为三个相电压 $\dot{U}_U$、$\dot{U}_V$、$\dot{U}_W$ 的相位差互为 120°，所以三个相电流 $\dot{I}_U$、$\dot{I}_V$、$\dot{I}_W$ 的相位差也互为 120°，如图 1-38 所示。从相量图上很容易得出：三相电流的相量和为零，即

$$\dot{I}_U + \dot{I}_V + \dot{I}_W = 0$$

或　　　　　　$i_U + i_V + i_W = 0$

根据基尔霍夫第一定律，由图 1-37 可得

$$\dot{I}_N = \dot{I}_U + \dot{I}_V + \dot{I}_W = 0$$

即中性线电流为零。

由于三相对称负载星形连接时，其中性线电流为零，因而取消中性线也不会影响三相电路的正常工作，三相四线制实际变成了三相三线制，各相负载的相电压仍为对称的电源相电压。

当三相负载不对称时，各相电流的大小就不相等，相位差也不一定是 120°，因此，中性线电流就不为零，此时中性线绝不能取消。因为当有中性线存在时，它能平衡各相电压，保证三相成为三个互不影响的独立回路，此时各相负载电压等于电源的相电压。如果中性线断开，各相负载的相电压就不再等于电源的相电压了。这时，阻抗较小的负载的相电压可能低于其额定电压，而阻抗较大的负载的相电压可能高于其额定电压，这将使负载不能正常工作，甚至会造成严重事故。所以，在三相负载不对称的三相四线制中，规定不允许在中性线上安装熔断器或开关。另一方面，在连接三相负载时应尽量使其平衡，以减小中性线电流，例如在三相照明电路中，应尽量将照明负载平均分接在三相上，而不要集中在某一相或两相上。

② 三相负载的三角形连接　把三相负载分别接在三相电源的两根相线之间的接法称为三相负载的三角形连接（常用△标记），如图 1-39（a）所示。这时不论负载是否对称，各相负载所承受的电压均为对称的电源线电压。

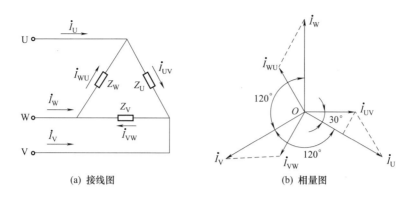

图 1-39 三相负载的三角形连接及电流相量图

三相负载三角形连接时，负载的线电压 U_L 等于负载的相电压 U_φ，即

$$U_L = U_\varphi$$

三角形连接的负载接通三相电源后，就会产生线电流和相电流，从图 1-39（a）中可以看出，其相电流与线电流是不一样的。这种三相电路的每一相，同样可以按照单相交流电路的方法来计算相电流 I_φ。若三相负载是对称的，各相负载的阻抗为 Z_φ，则各相电流的大小相等，即

$$I_{UV} = I_{VW} = I_{WU} = I_\varphi = \frac{U_\varphi}{Z_\varphi}$$

同时，各相电流与各相电压的相位差也相同，即

$$\varphi_U = \varphi_V = \varphi_W = \varphi = \arccos \frac{R_\varphi}{Z_\varphi}$$

式中　R_φ——各相负载的电阻。

因为三个相电压的相位差互为 120°，所以三个相电流的相位差也互为 120°。

根据图 1-39（a）所示的各电流的参考方向，由基尔霍夫第一定律可知，线电流为

$$\dot{I}_U = \dot{I}_{UV} - \dot{I}_{WU} = \dot{I}_{UV} + (-\dot{I}_{WU})$$

$$\dot{I}_V = \dot{I}_{VW} - \dot{I}_{UV} = \dot{I}_{VW} + (-\dot{I}_{UV})$$

$$\dot{I}_W = \dot{I}_{WU} - \dot{I}_{VW} = \dot{I}_{WU} + (-\dot{I}_{VW})$$

由此可作出线电流和相电流的相量图，如图 1-39（b）所示。从图中可以看出：各线电流在相位上比各自相应的相电流滞后 30°。又因为相电流是对称的，所以线电流也是对称的，即各线电流之间的相位差也互为 120°。

由图 1-39（b）所示的电流相量图可以明显看出

$$I_U = 2I_{UV}\cos30° = 2I_{UV} \times \frac{\sqrt{3}}{2} = \sqrt{3}\,I_{UV}$$

由此得出对称三相负载三角形连接时，线电流 I_L 与相电流 I_φ 的数量关系为

$$I_L = \sqrt{3}\,I_\varphi$$

综上所述，三相负载既可以星形连接，也可以三角形连接。具体如何连接，应根据负载的额定电压和三相电源的额定线电压而定，务必使每相负载所承受的电压等于额定电压。例

如，对线电压为 380V 的三相电源来说，当每相负载的额电电压为 220V 时，三相负载应作星形连接；当每相负载的额电电压为 380V 时，三相负载应作三角形连接。

(3) 三相电路的功率

① 三相电路功率的一般计算　在三相交流电路中，三相负载的有功功率 P 等于各相负载有功功率之和；三相负载的无功功率 Q 等于各相负载无功功率之和，即

$$P = P_U + P_V + P_W$$
$$= U_U I_U \cos\varphi_U + U_V I_V \cos\varphi_V + U_W I_W \cos\varphi_W$$
$$Q = Q_U + Q_V + Q_W$$
$$= U_U I_U \sin\varphi_U + U_V I_V \sin\varphi_V + U_W I_W \sin\varphi_W$$

式中，U_U、U_V、U_W 分别为各相负载相电压的有效值；I_U、I_V、I_W 分别为各相负载相电流的有效值；φ_U、φ_V、φ_W 分别为各相相电压比相电流超前的相位差；$\cos\varphi_U$、$\cos\varphi_V$、$\cos\varphi_W$ 分别为各相负载的功率因数。

三相负载的总视在功率 S 一般不等于各相视在功率之和，通常用下式计算，即

$$S = \sqrt{P^2 + Q^2}$$

三相电路的功率因数则为

$$\cos\varphi = \frac{P}{S}$$

② 对称三相电路的功率　因为在对称三相电路中，各相相电压、相电流的有效值以及功率因数角均相等，即有

$$U_U = U_V = U_W = U_\varphi$$
$$I_U = I_V = I_W = I_\varphi$$
$$\varphi_U = \varphi_V = \varphi_W = \varphi$$

所以，对称三相电路总的有功功率 P、无功功率 Q、视在功率 S、功率因数 $\cos\varphi$ 分别为

$$P = 3U_\varphi I_\varphi \cos\varphi$$
$$Q = 3U_\varphi I_\varphi \sin\varphi$$
$$S = 3U_\varphi I_\varphi$$
$$\cos\varphi = \frac{P}{S}$$

即对称三相电路的功率等于每相功率的三倍，而功率因数即为每相的功率因数。

若三相电路的线电压 U_L、线电流 I_L 为已知，当三相负载为星形连接时，有

$$U_\varphi = \frac{1}{\sqrt{3}} U_L; \quad I_\varphi = I_L$$

当三相负载为三角形连接时，有

$$U_\varphi = U_L; \quad I_\varphi = \frac{1}{\sqrt{3}} I_L$$

所以，不论三相负载是星形连接还是三角形连接，均有

$$3U_\varphi I_\varphi = \sqrt{3} U_L I_L$$

因此，对称三相电路的有功功率、无功功率、视在功率还可用线电压、线电流表示为

$$
\left.\begin{array}{l}
P=\sqrt{3}U_L I_L\cos\varphi\\
Q=\sqrt{3}U_L I_L\sin\varphi\\
S=\sqrt{3}U_L I_L
\end{array}\right\} \tag{1-15}
$$

要注意式（1-15）中的 φ 仍是相电压与相电流之间的相位差，即相电压超前相电流的角度，也是每相负载的阻抗角，并非线电压与线电流之间的相位差。由于线电压、线电流比相电压、相电流容易测量，所以，式（1-15）更具有实用意义。

第2章

电子技术基础

>>> 2.1 二极管和整流滤波电路

⊙ 2.1.1 二极管的基本结构和主要类型

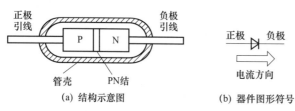

(a) 结构示意图　　(b) 器件图形符号

图 2-1　二极管的结构与图形符号

(1) 二极管的结构

半导体二极管（又称晶体二极管，以下简称二极管）是用半导体材料制成的两端器件。它是由一个 PN 结加上相应的电极引线并用管壳封装而成的，其基本结构如图 2-1（a）所示。P型区的引出线为二极管的正极（阳极），N 型区的引出线为二极管的负极（阴极）。二极管通常用塑料、玻璃或金属材料作为封装外壳，外壳上印有标记，以便区分正负电极。

在电路图中，并不需要画出二极管的结构，而是用约定的电路图形符号和文字符号来表示。二极管的器件图形符号如图 2-1（b）所示，箭头的一边代表正极，另一边代表负极，而箭头所指方向是正向电流流通的方向。通常用文字符号 VD 代表二极管。

常见二极管的外形如图 2-2 所示。

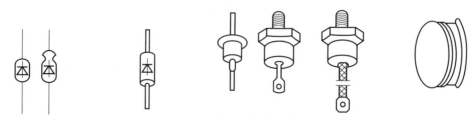

(a) 玻璃封装二极管　(b) 塑料封装小功率二极管　(c) 金属封装中、大功率二极管　(d) 金属封装电极平板式二极管

图 2-2　常见二极管外形图

(2) 二极管的主要类型

① 按制造二极管的材料分类，可分为硅二极管和锗二极管。

② 按 PN 结的结构特点分类，可分为点接触型二极管和面接触型二极管。

③ 按二极管的用途分类，可分为普通二极管、整流二极管、开关二极管、稳压二极管、变容二极管、发光二极管、光敏二极管（又称光电二极管）、热敏二极管等。

◎ 2.1.2 二极管的简单测试与选用

(1) 二极管的简单测试

根据二极管正向电阻小、反向电阻大的特性，可用万用表的电阻挡大致判断出二极管的极性和好坏。测试时应注意以下两点：第一，置万用表电阻挡，此时，指针式万用表的红表笔接的是表内电池的负极，黑表笔接的是表内电池的正极，千万不要与万用表面板上表示测量直流电压或电流的 "＋" "－" 符号相混淆，黑表笔接至二极管的正极，红表笔接至二极管的负极时为正向连接；第二，测量小功率二极管时，一般用 $R \times 100\Omega$ 或 $R \times 1k\Omega$ 挡。$R \times 1\Omega$ 挡电流较大，$R \times 10k\Omega$ 挡电压较高，都可能使被测二极管损坏。

① 极性的判断 用万用表来判断二极管的极性的方法如图 2-3 所示，若测得的电阻值较小，一般为几十欧至几百欧（硅管为几千欧），如图 2-3（a）所示，则与黑表笔相接触的一端是二极管的正极，另一端是负极；反之，若测得的电阻值较大，一般为几十千欧至几百千欧，如图 2-3（b）所示，则与红表笔相接触的一端是二极管的正极，另一端是负极。

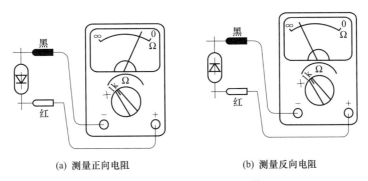

(a) 测量正向电阻   (b) 测量反向电阻

图 2-3 用万用表检测二极管

② 好坏的判断 二极管具有单向导电性，因此测量出来的正向电阻值与反向电阻值相差得越大越好。若相差不大，说明二极管性能不好或已损坏；若测量的正、反向电阻值都非常大，说明二极管内部已断路；若正、反向电阻值都非常小或为零，说明二极管电极之间已短路。

③ 判别硅二极管和锗二极管 使用万用表的电阻挡（$R \times 100\Omega$ 或 $R \times 1k\Omega$）分别测量二极管的正、反向电阻，正向电阻和反向电阻都相对较大的是硅二极管，正向电阻和反向电阻都相对较小的是锗二极管。

(2) 选用二极管的一般原则

二极管有点接触型和面接触型两种类型，使用材料有硅和锗。它们各具有一定的特点，应根据实际要求选用。选择二极管的一般原则如下。

① 要求导通电压低时选锗二极管，要求导通电压高时选硅二极管。

② 要求反向电流小时选硅二极管。

③ 要求反向击穿电压高时选硅二极管。

④ 要求热稳定性较好时选硅管。

⑤ 要求导通电流大时选面接触型二极管。

⑥ 要求工作频率高时选点接触型二极管。

例如，若要求导通后的正向电压和平均电流都较小，而信号频率较高，则应选用点接触型锗二极管；若要求平均电流大、反向电流小、反向电压高且热稳定性较好时，应选用面接触型硅二极管。

（3）二极管使用注意事项

① 二极管接入电路时，必须注意极性是否正确。

② 二极管的正向电流和反向电压峰值以及环境温度等不应超过二极管所允许的极限值。

③ 整流二极管不应直接串联或并联使用。如需串联使用，每个二极管应并联一个均压电阻，其大小按每 100V（峰值）70kΩ 左右计算；如需并联使用，每个二极管应串联 10Ω 左右的均流电阻，以防器件过载。

④ 二极管接入电路时，既要防止虚焊，又要注意不使管子过热受损。在焊接时，最好用 45W 以下的电烙铁，并用镊子夹住引脚根部，以免烫坏管芯。

⑤ 对于大功率的二极管，需加装散热器时，应按规定安装散热器。

⑥ 在安装时，应使二极管尽量远离发热器件，并注意通风降温。

◎ 2.1.3 单相半波整流电路

（1）单相半波整流电路的工作原理

单相半波整流电路由电源变压器 T、整流二极管 VD 和用电负载 R_L 组成，其电路图及波形如图 2-4 所示。图中，u_2 表示变压器的二次电压，其瞬时值表达式为 $u_2 = \sqrt{2}U_2\sin\omega t$；$u_L$ 是脉动直流输出电压，即向直流用电负载提供的电压。

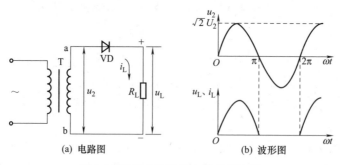

图 2-4 单相半波整流电路及其波形

当变压器二次电压 u_2 为正半周时，设 a 端为正，b 端为负，二极管 VD 因承受正向电压而导通，此时，二极管的电压降近似为零，负载电阻 R_L 上有电流 i_L 通过，负载电阻 R_L 两端电压 u_L 近似等于变压器二次电压 u_2。当变压器二次电压 u_2 为负半周时，b 端为正，a 端为负，二极管 VD 因承受反向电压而截止，负载 R_L 上的电压 u_L 及通过负载电阻 R_L 的电流

i_L为零。

由以上分析可知，在交流电一个周期内，整流二极管正半周导通，负半周截止，以后周期重复上述过程。整流二极管就像一个自动开关，u_2为正半周时，它自动把电源与负载接通；u_2为负半周时，则自动将电源与负载切断。因此，负载R_L上获得大小随时间改变，但方向不变的脉动直流电压u_L，其波形如图2-4（b）所示。这种电路所获得的脉动直流电好像是交流电被"削掉"一半，故称为半波整流电路。

(2) 单相半波整流电路的计算

① 负载上的电压大小虽然是变化的，但可以用其平均值U_L来表示其大小（相当于把波峰上半部割下来填补到波谷，将波形拉平），如图2-5所示。负载R_L上的半波脉动直流电压平均值U_L可用直流电压表直接测得，也可按下述方法计算得到：

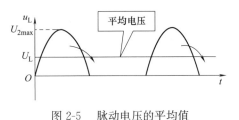

图2-5 脉动电压的平均值

$$U_L = 0.45U_2$$

式中 U_2——变压器二次电压有效值。

② 负载上的电流平均值I_L可根据欧姆定律求出，即

$$I_L = \frac{U_L}{R_L} = 0.45\frac{U_2}{R_L}$$

③ 整流二极管的平均电流I_D。由整流电路图可知，流过整流二极管的正向工作电流（平均电流）和流过负载R_L的电流I_L相等，即

$$I_D = I_L = 0.45\frac{U_2}{R_L}$$

④ 当二极管截止时，它承受的反向峰值电压U_{RM}是变压器二次电压的最大值U_{2max}，即

$$U_{RM} = U_{2max} = \sqrt{2}U_2 \approx 1.414U_2$$

选用半波整流二极管时，应满足下列两个条件。

a. 二极管允许最大反向工作电压应大于其承受的反向峰值电压。

b. 二极管允许最大整流电流应大于流过二极管的实际工作电流。

○ 2.1.4 单相全波整流电路

(1) 单相全波整流电路的工作原理

单相全波整流电路实际上是由两个单相半波整流电路组合而成的，其电路图及波形图如图2-6所示。该电路的特点是在变压器T的二次侧具有中心抽头。

当交流电压u_2为正半周时，设a端为正、b端为负，二极管VD_1正偏导通，二极管VD_2反偏截止，电流I_L经过VD_1、R_L、变压器T的中心抽头构成回路。当交流电压u_2为负半周时，b端为正、a端为负，二极管VD_1反偏截止，二极管VD_2正偏导通，电流i_L经过VD_2、R_L、变压器T的中心抽头构成回路。

由以上分析可知，在交流电一个周期内，二极管VD_1和VD_2交替导通，即两个整流器件构成的两个单相半波整流电路轮流导通，从而使负载R_L上得到了单一方向的全波脉动直

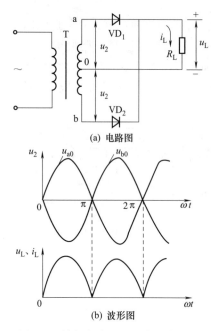

(a) 电路图

(b) 波形图

图 2-6　单相全波整流电路及其波形

流电压和电流。这种整流电路称为单相全波整流电路。

(2) 单相全波整流电路的计算

① 因为单相全波整流电路是两个单相半波整流电路的合成，只是应用了同一个负载 R_L。所以，负载 R_L 上的电压和电流比单相半波整流高一倍，即

$$U_L = 2 \times 0.45 U_2 = 0.9 U_2$$

$$I_L = \frac{U_L}{R_L} = 0.9 \frac{U_2}{R_L}$$

② 流过二极管的电流 I_D 为负载电流 I_L 的一半，即

$$I_D = \frac{1}{2} I_L = 0.45 \frac{U_2}{R_L}$$

③ 当一个二极管导通，另一个二极管截止时，截止的二极管将承受变压器二次绕组 a、b 两端全部电压的峰值，即

$$U_{RM} = 2\sqrt{2} U_2$$

◎ 2.1.5　单相桥式整流电路

(1) 单相桥式整流电路的工作原理

单相桥式整流电路由变压器 T 、4 个整流二极管 $VD_1 \sim VD_4$ 和负载 R_L 组成。其中，4 个整流二极管组成桥式电路的 4 条臂，变压器二次绕组和接负载的输出端分别接在桥式电路的两对角线的顶点，电路如图 2-7 所示。

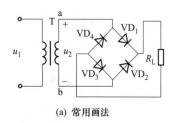

(a) 常用画法

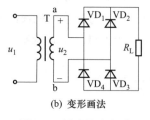

(b) 变形画法

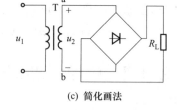

(c) 简化画法

图 2-7　桥式整流电路

必须注意 4 个整流二极管的连接方向，任一个都不能接反、不能短路，否则会引起整流二极管和变压器烧坏。

当交流电压 u_2 为正半周时，设 a 端为正、b 端为负，二极管 VD_1 和 VD_3 正偏导通，负载 R_L 上得到单向脉动电流，电流流向为 a→ VD_1→R_L→VD_3→b，此时，VD_2、VD_4 因反偏而截止。负载中的电流方向为从上到下，其电压极性为上正下负。当交流电压 u_2 为负半周时，b 端为正、a 端为负，二极管 VD_2、VD_4 正偏导通，脉动电流流向为 b→ VD_2→R_L→VD_4→a，此时，VD_1、VD_3 因反偏而截止，负载中的电流方向仍然是从上到下，其电压极性仍为上正下负。

由以上分析可知，在交流电正、负半周都有同一方向的电流流过负载 R_L，4 个二极管中两个为一组，两组轮流导通，在负载 R_L 上得到全波脉动的直流电压和电流。所以这种整流电路属全波整流类型。

(2) 单相桥式整流电路的计算

① 负载上的电压平均值 U_L　在桥式整流电路中，交流电在一个周期内有两个半波电流以相同的方向通过负载，所以该整流电路输出直流电压 U_L 比半波整流电路增加一倍，即

$$U_L = 2 \times 0.45 U_2 = 0.9 U_2$$

② 负载上的平均电流 I_L　根据欧姆定律，可求出负载上的直流电流（平均电流）I_L，即

$$I_L = \frac{U_L}{R_L} = 0.9 \frac{U_2}{R_L}$$

③ 整流二极管的平均电流 I_D　在桥式整流电路中，每个二极管在电源电压变化一个周期内只有半个周期导通。因此，每个二极管的平均电流 I_D 是负载电流（平均电流）I_L 的一半，即

$$I_D = \frac{1}{2} I_L$$

④ 反向峰值电压 U_{RM}　由图 2-8 可知，整流二极管 VD_1、VD_3 导通时，将 u_2 并联加到不导通的 VD_2、VD_4 的两端，使 VD_2、VD_4 承受的反向峰值电压 U_{RM}（最大反向工作电压）为变压器二次电压的最大值 U_{2max}，即

$$U_{RM} = U_{2max} = \sqrt{2} U_2$$

由于桥式整流电路优点显著，现已生产出二极管组件——硅桥式整流器，又称为硅整流桥堆，如图 2-9 所示。它将 4 个二极管集成在同一硅片上，再用绝缘瓷、环氧树脂等外壳封装成一体而成。

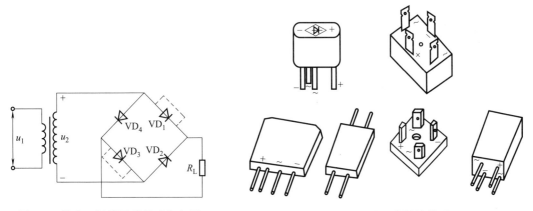

图 2-8　截止二极管承受的反向电压　　　　图 2-9　硅整流桥堆外形

图 2-9 所示为单相整流桥堆，它有 4 个引脚，其中两个脚上标有"～"符号，它们与输入的交流电相连接；另外两个脚上分别标着"＋""－"，它们是整流输出直流电压的正、负端。

整流桥堆的主要参数是最大反向工作电压和最大整流电流。在选用时，要根据电路具体要求来选择这两个参数。

2.1.6　三相半波整流电路

三相半波整流电路及波形如图 2-10 所示。它的电源变压器是三相变压器，其一次侧为三角形连接，二次侧为星形连接。三相半波整流电路中，整流元件的导电原则是：哪一相的相电压正值最大，串接在哪一相的整流元件即导通。

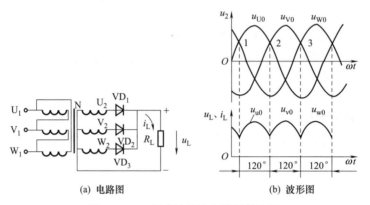

图 2-10　三相半波整流电路及其波形

当变压器一次侧接入电网之后，其二次侧就感应出三相对称的电压，并按正弦规律变化，彼此相差 120°。

当变压器二次侧 U_2 相电压 u_{u0} 为正半周，并且高于其他两相电压时，二极管 VD_1 导通，VD_2、VD_3 截止，电流由 U_2 点经二极管 VD_1、负载 R_L 到 N 点。

当 V_2 相电压 u_{v0} 为正半周，并且高于其他两相电压时，二极管 VD_2 导通，VD_1、VD_3 截止，电流由 V_2 点经二极管 VD_2、负载 R_L 到 N 点。

当 W_2 相电压 u_{w0} 为正半周，并且高于其他两相电压时，二极管 VD_3 导通，VD_1、VD_2 截止，电流由 W_2 点经二极管 VD_3、负载 R_L 到 N 点。

由以上分析可知，在电源电压的一个周期内，三个二极管 VD_1、VD_2、VD_3 轮流导通，每个二极管导通的时间是 $\frac{1}{3}$ 周期，以后重复上述过程。这样负载可以得到单一方向的脉动直流电压，其脉动程度比任何一种单相整流电路都小。

2.1.7　三相桥式整流电路

三相桥式整流电路及波形如图 2-11 所示。它是由两个三相半波整流电路串联组成的，其中一个是共阴接法（见图 2-10），另一个是共阳接法。共阳接法中，整流元件的导通原则是：在任何瞬间，哪一相的相电压负值最大，串接在哪一相的整流元件即导通。

当变压器二次电压 u_{UV} 为正半周时，因为 u_U 最正，所以，对应在共阴接法中，VD_1 导通；又因为 u_V 最负，所以，对应在共阳接法中，VD_6 导通，其他 4 个二极管均截止，电流由 U_2 点经 VD_1、R_L、VD_6 到 V_2 点。

当变压器二次电压 u_{UW} 为正半周时，因为 u_U 最正，u_W 最负，二极管 VD_1、VD_2 导通；其他 4 个二极管均截止，电流由 U_2 点经 VD_1、R_L、VD_2 到 W_2 点。

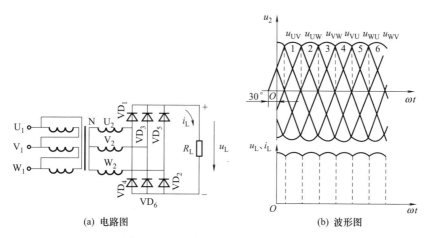

(a) 电路图　　　　　(b) 波形图

图 2-11　三相桥式整流电路及其波形

当电压 u_{VW} 为正半周时，因为 u_V 最正，u_W 最负，二极管 VD_3、VD_2 导通；其他 4 个二极管均截止，电流由 V_2 点经 VD_3、R_L、VD_2 到 W_2 点。

由以上分析可知，当三相电压随时间变化时，6 个二极管轮流进行组合，同一时间有两个二极管同时导通，使三相桥式整流电路输出的电压波形平滑得多，脉动更小。

三相整流电路的主要参数比较见表 2-1。

表 2-1　三相整流电路的主要参数比较（电阻负载）

整流电路名称	三相半波	三相桥式
输出直流电压 U_L	$1.17U_2$	$2.34U_2$
输出直流电流 I_L	$1.17U_2/R_L$	$2.34U_2/R_L$
二极管承受的最大反向电压	$2.45U_2$	$2.45U_2$
流过每个二极管的平均电流	$I_L/3$	$I_L/3$
脉动系数 S	0.25	0.057
纹波系数 γ	0.183	0.042

注：U_L——输出直流电压，即整流电压平均值；

U_2——整流变压器二次电压；

I_L——输出直流电流，即整流电流平均值；

R_L——负载等效电阻，$R_L=U_L/I_L$；

$S=\dfrac{输出电流交流分量的基波振幅值}{输出电流直流分量（即平均值）}$；

$\gamma=\dfrac{输出电流交流分量的有效值}{输出电流直流分量（即平均值）}$。

○ 2.1.8　常用滤波电路的主要类型与特点

整流电路输出的电流是脉动的直流电流，含有直流分量和交流分量两种成分。为了获得较平滑的直流电流，需要通过滤波电路进行滤波。滤波电路常用电容、电感、电阻组成不同的形式。利用电容对交流电流阻抗很小而直流电流不能通过的特性，将电容与负载并联，可以起到使交流分量旁路的作用。利用电感对交流电流的阻抗很大而对直流阻抗很小的特性，将电感与负载串联，可以达到减小交流分量的作用。

① 常用滤波电路见图 2-12。

② 常用滤波电路的比较见表 2-2。

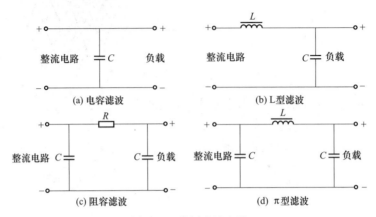

图 2-12　常用滤波电路

表 2-2　常用滤波电路的比较

电路名称	电容滤波	L 型滤波	阻容滤波	π 型滤波
优点	①输出电压高 ②小电流时滤波效果好 ③结构简单	①带负载能力好 ②大电流时滤波效果好 ③和电容滤波相比,整流器不承受浪涌电流的损害	①结构简单 ②能兼降压限流的作用 ③滤波效果好	①滤波效果好 ②输出电压高
缺点	①带负载能力差,负载加大时,输出电压减小 ②电源启动时充电电流大,整流二极管承受很大的浪涌电流	①负载电流大时,需要体积和质量很大的电感,才能有较好的滤波效果 ②输出电压低 ③当负载电流变动时,电感上产生的反电动势可能击穿整流管	①带负载能力较差 ②有直流电压损失	体积较大,成本高
适用场合	适用于负载电流较小的场合	适用于负载电流大,要求直流电流脉动很小的场合	适用于负载电阻大,电流较小,要求直流电流脉动很小的场合	适用于负载电流小,要求直流电流脉动很小的场合

注：1. 采用电容滤波时,若负载变化很大,可在输出端并联一个泄放电阻,泄放电阻可近似按 $10R_{\mathrm{L}}$ 来选取。

2. 采用电感滤波时,若电感量较大,在断开电源时,电感线圈两端会产生较大的电动势,有可能击穿二极管。因此,所采用的二极管电压等级应有一定的裕度。

>>> 2.2　晶体管和基本放大电路

◎ 2.2.1　晶体管的基本结构和主要类型

(1) 晶体管的基本结构

晶体管本名是半导体三极管,它是放大电路和开关电路的基本元件之一。

　　晶体管是由两个 PN 结组成的，两个 PN 结由三层半导体区构成，根据组成的形式不同，可分为 NPN 型和 PNP 型两种类型。在三层半导体区中，分别引出三个电极。晶体管的结构示意图和图形符号如图 2-13 所示。晶体管的文字代号通常用 VT 表示。

　　图 2-13（a）是 NPN 型晶体管的管芯结构剖面图，图 2-13（b）为其结构示意图。NPN 型管有两个 N 型区和一个 P 型区。其中一个 N 型区掺杂浓度高，称为发射区，由发射区引出的电极称为发射极，文字符号为 E。另一个掺杂浓度低的 N 型区称为集电区，由集电区引出的电极称为集电极，记为 C。夹在它们中间的 P 型区称为基区，其特点是掺杂浓度较小，很薄，约几微米到十几微米，由基区引出的电极称为基极，记为 B。发射区与基区间的 PN 结称为发射结，用 J_e 表示；集电区与基区间的 PN 结称为集电结，用 J_c 表示。这种 NPN 型晶体管的器件图形符号如图 2-13（c）所示。与 NPN 型对应的是 PNP 型晶体管，PNP 型晶体管的结构示意图和图形符号分别如图 2-13（d）和图 2-13（e）所示。

　　NPN 型与 PNP 型晶体管是不能互相代换的，两种类型晶体管的图形符号区别仅在于基极与发射极之间箭头的方向，而箭头方向就是发射结正向偏置时的电流方向。因此，从晶体管图形符号中的箭头方向就可判断该管是 NPN 型还是 PNP 型。

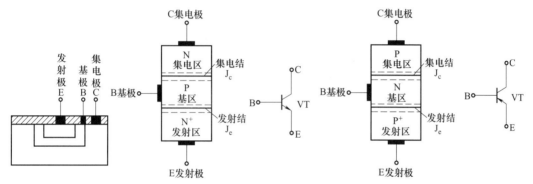

(a) NPN型的管芯结构剖面图　(b) NPN型的结构示意图　(c) NPN型器件图形符号　(d) PNP型结构示意图　(e) PNP型器件图形符号

图 2-13　晶体管的结构示意图和图形符号

（2）晶体管的主要类型

　　晶体管的种类很多，按半导体材料可分为硅管、锗管等；按两个 PN 结组合的方式可分为 NPN 型和 PNP 型晶体管两类，目前，我国制造的硅管多为 NPN 型，而锗管多为 PNP 型；按工作频率可分为低频、高频、超高频晶体管；按照额定功率可分为小功率、中功率、大功率晶体管；按外形封装可分为金属封装和塑料封装晶体管；根据工作的特性不同，晶体管又分为普通晶体管和开关晶体管；还有一些特殊的晶体管。常见晶体管的外形和封装如图 2-14 所示。

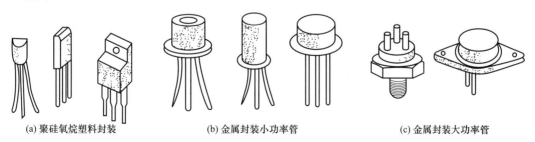

(a) 聚硅氧烷塑料封装　　　　　　(b) 金属封装小功率管　　　　　　(c) 金属封装大功率管

图 2-14　常见晶体管的外形和封装

● 2.2.2 晶体管的简易测试

(1) 晶体管的管型和引脚的判别

① 基极和管型的判别 由于晶体管的基极和其余两个极之间是两个 PN 结，故根据 PN 结正向电阻小、反向电阻大的特性，可以测定其基极和管型。

测试时，将指针式万用表转换开关置于 $R \times 1 \text{k}\Omega$ 挡或 $R \times 100\Omega$ 挡，用万用表的黑表笔（万用表内电池正极）接晶体管的某一引脚（假设它是基极 B），用红表笔（万用表内电池负极）分别接另外两个引脚，测量其电阻值。如果阻值一个很大，一个很小，那么黑表笔所接的引脚就不是晶体管的基极，则应把黑表笔所接的引脚调换一个，再按上述方法测试。如果表针指示的两个阻值都很小，则说明该管是 NPN 型管，黑表笔所接的引脚是基极，如同 2-15（a）所示。原因是：黑表笔与表内电池的正极相接，这时测得的是两个 PN 结的正向电阻值，所以很小。若指针指示的两个阻值都很大，则说明该管是 PNP 型管，黑表笔所接的引脚是 PNP 型管的基极，如图 2-15（b）所示。

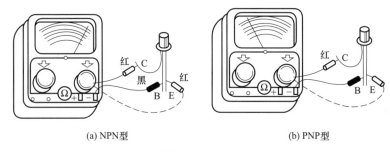

(a) NPN型   (b) PNP型

图 2-15 晶体管基极和管型的判别

② 集电极和发射极的判别 判定基极和管型后，就可以进一步判断集电极和发射极。仍然用万用表 $R \times 1 \text{k}\Omega$ 挡或 $R \times 100\Omega$ 挡，将两支表笔分别接除基极之外的两个引脚。如果是 NPN 型管，将一个 $100 \text{k}\Omega$ 的电阻接于基极与黑表笔之间，可测得一个电阻值，然后将两支表笔交换，同样在基极与黑表笔之间接入一个 $100 \text{k}\Omega$ 的电阻，又测得一个电阻值，两次测量中电阻值小的那一次，黑表笔所接的引脚为 NPN 型管的集电极，红表笔所接的引脚为发射极。这是因为晶体管只有电极电压极性正确时才能处于放大状态。如果待测的是 PNP 型管，则应用一个 $100 \text{k}\Omega$ 的电阻接于基极与红表笔之间，并分别测量其电阻值，电阻值小的那一次，红表笔所接的引脚为 PNP 型管的集电极，黑表笔所接的引脚为发射极。

在测试中，也可以用潮湿的手指代替 $100 \text{k}\Omega$ 的电阻，即用手指捏住集电极与基极。注意测量时不要让集电极和基极碰在一起。

(2) 判断晶体管的性能

① 估测晶体管的 I_{CEO} 将万用表转换开关置于电阻 $R \times 1 \text{k}\Omega$（或者 $R \times 100\Omega$）挡。如果测 PNP 型管，将万用表黑表笔（万用表内电池正极）接发射极，红表笔（万用表内电池负极）接集电极；如果测 NPN 型管，红表笔应接发射极，黑表笔应接集电极。

对于小功率锗管，测出的电阻值在几十千欧以上；对于小功率硅管，测出的阻值在几百千欧以上，这表明 I_{CEO} 不太大。如果测出的电阻值小，且表针缓慢向低阻值方向移动，表明 I_{CEO} 大，管子质量差，且管子稳定性也差；如果阻值接近于零，表明管子已被击穿；如果阻值无穷大，表明管子内部已经开路（断路）。但要注意：有些小功率管的 I_{CEO} 很小，测量时阻值很大，表针移动不明显，不要误认为是断路；对于大功率管，由于 I_{CEO} 通常比较大，所以测得的阻值很小，有的只有数十欧，不要误认为管子已击穿。

② 估测晶体管的电流放大系数 β 用万用表 $R \times$ 1kΩ 挡测量。如果测 NPN 型管，黑表笔（万用表内电池正极）接集电极，红表笔（万用表内电池负极）接发射极，用一个电阻（30～100kΩ）跨接于基极与集电极之间，如图 2-16 所示。比较开关 S 断开和接通时的电阻值，前后两个读数相差越大，表示晶体管的电流放大系数 β 越高。这是因为：当开关 S 断开时，管子截止，集电极与发射极之间的电阻大，故万用表指针有一点摆动（或几乎不动）；当开关 S 接通后，

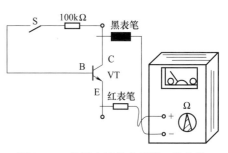

图 2-16 估测电流放大系数 β 的电路

管子发射结正偏，集电结反偏，晶体管处于导通放大状态，根据 $I_C = \beta I_B$ 的原理可知，如 β 大，则 I_C 也大，集电极与发射极之间的电阻就小，故万用表的指针偏向低电阻一侧。表针摆幅越大（电阻值越小），表明管子的 β 值越高。

如果被测的是 PNP 型管，只要将万用表黑表笔接发射极，红表笔接集电极（与测 NPN 型管的接法相反）即可，其他不变，仍用同样的方法估测、比较 β 的大小。

测试时，跨接于基极与集电极之间的电阻不可太小，也不可使基极与集电极短路，以免损坏晶体管。集电极与基极的跨接电阻未接（即开关 S 断开）时，若万用表的指针摆动较大，表明该晶体管的穿透电流太大，不宜采用。

③ 晶体管的稳定性能的判断 在判断穿透电流的同时，用手捏住晶体管，受人体温度影响，集电极与发射极之间的反向电阻将有所减小。若电阻变化不大，则管子稳定性较好，如图 2-17 所示。

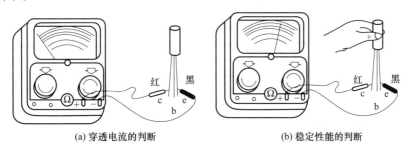

(a) 穿透电流的判断   (b) 稳定性能的判断

图 2-17 晶体管稳定性能的判断

2.2.3 晶体管的选用

选用晶体管时，应注意以下七点。

① 根据使用场合和电路性能选择合适类型的晶体管，例如，用于高、中频放大和振荡的晶体管，应选用特征频率较高和极间电容较小的高频管，保证管子工作在高频段时仍有较高的功率和稳定的工作状态；用于前置放大的晶体管，应选用放大系数较大而穿透电流（I_{CEO}）较小的管子。

② 根据电路要求和已知工作条件选择晶体管，即确定晶体管的主要参数。参数选择原

则见表 2-3。

表 2-3　晶体管主要参数的选择

参数	βU_{CEO}	I_{CM}	P_{CM}	β	f_T
选择原则	$\geqslant E_C$（电源电压）	$\geqslant(2\sim3)I_C$	$\geqslant P_0$（输出功率）	$40\sim100$	$\geqslant3f$
说明	若是电感性负载，$\beta U_{CEO}\geqslant2E_C$	I_C 为管子的工作电流	甲类功放：$P_{CM}\geqslant3P_0$ 甲乙类功放：$P_{CM}\geqslant\left(\dfrac{1}{3}\sim\dfrac{1}{5}\right)P_0$	β 太高容易引起自激振荡，稳定性差	f 为工作频率

注：βU_{CEO}——基极开路（$I_B=0$）时，集电极-发射极之间的反向击穿电压；I_{CM}——集电极最大允许电流；P_{CM}——集电极最大允许耗散功率；β——共发射极交流电流放大系数；f_T——特征频率。

③ 加在晶体管上的电流、电压、功率及环境温度等都不应超过其额定值。

④ 用新晶体管替换原来的晶体管时，一般遵循就高不就低的原则，即所选管子的各种性能不能低于原来的管子。

⑤ 使用大功率时，散热器要和管子的底部接触良好，必要时中间可涂导热有机硅胶。

⑥ 安装晶体管时注意事项同二极管的使用注意事项。

⑦ 要特别注意温度对晶体管的影响。

由于半导体器件的离散性较大，同型号管子的 β 值也可能相差很大。为了便于选用晶体管，国产晶体管通常采用色标来表示 β 值的大小，各种颜色对应的 β 值见表 2-4。进口晶体管通常在型号后加上英文字母来表示其 β 值。

表 2-4　部分晶体管色标对应的 β 值

色标	棕	红	橙	黄	绿	蓝	紫	灰	白	黑（或无色）
β	$5\sim15$	$15\sim25$	$25\sim40$	$40\sim55$	$55\sim80$	$80\sim120$	$120\sim180$	$180\sim270$	$270\sim400$	400 以上

◯ 2.2.4　晶体管基本放大电路

(1) 放大电路的种类

① 按信号的大小分类，可分为小信号放大电路和大信号放大电路。小信号放大电路一般指电压放大电路；大信号放大电路一般指功率放大电路。

② 按所放大信号的频率分类，可分为直流放大电路、低频放大电路和高频放大电路。

③ 按被放大的对象分类，可分为电压放大电路、电流放大电路和功率放大电路。

④ 按放大电路的工作组态（晶体管的连接方式）分类，可分为共发射极放大电路、共集电极放大电路和共基极放大电路。

⑤ 按放大电路的构成形式分类，可分为分立元件放大电路和集成放大电路。

本章主要介绍共发射极放大电路，它是最基本的放大电路，应用最为广泛。共发射极放大电路的分析方法也适用于其他两种放大电路。

(2) 放大电路的组成原则

放大电路的组成必须遵循以下原则。

① 外加直流电源的极性必须使晶体管的发射结正向偏置，集电结反向偏置，以保证晶体管工作在放大区。

② 输入回路的连接，应该使输入电压的变化量能够传送到晶体管的基极回路，并使基极电流产生相应的变化量 Δi_B，控制集电极电流产生一个较大的变化量 Δi_C，两者之间的关系为

$$\Delta i_C = \beta \Delta i_B$$

③ 输出回路的连接，应该使集电极电流的变化量 Δi_C 能够转化为集电极电压的变化量 Δu_{CE}，并传送到放大电路的输出端。

④ 信号波形基本不失真。放大后的信号波形应与放大前的信号波形相似，即只有大小变化，而不改变波形形状。为了保证信号波形基本不失真，在电路没有外加信号时，不仅必须使晶体管处于放大状态，而且要有一个合适的静态工作电压和静态工作电流，即要合理设置放大电路的静态工作点。

只要符合上述原则，即使电路的结构形式有所变化，也仍然能够实现放大作用。

（3）放大电路中电压和电流符号的规定

为了便于区别放大电路中电流或电压的直流分量、交流分量、总量等概念，对文字符号写法一般有如下规定。

① 直流分量用大写字母和大写下标的符号，如 I_B 表示基极的直流电流。

② 交流分量用小写字母和小写下标的符号，如 i_b 表示基极的交流电流。

③ 交、直流叠加，既有直流又有交流时的瞬时总量用小写字母和大写下标的符号，如 $i_B = I_B + i_b$，即 i_B 表示基极电流的总量。

④ 交流有效值或振幅值用大写字母和小写下标的符号，如 I_b 表示基极的交流电流的有效值。

（4）共发射极基本放大电路

图 2-18 为共发射极基本放大电路，又称为单极共发射极放大电路。它包括一个晶体管、两个电容、两个电阻和直流电源 U_{CC}。

各元器件的作用如下。

① 晶体管 VT 起电流放大作用。

② 直流电源 U_{CC} 为电路提供工作电压和电流，它通过电阻 R_B 向共发射结提供正偏电压；通过电阻 R_C 向集电结提供反向偏压。

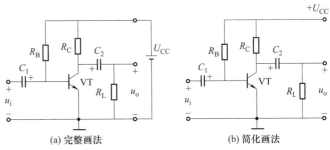

(a) 完整画法　　　(b) 简化画法

图 2-18　共发射极基本放大电路

③ R_B 称为基极偏置电阻（或称基极偏流电阻），其作用是使 U_{CC} 正极加到晶体管基极，使发射结正偏，并与 U_{CC} 配合，供给晶体管一个固定基极电流（称偏置电流，简称偏流），使晶体管工作于适当的放大状态。改变 R_B 值可改变偏流大小，以控制晶体管 VT 的工作状态。R_B 还可防止输入信号被直流电源 U_{CC} 短路。

④ C_1 为输入耦合电容，耦合输入交流信号 u_i，并起隔离直流的作用；C_2 为输出耦合电容，耦合输出交流信号 u_o，并起隔离直流的作用。在低频放大电路中，C_1、C_2 通常采用电解电容。

⑤ R_C 为集电极电阻，电源 U_{CC} 通过 R_C 为晶体管集电极供电。R_C 的另一个作用是将

放大的电流 i_c 转换为电压输出。

(5) 共集电极放大电路

共集电极放大电路如图 2-19 (a) 所示，其结构特点是集电极直接接电源，而负载接在发射极上，图中各元器件的功能与共发射极基本放大电路一样。图 2-19 (b) 是共集电极放大电路的直流通路。图 2-19 (c) 是共集电极放大电路的交流通路，可见，输入信号 u_S 加到基极-集电极之间，输出信号取自发射极-集电极之间，因此，集电极是输入回路和输出回路的公共地端，故称为共集电极放大电路。由于输出信号从发射极取出来，故又称为射极输出器或射极跟随器。

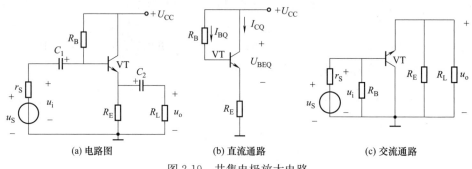

(a) 电路图　　　　　(b) 直流通路　　　　　(c) 交流通路

图 2-19　共集电极放大电路

(6) 共基极放大电路

共基极放大电路如图 2-20 (a) 所示，其中 R_C 为集电极电阻，R_{B1}、R_{B2} 为基极分压电阻。图中各元器件的功能同分压式偏置共发射极放大电路一样。图 2-20 (b) 是共基极放大电路的直流通路。图 2-20 (c) 是共基极放大电路的交流通路，可见输入电压信号加到发射极-基极之间，输出信号从集电极-基极之间取出，基极是输入回路和输出回路的公共地端，故称为基极放大电路。

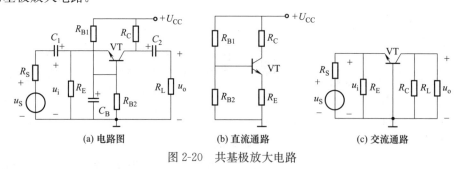

(a) 电路图　　　　　(b) 直流通路　　　　　(c) 交流通路

图 2-20　共基极放大电路

(7) 三种组态的晶体管基本放大电路性能比较

三种组态的晶体管基本放大电路（共发射极、共集电极、共基极）各具有以下特点。

① 共发射极放大电路的电压、电流和功率放大倍数都较大，输入电阻和输出电阻适中，所以在多级放大电路中可作为输入、输出和中间级，用于放大信号。

② 共集电极放大电路的电压放大倍数 $A_u \approx 1$，但电流放大倍数大，它的输入电阻大，输出电阻小。因此，除了用作输入级、缓冲级以外，也常作为功率输出级。

③ 共基极放大电路的主要特点是输入电阻小，其他性能指标在数值上与共发射极放大电路基本相同。因共基极放大电路的频率特性好，所以多用作宽频带放大电路。

三种组态的晶体管基本放大电路的性能比较表见表 2-5。

表 2-5 晶体管三种基本放大电路的接法和性能

电路名称	共发射极电路	共集电极电路 (射极输出电路)	共基极电路
电路原理图 (PNP 型)			
输出与输入电压的相位	反相	同相	同相
输入阻抗	较小(约几百欧)	大(约几百千欧)	小(约几十欧)
输出阻抗	较大(约几十千欧)	小(约几十欧)	大(约几百千欧)
电流放大倍数	大(几十到二十万倍)	大(几十到二十万倍)	1
电压放大倍数	大(几百到千倍)	1	较大(几百倍)
功率放大倍数	大(几千倍)	小(几十倍)	较大(几百倍)
频率特性	较差	好	好
失真情况	较大	较好	较好
对电源要求	采用偏置电路,只需一个电源	采用偏置电路,只需一个电源	需要两个独立电源
应用范围	放大、开关电路等	阻抗变换电路	高频放大、振荡

注:NPN 型三种接法的电源极性与 PNP 型的相反。

2.2.5 晶体管多级放大电路

(1) 晶体管多级放大电路的类型

单级放大器的放大倍数一般只有几十倍,但在实际应用中,放大器的输入信号,通常都是极其微弱的,需要将其放大到几百倍,甚至几万倍。要完成这样的放大任务,靠单级放大器是不能胜任的,这就需要用几个单级放大器连接起来组成多级放大器,如图 2-21 所示,把前级的输出加到后级的输入,使信号逐级放大到所需要的数值。

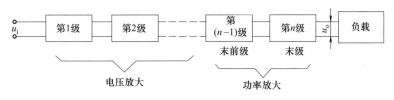

图 2-21 多级放大电路的框图

图 2-21 中前面的几级称为前置级,主要用作电压放大。它们将微弱的输入信号放大到足够的幅度以推动后面的功率放大器(称末级)工作。

(2) 多级放大电路的耦合方式

在多级放大器中,相邻两个放大电路之间的连接方式称为级间耦合,实现耦合的电路称为级间耦合电路。根据耦合的方式不同，多级放大器可分为直接耦合、阻容耦合和变压器耦合等。

① 直接耦合多级放大电路的特点　直接耦合是指级间不通过任何电抗元件，把前级的输出端和后级的输入端直接（或通过电阻）连接起来。如图 2-22 所示是直接耦合二级放大电路，此种耦合方式多用于直流信号或缓慢变化的信号，以及集成电路放大器中。

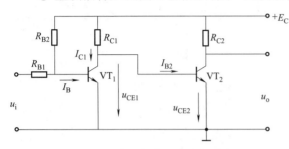

图 2-22　直接耦合二级放大电路

② 阻容耦合多级放大电路的特点　阻容耦合是指级间通过电阻和电容连接。如图 2-23 所示的阻容耦合二级放大电路，第一级的输出信号通过电容 C_2 耦合到第二级的输入电阻上。这种耦合方式的特点是：由于电容的隔直作用，各级的直流工作状态互不影响，即各级的静态工作点可以单独设置。若耦合电容量越大，信号在传输过程中的损失越小，传输效率越高。该放大电路具有结构简单、成本低、体积小、频率响应好等特点，所以得到了广泛应用；其缺点是不能放大频率极低的信号。

③ 变压器耦合多级放大电路的特点　变压器耦合指把前级的输出交变信号通过变压器耦合到下一级。如图 2-24 所示是变压器耦合二级放大电路，这种耦合方式的特点是：由于变压器不传直流，故各级的静态工作点是相互独立的。另外，由于变压器有阻抗变换的作用，可使级间阻抗匹配，放大电路可获得较大的功率输出，所以此种耦合方式常用于功率放大电路。这种耦合方式的缺点是体积大、成本高、不适应小型化或集成化，且不能放大频率极低的信号。

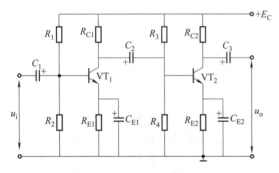

图 2-23　阻容耦合二级放大电路

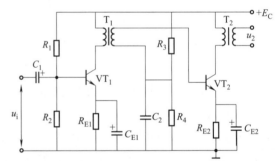

图 2-24　变压器耦合二级放大电路

》》》2.3　晶闸管和可控整流电路

◎ 2.3.1　晶闸管概述

（1）晶闸管的用途

晶闸管是硅晶体闸流管的简称，它包括普通晶闸管、双向晶闸管、逆导晶闸管和快速晶闸管等。普通晶闸管曾称可控硅（常用 SCR 表示）。如果没有特殊说明，所说的晶闸管皆指普通晶体管。晶闸管是一种大功率半导体器件。

晶闸管可以把交流电压变成固定或可调的直流电压（整流），也能把固定的直流电压变成固定或可调的交流电压（逆变），还能把固定的交（直）流电压变成可调的交（直）流电压，另外还能把固定频率的交流电变成可调频率的交流电。

晶闸管是一种不具有自身关断能力的半控型电力半导体器件，具有体积小、重量轻、效率高、使用和维护方便等优点，它既有单向导电的整流作用，又具有以弱电控制强电的开关作用。也就是说，晶闸管的出现，使半导体器件的应用进入了强电领域，应用于整流、逆变、调压和开关等方面，应用最多的是整流。但是，晶闸管的过载能力和抗干扰能力较差，控制电路复杂。

（2）晶闸管的内部结构

晶闸管是一种大功率四层结构（P_1、N_1、P_2、N_2）的半导体器件，内部有三个 PN 结（J_1、J_2、J_3），它是一种三端器件，有三个电极，A 称为阳极，K 称为阴极，G 称为门极或控制极，其内部结构和图形符号，如图 2-25 所示。

（3）晶闸管的外形

晶闸管的外形如图 2-26 所示。其中图 2-26（a）为螺栓式晶闸管，螺栓是阳极，粗辫子为阴极，细辫子为门极，阳极做成螺栓式是方便与散热器相连，故冷却效果差，适用于 200A 以下的小、中容量器件；图 2-26（b）为平板式晶闸管，其两侧是阳极和阴极，边缘引出的细辫子是门极，门极离阴极较近，由于它的阳极、阴极可以紧紧地被夹在散热器中间，散热效果好，故适用于 200A 以上的中、大容量器件。

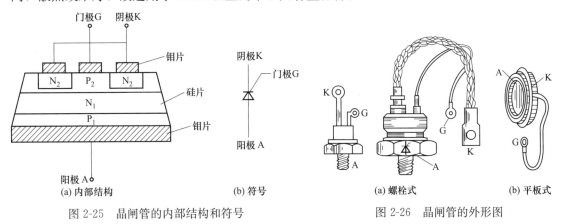

图 2-25 晶闸管的内部结构和符号　　　　图 2-26 晶闸管的外形图

● 2.3.2 晶闸管可控整流的基本概念

根据晶闸管可控整流的基本工作原理定义六个基本概念。

（1）移相控制角 α

从晶闸管承受正向电压起，到触发导通之间的时间所对应的电角度称为移相控制角，用 α 表示。

（2）导通角 θ

晶闸管在一个周期内导通的时间所对应的电角度，用 θ 表示。

(3) 移相

改变触发脉冲出现的时刻，即改变移相控制角 α 的大小，称为移相。改变移相控制角 α 的大小，可以改变输出整流电压平均值的大小，即为移相控制技术。

(4) 移相范围

改变移相控制角 α 的数值，使输出整流电压平均值从最大值变化到最小值，α 角的变化范围即为触发脉冲移相范围。

(5) 同步

为了使每一个周期中的 α 角或者 θ 角保持不变，必须使触发脉冲与整流电路电源电压之间保持频率和相位的协调关系，称为同步。

(6) 换相

在多相晶闸管可控整流电路中，某一相晶闸管导通变换为另一相晶闸管导通的过程称为换相，实际上负载电流从一个晶闸管切换到另一个晶闸管上，就发生了晶闸管换相。

◎ 2.3.3 晶闸管的选择

(1) 晶闸管额定电压的选择

过载能力差是晶闸管的主要缺点之一，因此，在选择晶闸管时，必须留有安全余量，通常按式（2-1）选取晶闸管的额定电压值。

$$U_{TN} = (2 \sim 3)U_M \tag{2-1}$$

式中　U_{TN}——晶闸管的额定电压，V；

　　　U_M——晶闸管在电路中可能承受的最大正向或反向值。

例如，在单相电路中，交流侧正弦相电压的有效值是 220V，晶闸管承受的最大电压为其峰值，即 $\sqrt{2} \times 220V = 311V$，按式（2-1）计算出晶闸管的额定电压 U_{TN} 为

$$U_{TN} = (2 \sim 3) \times 311 = 622 \sim 933(V)$$

则应在此范围内按标准电压等级取 700V（或 800V、900V）。

(2) 晶闸管额定电流的选择

由于晶闸管整流设备的输出端所接负载常用平均电流来衡量其性能，所以晶闸管的额定电流不像其他电气设备那样用有效值来标定，而是用在一定条件下的最大通态平均电流（额定通态平均电流）按电流标准等级就低取整数来标定。所谓额定通态平均电流，是指工频正弦半波（不小于 170°）的通态电流在一周期内的平均值，常用 $I_{T(AV)}$ 表示。

晶闸管在工作中，其结温不能超过额定值，否则会使晶闸管因过热而损坏。结温的高低由发热和冷却两方面的条件决定。发热多少与流过晶闸管的电流的有效值有关，只要流过晶闸管的实际电流的有效值等于（小于更好）晶闸管额定电流的有效值，晶闸管的发热就被限制在允许范围之内。

若将晶闸管的额定电流用有效值表示，可根据额定通态平均电流 $I_{T(AV)}$ 的定义，求出两者关系为

$$I_{TN} = 1.57 I_{T(AV)} \tag{2-2}$$

式中　I_{TN}——晶闸管额定电流的有效值。

式（2-2）表示，额定电流为 100A 的晶闸管，能通过的电流的有效值为 157A，其余以此类推。

根据晶闸管可控整流电路的形式、负载平均电流 I_{Ld}、晶闸管导通角 θ 可以求出通过晶闸管的实际电流有效值 I_T。考虑到晶闸管的过载能力差，在选择晶闸管的额定电流时，取实际需要值的 1.5～2 倍，使之有一定的安全余量，保证晶闸管可靠运行。因此，根据有效值相等原则，通常按式（2-3）计算晶闸管的额定通态平均电流 $I_{T(AV)}$。

$$I_{T(AV)} = (1.5～2)\frac{I_T}{1.57} \tag{2-3}$$

然后再按标准电流等级取整数。

◎ 2.3.4 晶闸管的简易检测与使用注意事项

(1) 极性的判别

大部分晶闸管控制极的引出线很细，一看便知，但小容量晶闸管的三个极引出线粗细是一样的。在实际使用时，晶闸管三个电极可以用万用表来判别，判别方法如图 2-27 所示。万用表应置于 $R×100\Omega$ 或 $R×10\Omega$ 挡。

(2) 质量的判别

利用图 2-27 所示的方法也可以鉴别晶闸管的质量。将万用表置于 $R×1k\Omega$ 挡，若测得的阳极-阴极之间的正向及反向电阻都很小，说明晶闸管已经短路；若测得的控制极-阴极之间的正、反向电阻都很大，说明已损坏或断路；若测得的控制极-阴极之间的正反向电阻都很小，尚不能说明晶闸管已坏，这时应将万用表置于 $R×1\Omega$ 挡再一次测量，如仍然只有几欧或零，才表明晶闸管已损坏，这是因为当控制极-阴极的 PN 结不理想时，其反向电阻也可能较小，但元件仍算合格。

测量控制极-阴极之间的正、反向电阻时，绝不允许使用 $R×10k\Omega$ 挡测量，以防表内高压电池击穿控制极-阴极的 PN 结。

(3) 判断晶闸管能否投入工作

初步鉴别晶闸管好坏后，还需按图 2-28 所示的简易电路进行测试，判断晶闸管能否投入工作。

欲使晶闸管导通，需要同时具备两个条件，即在晶闸管阳极-阴极之间加正向电压，并在控制极-阴极之间加正向电压，使足够的门极电流流入。因此，按图 2-28 接线，闭合开关 S 时，小灯泡 HL 不亮，再按一下按钮 SB，小灯泡如果发亮，说明晶闸管良好，能投入电路工作。

以上是鉴别晶闸管好坏的一种简易方法，如果想要进一步知道晶闸管的特性和有关参数，则需要查产品手册或用专门的测试设备进行测试。

(4) 晶闸管使用注意事项

晶闸管在使用中应注意以下八点。

① 合理选择晶闸管额定电压、额定电流等参数和可控整流电路的形式。

② 晶闸管在使用前应进行测试与触发试验，保证器件良好。测试时严禁用兆欧表来检测晶闸管的绝缘情况。

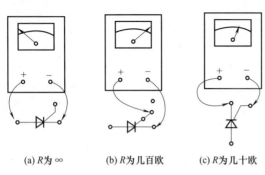

(a) R为∞   (b) R为几百欧   (c) R为几十欧

图 2-27　晶闸管三个极的判别

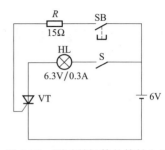

图 2-28　测试晶闸管的简易电路

③ 要有足够的门极触发电压和触发电流值。

④ 大功率晶闸管应按要求加装散热器，并使散热器与晶闸管之间接触良好。特大功率的晶闸管，应按规定进行风冷或水冷。

⑤ 当晶闸管在实际使用中不能满足标准冷却条件和环境温度时，应降低其允许工作电流。

⑥ 应装设适当的过电压、过电流保护装置。

⑦ 选用代用晶闸管时，其外形、尺寸要相同，例如螺栓式不能用平板式代换。

⑧ 选用代用晶闸管时，它的参数不必要留过大的余量，因为过大的余量不仅浪费，而且有时会起到不好的作用，例如额定电流提高后，其触发电流、维持电流等参数也会跟着提高，可能出现更换后不能正常工作的情况。

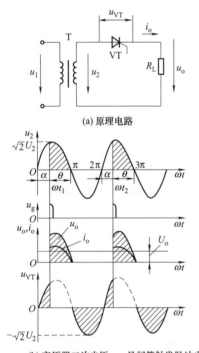

(a) 原理电路

(b) 变压器二次电压u_2、晶闸管触发脉冲电压u_g、可控整流输出直流电压u_o和晶闸管VT的管压降u_{VT}

图 2-29　单相半波可控整流电路

2.3.5　单相可控整流电路

(1) 单相半波可控整流电路

单相半波可控整流电路的主电路是由整流变压器 T、一个晶闸管 VT 和负载 R_L 组成的，如图 2-29 (a) 所示。

触发电压加在控制极与阴极之间，当晶闸管承受输入交流电压正半周时，如果施加触发脉冲，管子就导通。如果触发脉冲延迟到某时刻 t 才加到控制极上，则晶闸管导通时间相应延迟到 t，此时导通角 θ 减小，负载上得到的电压就较低。改变控制角 α 的大小（即移相），就可得到不同的输出电压，实现了整流输出的可控性。

单相半波可控整流电路简单，当控制角 $\alpha = 0°$ 时，直流输出平均电压最大为 $0.45U_2$。晶闸管承受的最大峰值电压为 $\sqrt{2}U_2$，移相范围为 $0 \sim \pi$，最大导通角为 π。因为输出波形波动大，故主要用于波形要求不高的小电流负载。

(2) 单相全波可控整流电路

单相全波可控整流电路相当于两个单相半波可控整流电路的并联，其电路如图 2-30 所示。电路由整流变压器（二次绕组带有中心抽头）、负载和两个晶闸管组成。

工作期间，两个晶闸管 VT_1 和 VT_2 轮流导通，改变控制角 α 可使两个晶闸管的导通角改变，输出电压大小也随之改变，负载 R_L 上得到的直流平均电压是单相半波可控整流时的两倍，每个晶闸管承受的最大峰值电压为 $2\sqrt{2}U_2$，导通平均电流为负载平均电流的一半。

单相全波可控整流电路比单相半波可控整流电路输出电压的脉动小，输出的电压高。每个晶闸管承受的反向电压较高，需要选择反向重复峰值电压高的晶闸管。这种电路一般只适用于中小容量的低电压的整流设备中。

(3) 单相桥式全控整流电路

单相桥式全控整流电路的主电路是由整流变压器、负载和四个晶闸管组成的，其电路如图 2-31 所示。

图 2-31 中的 VT_1、VT_4 为一对桥臂，VT_2、VT_3 为另一对桥臂。显然，欲使承受正向电压的晶闸管导通，构成电流回路，必须同时给一对桥臂中的两个晶闸管加触发脉冲电压才行。

单相桥式全控整流电路的直流输出平均电压比单相半波可控整流电路高，最大为 $0.9U_2$，输出电压脉动程度小，整流变压器利用率高。其晶闸管最大峰值电压、移相范围和最大导通角与单相半波可控整流电路相同。这种电路主要用于对输出波形要求较高或要求逆变的小功率场合。

(4) 单相桥式半控整流电路

单相桥式半控整流是由整流变压器、负载和两个晶闸管、两个二极管组成的，电路如图 2-32 所示。

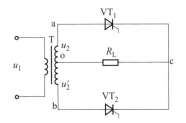

图 2-30　单相全波可控整流电路

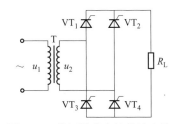

图 2-31　单相桥式全控整流电路

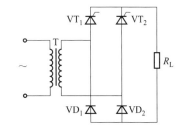

图 2-32　单相桥式半控整流电路

单相桥式半控整流电路可以采用一个触发电路，把触发脉冲同时加到两个晶闸管的控制极上，承受正向电压的晶闸管得到触发脉冲时导通，而另一个晶闸管因承受反向电压不会导通。因此，触发电路简化了。其他特点如直流输出电压、移相范围等与单相桥式全控整流电路一样。

2.3.6 三相可控整流电路

(1) 三相半波可控整流电路

三相半波可控整流电路是由整流变压器、负载和三个晶闸管组成的，电路如图 2-33 所示。三相半波可控整流电路的最大导通角为 $120°$，移相范围最大为 $150°$，输出电压随控制角的增大而减小。各个晶闸管正向通态平均电流均为负载电流的1/3。触发脉冲应分别加在对应的各相晶闸管的控制极上，各相触发脉冲相差120°，以保证三相输出相等。

三相半波可控整流电路较为简单，主要用于功率小的场合。

（2）三相桥式全控整流电路

三相桥式全控整流电路是由整流变压器、负载和六个晶闸管组成的，如图 2-34 所示。

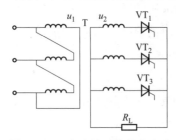

图 2-33　三相半波可控整流电路

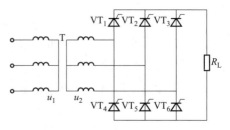

图 2-34　三相桥式全控整流电路

三相桥式全控整流电路中晶闸管两端承受的最大峰值电压与三相半波可控整流电路相同，输出电压比三相半波可控整流电路增大一倍，整流变压器利用率比三相半波全控整流电路高。

三相桥式全控整流电路必须用双窄脉冲或宽脉冲触发，其移相范围为 0°～120°，最大导通角为 120°。它主要用于电压控制要求高或要求逆变的场合。

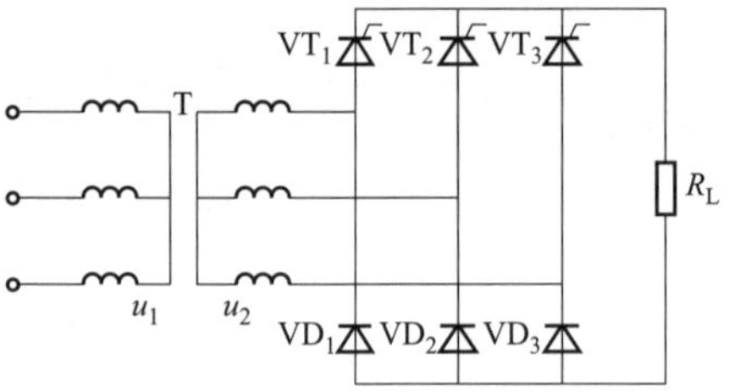

（3）三相桥式半控整流电路

三相桥式半控整流电路是由整流变压器、负载和三个晶闸管、三个二极管组成的，如图 2-35 所示。

三相桥式半控整流电路的移相范围为 0°～ 180°，最大导通角为 120°，每个晶闸管通态平均电流为负载平均电流的1/3，每个晶闸管承受的最大峰值电压为 $2.45U_2$。这种电路适用于功率较大、高电压的场合，但不能进行逆变工作。

图 2-35　三相桥式半控整流电路

2.3.7　晶闸管触发电路

（1）晶闸管对触发电路的要求

要使晶闸管由阻断变为导通，除了阳极和阴极之间加正向电压之外，还必须在控制极和阴极之间加触发电压。触发电压由触发电路产生。触发电压可以是交流、直流，也可以是脉冲。触发电路的种类很多，既可以由分立元件组成，也可以由集成电路组成。

根据晶闸管的性能及主电路的实际需要，触发电路必须满足以下要求。

① 触发电路应能提供足够的触发功率。

② 触发脉冲应有足够的宽度。

③ 触发脉冲必须与主电路同步。

④ 触发脉冲要有一定的移相范围。

此外，还要求触发电路工作可靠、简单、经济、体积小、重量轻等。

(2) 触发脉冲的输出方式

触发脉冲输出方式有以下两种。

① 直接输出方式 触发电路与晶闸管控制极直接连接称为直接输出方式,如图 2-36 (a) 所示。直接输出的优点是效率较高,电路简单,对脉冲前沿的陡度影响小。它的缺点主要是触发电路与主电路有电的联系,只有在触发少量晶闸管,而且触发电路与主电路无须绝缘的情况下才能运用。

② 脉冲变压器输出方式 当需要同时触发多个晶闸管时,常采用脉冲变压器输出方式,如图 2-36 (b) 所示,其优点是主电路与触发电路没有电的联系,选择极性方便;缺点是脉冲变压器要消耗一部分触发脉冲功率,使输出脉冲的幅度与前沿陡度受到损失。

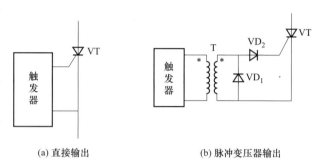

(a) 直接输出   (b) 脉冲变压器输出

图 2-36 触发脉冲输出方式

(3) 常用触发电路的种类与性能

常用晶闸管触发电路的种类及其性能见表 2-6。

表 2-6 常用触发电路的性能比较

触发电路	脉冲宽度	脉冲前沿	移相范围	可靠性	应 用 范 围
阻容二极管	宽	极平缓	170°	高	适用于小功率、控制精度要求不高的单相可控整流装置
稳压管	窄	较陡			
阻容移相电路	宽	极平缓	160°		
单结晶体管	窄	极陡	150°	高	广泛应用于各种单相、多相和不同功率可控整流电路中
三极管	宽	较陡	150°~170°	稍差	适用于要求宽脉冲或受控触发移相的可控整流设备中
小晶闸管			取决于输入脉冲移相范围	较高	适用于大功率和多个大功率晶闸管串、并联使用的可控整流设备中

(4) 常用触发电路实例

① 阻容移相触发电路 阻容移相触发电路结构简单、工作可靠、调整方便,适用于 50A 以下的单相晶闸管可控整流电路。

阻容移相触发电路由带中心抽头的同步变压器 TS、电容器 C 和电位器 RP 组成阻容移相桥,如图 2-37 所示。

阻容移相触发电路参数由下面的公式求得

$$C \geqslant \frac{3I_{\text{OD}}}{U_{\text{OD}}}$$

$$R \geqslant K \frac{U_{\text{OD}}}{I_{\text{OD}}}$$

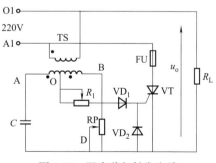

图 2-37 阻容移相触发电路

式中　U_{OD}——移相输出电压，V；

　　　I_{OD}——移相输出电流，mA；

　　　K——电阻系数，可由表2-7查得。

表2-7　阻容移相范围

整流电路输出电压的调节倍数	2	2～10	10～50	＞50
要求移相范围	90°	90°～144°	144°～164°	＞164°
电阻系数	1	2	3～7	＞7

调节电位器RP可以改变移相控制角 α。RP值增大时，α 角增大；反之，则 α 角减小。

② 单结晶体管同步触发电路　单结晶体管同步触发电路由同步电源、移相和脉冲三部分组成，其电路图和波形图如图2-38所示。

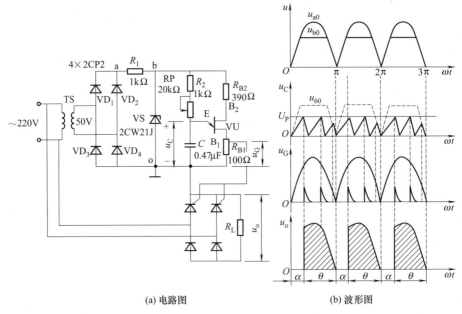

(a) 电路图　　　　　(b) 波形图

图2-38　单结晶体管同步触发电路

实现同步的电路如图2-38（a）所示。同步电压由同步变压器获得，它与主电路接到同一电源，由同步变压器TS、整流桥及稳压管VS组成同步电路。经过稳压管削波限幅以后的电压，既是同步信号，又是触发器的电源，与不削波限幅相比可扩大移相范围。

只要改变图2-38（a）中电位器RP就可以改变电容电压 u_C 上升到峰点电压 U_P 的时刻（即改变电容C的充电时间常数），从而改变 α 角、达到触发脉冲移相的目的。当RP值增大时，则 α 角增大；反之，则 α 角减小。

》》》 2.4　集成稳压器

◎ 2.4.1　集成稳压器的分类及主要参数

用集成电路的形式制成的稳压电路称为集成稳压器，它将调整管、基准电压、比较放大器、取样电路和过热、过电流保护电路集成在同一芯片中，具有体积小、可靠性高、使用方便等优点。

集成稳压器按其输出电压是否可调可分为输出电压固定式集成稳压器和输出电压可调式集成稳压器。

集成电路按结构形式可分为串联型、并联型和开关型。

常见的集成稳压器为三端集成稳压器，其外形如图 2-39 所示。它有三个接线端：输入端、输出端和公共端（或调整端），属于串联型稳压器。

(1) 三端固定输出电压集成稳压器

三端固定输出电压集成稳压器的三端是指电压输入端、电压输出端和公共接地端。

目前，应用最普遍的三端固定输出电压集成稳压器是 CW78×× 系列和 CW79×× 系列。CW78×× 系列是正电压输出，CW79×× 系列为负电压输出，其外形及引脚排列如图 2-40 所示。

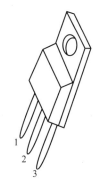

图 2-39 集成稳压器外形图

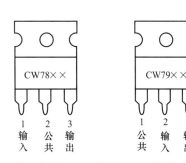

图 2-40 三端固定输出电压集成稳压器的外形及引脚排列图

三端固定输出电压集成稳压器的型号由五部分组成，其含义如下。

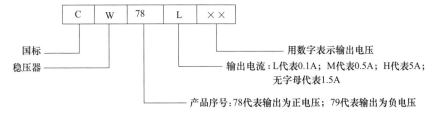

① 最大输入电压 U_{imax} 集成稳压器安全工作时允许外加的最大输入电压称为最大输入电压。若超过此值，稳压器有被击穿的危险。

② 输出电压 U 稳压器的参数符合规定指标时输出的电压称为输出电压，对同一型号而言是一个常数。

③ 最大输出电流 I_{OM} 稳压器能保持输出电压不变的输出电流的最大值称为最大输出电流，一般也认为它是稳压器的安全电流。

(2) 三端可调输出电压集成稳压器

三端固定输出电压集成稳压器虽然可以通过外接电路构成输出电压可调的稳压电路，但其性能指标有所降低，而且使用也不方便。因此，三端可调输出电压集成稳压器应运而生。

三端可调输出电压集成稳压器的三端是指电压输入端、电压输出端和电压调整端，它的输出电压可调，而且也分为正电压输出和负电压输出两类。这种稳压器使用非常方便，只要在输出端上外接两个电阻，就可获得所要求的输出电压值。

三端可调输出电压集成稳压器的型号由五部分组成，其含义如下。

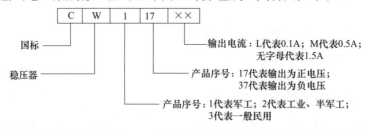

① 最小输入输出压差$(U_i - U_o)_{min}$　最小输入输出压差是指使稳压器能正常工作的输入电压与输出电压之间的最大差值。若输入输出小于$(U_i - U_o)_{min}$，则稳压器输出纹波变大，性能变差。

② 输出电压范围　输出电压范围指稳压器的参数符合规定指标要求时输出的电压范围，即用户可以通过取样电阻获得的输出电压范围。

◎2.4.2 三端固定输出电压集成稳压器的应用

(1) 输出电压固定的基本稳压电路

图 2-41（a）所示为正电压输出的输出电压固定的基本稳压电路，其输出电压数值完全由所选用的三端集成稳压器决定，例如需要 15V 输出电压，就选用 CW7815。在电路中，电容 C_1 的作用是消除输入连线较长时，其电感效应引起的自激振荡，减小波纹电压；电容 C_2 的作用是消除电路高频噪声。

如果需要用负电压输出，可改用 CW79×× 系列稳压器，电路的其他结构不变，如图 2-41（b）所示。

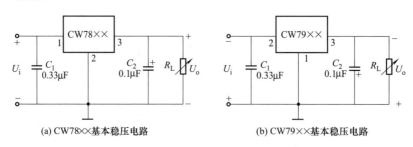

(a) CW78××基本稳压电路　　(b) CW79××基本稳压电路

图 2-41　输出电压固定的基本稳压电路

(2) 正、负电压同时输出的稳压电路

当用电设备需正、负两组电压输出时，可将正电压输出稳压器 CW78×× 系列和同规格的负电压输出稳压器 CW79×× 系列配合使用，组成正、负电压同时输出的稳压电路，如图 2-42 所示。

(3) 输出电压连续可调的稳压电路

图 2-43 所示是输出电压连续可调的稳压电路，集成运算放大器起电压跟随器作用。

由图 2-43 可知

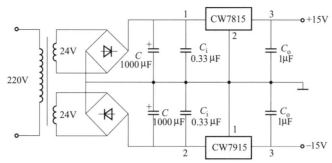

图 2-42　正、负电压同时输出的稳压电路

$$U_o = U_{\times\times} + \frac{R_2}{R_1 + R_2}U_o$$

即

$$U_o = \left(1 + \frac{R_2}{R_1}\right)U_{\times\times}$$

式中　$U_{\times\times}$——三端固定输出电压集成电路的固定输出电压，在图 2-43 中就是 5V。

调节电阻 R_2，可以在较大范围内改变输出电压的大小。

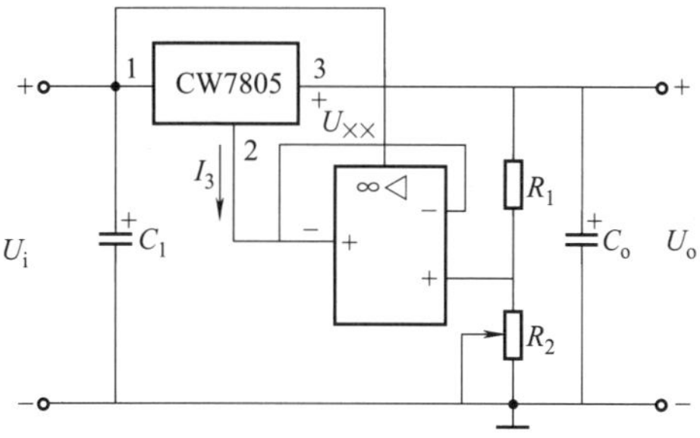

图 2-43　输出电压连续可调的稳压电路

2.4.3　三端可调输出电压集成稳压器的应用

（1）输出电压可调的基本稳压电路

图 2-44（a）和图 2-44（b）分别是三端可调输出电压集成稳压器 CW117 和 CW137 的基本应用电路。电位器 R_P 和电阻 R 为取样电阻，改变 R_P 值可使输出电压在 1.25～37V 范围内连续可调。C_1 为高频旁路电容；C_2 为消振电容。该电路的输出电压 U_o 为

$$U_o \approx 1.25\left(1 + \frac{R_P}{R}\right)$$

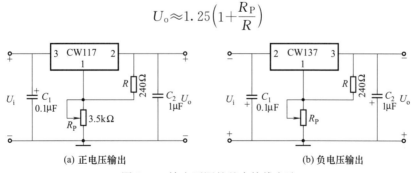

(a) 正电压输出　　　　　　　　　　(b) 负电压输出

图 2-44　输出可调的基本接线方法

使用中，电阻 R 要紧靠在集成稳压器的输出端和调整端接线，以免当输出电流大时，附加压降影响输出精度；电位器 R_P 的接地点应与负载电流返回接地点相同；R 和 R_P 应选择同种材料制作的电阻，精度尽量高一点。

（2）正、负电压同时输出的可调稳压电路

图 2-45 所示的电路是由 CW117 和 CW137 组成的正、负电压同时输出的可调稳压电路，

其输出电压的调节范围为 $\pm(1.2\sim20)\mathrm{V}$。

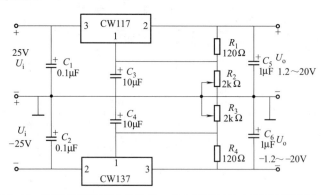

图 2-45　用集成稳压器组成的正、负电压同时输出的可调稳压电路

（3）步进式可调稳压电路

上述可调稳压电路在家庭应用时，由于电压值是连续可调的，一般家庭又没有万用表，无法准确调到所需电压值，给应用带来了不便。而给稳压电路加装指示仪表又将使成本大大增加，于是出现了一种多挡固定电压输出的稳压电路，又称为步进式可调稳压电路，如图 2-46 所示。

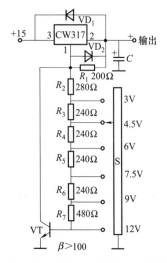

图 2-46　步进式可调稳压电路图

图 2-46 中的 VD_1、VD_2 是保护二极管，当输出端电压短路或输入端/调整端电压短路时，二极管导通，保护 CW317 不被损坏。晶体管 VT 可以避免转换开关 S 切换电阻时由于瞬间断开或接触不良而导致输出电压过高，从而保护用电器。

（4）集成稳压器使用注意事项

① 在装入电路前，一定要弄清楚各引脚（端子）的作用（如 CW78×× 系列与 CW79×× 系列稳压器的引脚就有很大不同），避免接错。

② 安装、焊接要牢固可靠，避免有大的接触电阻而造成压降和过热。

③ 使用时，对要求加散热装置的，必须加装符合尺寸要求的散热装置。

④ 严禁超负荷使用。

⑤ 为确保输出电压的稳定性，应保证最小输出压差。

⑥ 为确保器件安全，要注意最大输入电压不超过规定值。

第**3**章

电工工具和电工仪表的使用

》》3.1 常用电工工具的使用

○ 3.1.1 电工刀

(1) 电工刀的结构

电工刀是电工常用的一种切削工具。普通的电工刀由刀片、刀刃、刀柄、刀挂等构成，如图 3-1 所示。刀片根部与刀柄相铰接，不用时，可把刀片收缩到刀柄内。刀刃上具有一段内凹形弯刀口，弯刀口末端形成刀口尖，刀柄上设有防止刀片退弹的保护钮。

(2) 电工刀的用途

电工刀可用来削割导线绝缘层、木榫、切割圆木缺口等。多用电工刀汇集有多项功能，使用时只需一把电工刀便可完成连接导线的各项操作，无需携带其他工具，具有结构简单、使用方便、功能多样等优点。

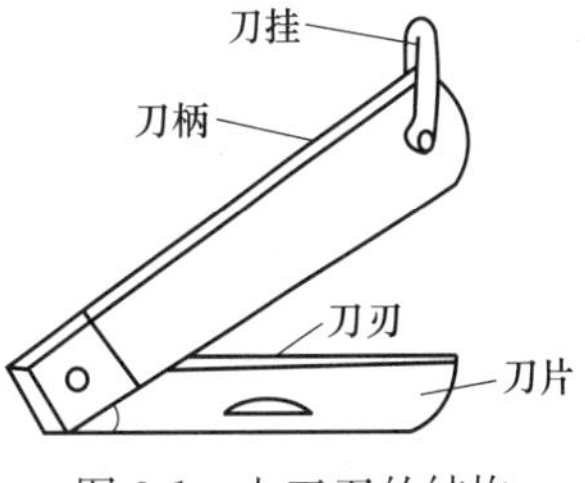

图 3-1　电工刀的结构

(3) 电工刀的使用方法

使用电工刀削割导线绝缘层的方法是：左手持导线，右手握刀柄，刀口倾斜向外，刀口一般以 45°角倾斜切入绝缘层，当切近线芯时，即停止用力，接着应使刀面的倾斜角度改为 15°左右，沿着线芯表面向线头端推削，然后把残存的绝缘层剥离线芯，再把刀口插入背部削断。图 3-2 是塑料绝缘线绝缘层的剖削方法。

(4) 电工刀使用注意事项

① 用电工刀剖削电线绝缘层时，可把刀略微翘起一些，用刀刃的圆角抵住线芯。切忌把刀刃垂直对着导线切割绝缘层，因为这样容易割伤电线线芯。

② 导线接头之前应把导线上的绝缘剥除。用电工刀切剥时，刀口千万别伤着芯线。

③ 对双芯护套线的外层绝缘的剥削，可以用刀刃对准两芯线的中间部位，把导线一剖

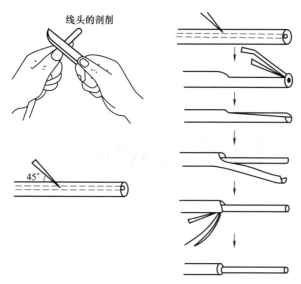

图 3-2　塑料绝缘线绝缘层的剖削方法

为二。

④ 在硬杂木上拧螺钉很费劲时，可先用多功能电工刀上的锥子锥个洞，这时拧螺钉便省力多了。圆木上需要钻穿线孔，可先用锥子钻出小孔，然后用扩孔锥将小孔扩大，以利较粗的电线穿过。

⑤ 使用电工刀时，刀口应向外剖削，以防脱落伤人；使用完后，应将刀身折入刀柄。

⑥ 电工刀刀柄是无绝缘保护的，因此严禁用电工刀带电操作电气设备，以防触电。

⑦ 带有引锥的电工刀，在其尾部装有弹簧，使用时应拨直引锥弹簧自动撑住尾部。这样，在钻孔时不致有倒回危险，以免扎伤手指。使用完毕后，应用手指揪住弹簧，将引锥退回刀柄，以免损坏工具或伤人。

⑧ 磨刀刃一般采用磨刀石或油磨石，磨好后再把底部磨点倒角，即刃口略微圆一些。

⑨ 电工刀的刀刃部分要磨得锋利才好剥削电线，但不可太锋利，太锋利容易削伤线芯。磨得太钝，则无法剥削绝缘层。

◎ 3.1.2　螺丝刀

(1) 螺丝刀的结构与用途

螺丝刀又称螺钉旋具、改锥或起子，是一种紧固或拆卸螺钉的工具。螺钉旋具由旋具头部、握柄、绝缘套管等组成。螺丝刀按结构特点可以分为以下几种类型：

① 普通螺丝刀　普通螺丝刀就是旋具头部与握柄固定在一起的螺丝刀，其外形如图 3-3 所示。普通螺丝刀容易准备，只要拿出来就可以使用，但由于螺钉有很多种不同长度和直径，有时需要准备很多支不同的螺丝刀。

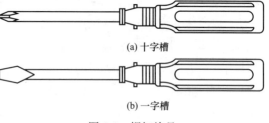

(a) 十字槽

(b) 一字槽

图 3-3　螺钉旋具

② 组合型螺丝刀　一种把螺丝刀头和握柄分开的螺丝刀。要安装不同类型的螺钉时，只需把螺钉刀头换掉就可以，不需要准备大量螺丝刀。好处是可以节省空间，但是却容易遗失螺丝刀头。

螺丝刀是一种用来拧转螺钉以迫使其就位的工具，通常有一个薄楔形头，可插入螺钉头的槽缝或凹口内。十字形螺丝刀专供紧固和拆卸十字槽的螺钉。

（2）使用方法

① 大螺丝刀一般用来紧固较大的螺钉。使用时除大拇指、食指和中指要夹住握柄外，手掌还要顶住柄的末端，这样就可防止螺丝刀转动时滑脱，如图 3-4（a）所示。

② 小螺丝刀一般用来紧固电气装置接线柱头上的小螺钉，使用时可用手指顶住木柄的末端捻旋，如图 3-4（b）所示。

③ 使用大螺丝刀时，还可用右手压紧并转动手柄，左手握住螺丝刀中间部分，以使螺丝刀不滑落。此时左手不得放在螺钉的周围，以免螺丝刀滑出时将手划伤。

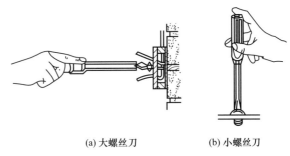

(a) 大螺丝刀　　　　　　　(b) 小螺丝刀

图 3-4　螺丝刀的使用方法

（3）使用注意事项

① 根据不同的螺钉，选用不同规格的螺丝刀，螺丝刀头部厚度应与螺钉尾部槽形相配合，螺丝刀头部的斜度不宜太大，头部不应该有倒角，以防打滑。

② 操作时，刀口应与螺钉槽口得当，用力适当，不能打滑，以免损坏螺钉槽口。

③ 用螺丝刀紧固或拆卸带电的螺钉时，手不得触及螺丝刀的金属杆，以免发生触电事故。

④ 为避免螺丝刀上的金属杆触及皮肤或邻近带电体，应在金属杆上穿套绝缘管。

⑤ 一般螺丝刀不要用于带电作业。

⑥ 切勿将螺丝刀当作錾子使用，以免损坏螺丝刀。

⑦ 螺丝刀的手柄应无缺损，并要保持干燥清洁，以防带电操作时发生漏电。

◎ **3.1.3** 钢丝钳

（1）钢丝钳的结构与用途

钢丝钳俗称克丝钳、手钳、电工钳，是电工用来剪切或夹持电线、金属丝和工件的常用工具。钢丝钳的结构及用途如图 3-5 所示，主要由钳头和钳柄组成，钳头又由钳口、齿口、刀口和铡口四个工作口组成。

钢丝钳用于夹持或弯折薄片形、圆柱形金属零件及切断金属丝，其旁刃口也可用于切断细金属丝。

（2）使用方法

使用时，一般用右手操作，将钳头的刀口朝内侧，即朝向操作者，以便于控制剪切部位。再用小指伸在两钳柄中间来抵住钳柄，张开钳头，这样分开钳柄比较灵活。如果不用小指而用食指伸在两个钳柄中间，不容易用力。

① 钳口用来弯绞和钳夹线头；齿口用来旋转螺栓螺母。

② 刀口用来切断电线、起拔铁钉、剥削绝缘层等；铡口用来铡断硬度较大的金属丝，如铁丝等。

③ 根据不同用途，选用不同规格的钢丝钳。

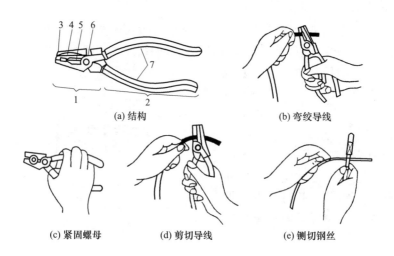

(a) 结构 　　　　(b) 弯绞导线

(c) 紧固螺母　　　(d) 剪切导线　　　(e) 铡切钢丝

图 3-5　钢丝钳的结构及用途

1—钳头；2—钳柄；3—钳口；4—齿口；5—刀口；6—铡口；7—绝缘套

(3) 使用注意事项

① 在使用电工钢丝钳之前，必须检查绝缘柄的绝缘是否完好，绝缘如果损坏，进行带电作业时非常危险，会发生触电事故。

② 在使用钢丝钳的过程中切勿将绝缘手柄碰伤、损伤或烧伤，并且要注意防潮。

③ 钳柄的绝缘管破损后应及时调换，不可勉强使用，以防钳头触到带电部位而发生意外事故。

④ 为防止生锈，钳轴要经常加油。

⑤ 带电操作时，应注意钳头金属部分与带电体的安全距离。

⑥ 用电工钢丝钳剪切带电导线时，切勿用刀口同时剪切火线和零线，以免发生短路故障。

⑦ 不能当榔头使用。

◎ 3.1.4　尖嘴钳

(1) 尖嘴钳的结构与用途

尖嘴钳又称修口钳、尖头钳。尖嘴钳和钢丝钳相似，由尖头、刀口和套有绝缘套管的钳柄组成，是电工常用的剪切或夹持工具。尖嘴钳的结构及握法如图 3-6 所示。

尖嘴钳主要用来剪切线径较细的单股与多股线，以及给单股导线接头弯圈、剥塑料

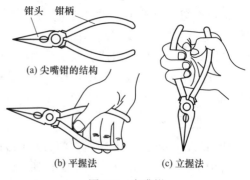

钳头　　钳柄

(a) 尖嘴钳的结构

(b) 平握法　　　(c) 立握法

图 3-6　尖嘴钳

绝缘层等，能在较狭小的工作空间操作，不带刃口者只能进行夹捏工作，带刃口者能剪切细小零件，它是电工（尤其是内线电工）、仪表及电讯器材等装配及修理工作常用工具之一。

(2) 使用方法

尖嘴钳是一种运用杠杆原理的典型工具之一，一般用右手操作，使用时握住尖嘴钳的两个手柄，开始夹持或剪切工作。

尖嘴钳的头部尖细，适用于狭小空间的操作，其握持、切割电线方法与钢丝钳相同。尖嘴钳钳头较小，常用来剪断线径较小的导线或夹持较小的螺钉、垫圈等元件，使用时，不能用很大力气和钳较大的东西，以防钳嘴折断。

(3) 使用注意事项

① 不用尖嘴钳时，应在其表面涂上润滑防锈油，以免生锈，或者支点发涩。

② 使用时注意刃口不要对向自己，放置在儿童不易接触的地方，以免受到伤害。

注：使用注意事项可参考钢丝钳，见本书第3章3.1.3节。

○ 3.1.5 斜口钳

(1) 斜口钳的结构与用途

斜口钳也称斜嘴钳或断线钳，其结构如图 3-7 所示。斜口钳主要用来剪断导线、铁丝等，并可剪掉印制电路板上元器件的引脚，还常用来代替一般剪刀剪切绝缘套管、尼龙扎线卡等。

斜嘴钳可分为专业电子斜嘴钳、德式省力斜嘴钳、不锈钢电子斜嘴钳、VDE 耐高压大头斜嘴钳、镍铁合金欧式斜嘴钳、精抛美式斜嘴钳、省力斜嘴钳等。

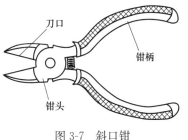

图 3-7 斜口钳

(2) 使用方法

① 使用工具的人员，必须熟知工具的性能、特点、使用、保管和维修及保养方法。使用钳子时用右手操作，将钳口朝内侧，便于控制钳切部位，用小指伸在两钳柄中间来抵住钳柄，张开钳头，这样分开钳柄灵活。

② 斜口钳的刀口可用来剖切软电线的橡皮或塑料绝缘层。钳子的刀口也可用来切剪电线、铁丝。剪较粗的镀锌铁丝时，应用刀刃绕表面来回割几下，然后只需轻轻一扳，铁丝即断。

③ 在尺寸选择上以 5in[①]、6in、7in 为主，普通电工布线时选择 6in、7in 切断能力比较强的斜口钳，剪切不费力。线路板安装维修以 5in、6in 为主，使用起来方便灵活，长时间使用不易疲劳。4in 的属于迷你钳子，只适合做一些小的工作。

(3) 使用注意事项

① 使用钳子要量力而行，不可以用来剪切钢丝，钢丝绳和过粗的铜导线与铁丝，否则容易导致钳子崩牙和损坏。

② 斜口钳的功能以切断导线为主，$2.5mm^2$ 的单股铜线，剪切起来已经很费力，而且容易导致钳子损坏，所以建议斜口钳不宜剪切 $2.5mm^2$ 以上的单股铜线和铁丝。

---

① 1in＝0.0254m。

◎ 3.1.6　剥线钳

(1) 剥线钳的结构与用途

剥线钳主要由钳头和钳柄两部分组成，剥线钳的钳柄上套有额定工作电压 500V 的绝缘套管，其结构如图 3-8 所示。剥线钳的钳头部分由刃口和压线口构成，剥线钳的钳头有 0.5~3mm 多个不同孔径的切口，用于剥削不同规格导线的绝缘层。

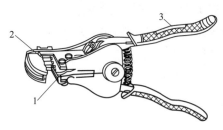

图 3-8　剥线钳
1—压线口；2—刃口；3—钳柄

剥线钳为内线电工，电动机修理、仪器仪表电工常用的工具之一，专供电工剥除电线头部的表面绝缘层用，其特点是操作简便，绝缘层切口整齐且不会损伤线芯。

(2) 使用方法

剥线钳是用来剥削 6mm^2 以下小直径导线绝缘层的专用工具，使用时，左手持导线，右手握钳柄，用钳刃部轻轻剪破绝缘层，然后一手握住剥线钳前端，另一手捏紧电线，两手向相反方向抽拉，适当用力就能剥掉线头绝缘层。

当剥线时，先握紧钳柄，使钳头的一侧夹紧导线。要根据导线直径，选用剥线钳刀片的孔径。通过刀片的不同刃孔可剥除不同导线的绝缘层。

方法步骤如下：
① 将准备好的电缆放在剥线工具的刀刃中间，选择好要剥线的长度。
② 握住剥线工具手柄，将电缆夹住，缓缓用力使电缆外表皮慢慢剥落。
③ 松开工具手柄，取出电缆线，这时电缆金属整齐露出外面，其余绝缘塑料完好无损。

(3) 使用注意事项

使用剥线钳时，线头应放在大于线芯直径的切口上，而且用力要适当，否则易损伤线芯。

◎ 3.1.7　活扳手

(1) 活扳手的结构与用途

活扳手又称活动扳手或活络扳手，结构如图 3-9 所示，主要由呆板唇、活络扳唇、蜗轮、轴销和手柄组成，转动活络扳手的蜗轮，就可调节扳口的大小。

活扳手是一种紧固或松开有角螺钉或螺母的常用工具。防爆活扳手经大型摩擦压力机压延而成，具有强度高、力学性能稳定、使用寿命长等优点，且活扳手的受力部位不弯曲、不变形、不裂口。

(2) 使用方法

① 扳动较大螺母时，右手握手柄。手越靠后，扳动起来越省力，如图 3-10 (a) 所示。

② 扳动较小螺母时，因需要不断地转动蜗
轮，调节扳口的大小，所以手应握在靠近呆扳唇
的位置，并用大拇指调制蜗轮，以适应螺母的大
小，如图 3-10（b）所示。

③ 活络扳手的扳口夹持螺母时，呆扳唇在
上，活络扳唇在下。活扳手切不可反过来使用。

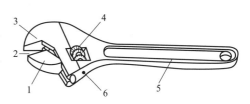

图 3-9　活扳手的结构
1—活扳唇；2—扳口；3—呆扳唇；
4—蜗轮；5—手柄；6—轴销

(3) 使用注意事项

① 应根据螺母的大小，选用适当规格的活
络扳手，以免扳手过大损伤螺母，或螺母过大损伤扳手。

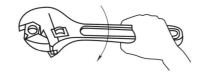

(a) 扳动较大螺母时的握法　　　(b) 扳动较小螺母时的握法

图 3-10　活扳手的使用方法

② 使用时，用两手指旋动蜗轮以调节扳口的大小，将扳口调得比螺母稍大些，卡住螺
母，再用手指旋动蜗轮紧压螺母，即使扳唇正好夹住螺母，否则扳口容易打滑，既会损伤螺
母，又可能碰伤手指。

③ 扳动较大螺母时，因所需力矩较大，手应握在手柄尾部；扳动小螺母时，因所需力
矩较小，为防止钳口打滑，手应握在接近头部的地方，并用大拇指控制好蜗轮，以便随时调
节扳口。

④ 在需要用力的场合使用活络扳手时，活络扳唇应靠近身体使用，这样有利于保护蜗
轮和轴销不受损伤。切记不能反向使用，以免损坏活络扳唇。

⑤ 不准用钢管套在手柄上作加力杆使用，否则容易损坏扳手。

⑥ 不应将活络扳手作为撬杠和锤子使用。

⑦ 在扳动生锈的螺母时，可在螺母上滴几滴煤油或机油，这样就好拧动了。

◯ 3.1.8　电烙铁

(1) 电烙铁的结构与工作原理

电烙铁是电工在设备检修时常用的焊接工具，其主要用途是焊接元件及导线。电烙铁主
要由烙铁头、烙铁芯、外壳、支架等组成。外热式电烙铁的结构如图 3-11 所示；内热式电
烙铁的结构如图 3-12 所示。电烙铁的工作原理是：当接通电源后，电流使电阻丝发热，加
热烙铁头，达到焊接温度后即可进行焊接工作。

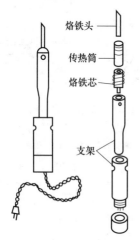

图 3-11　外热式电烙铁的结构

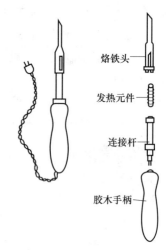

图 3-12　内热式电烙铁的结构

(2) 使用方法

① 选用合适的焊锡。应选用焊接电子元件用的低熔点焊锡丝。

② 助焊剂。用 25％的松香溶解在 75％的酒精（质量比）中作为助焊剂。

③ 电烙铁使用前要上锡，具体方法是：将电烙铁烧热，待刚刚能熔化焊锡时，涂上助焊剂，再用焊锡均匀地涂在烙铁头上，使烙铁头均匀地吃上一层锡。

④ 焊接方法。把焊盘和元件的引脚用细砂纸打磨干净，涂上助焊剂。用烙铁头蘸取适量焊锡，接触焊点，待焊点上的焊锡全部熔化并浸没元件引线头后，电烙铁头沿着元器件的引脚轻轻往上一提离开焊点。

⑤ 焊点应呈正弦波峰形状，表面应光亮圆滑，无锡刺，锡量适中。

⑥ 焊接完成后，要用酒精把线路板上残余的助焊剂清洗干净，以防炭化后的助焊剂影响电路正常工作。

⑦ 集成电路应最后焊接，电烙铁要可靠接地，或断电后利用余热焊接，或者使用集成电路专用插座，焊好插座后再把集成电路插上去。

(3) 使用注意事项

① 使用电烙铁时一定要注意安全，使用前应用万用表检查电烙铁插头两端是否有短路或开路现象存在，测量插头与外壳间的电阻，当指针不动或电阻大于 $2\sim3M\Omega$ 时，即可使用，否则应查明原因。

② 电烙铁的绝缘应良好，使用时金属外壳必须可靠接地，以防漏电伤人。

③ 要及时清理烙铁头上的氧化物，以改善导热和焊接效果。

④ 焊接时间不宜过长，否则容易烫坏元件，必要时可用镊子夹住引脚帮助散热。

⑤ 使用电烙铁时，不应随意放置在可燃物体上，使用完毕应将电烙铁放在支架上，待冷却后再放入工具箱，以免发生火灾。

⑥ 使用电烙铁时，应防止电源线搭在发热部位，以免烫坏导线绝缘层，发生漏电。

⑦ 对于外热式电烙铁，使用一段时间后，应活动一下铜头及紧固螺钉，以防锈死造成拆卸困难。

（4）烙铁头的选择

选择烙铁头时，应使烙铁头尖端的接触面积小于焊接处的面积。如果烙铁头接触面积太大，会使过量的热量传导给焊接部位，损坏元器件及印制电路板。

常用烙铁头的外形如图 3-13 所示。其中圆斜面式烙铁头适用于在单面板上焊接不太密集的焊点；凿式和半凿式烙铁头适用于电机电器的维修；尖锥式和圆锥式烙铁头适用于焊接高密度的焊点或小而怕热的元器件；斜面复合式烙铁头适用于焊接对象变化大的场合；弯形、大功率烙铁头适用于焊接大中型电动机绕组引线等焊接截面积大的部位。

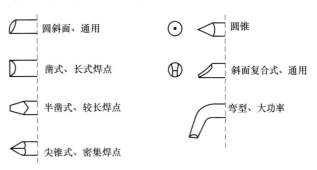

图 3-13　常用烙铁头的形状

◎ 3.1.9　喷灯

（1）喷灯的结构与用途

喷灯（又称喷火灯）是一种利用喷射火焰对工件进行加热的工具。喷灯的结构如图 3-14所示，主要由油筒、手柄、打气筒、放气阀、加油螺塞、油量调节阀（油门）、喷嘴、喷管和汽化管等组成。

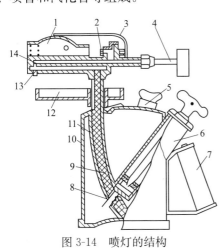

图 3-14　喷灯的结构

1—燃烧腔；2—喷气孔；3—挡火罩；4—调节阀；
5—加油孔盖；6—打气筒；7—手柄；8—出气口；
9—吸油管；10—油筒；11—铜辫子；12—点火碗
（预热燃烧盘）；13—疏通口螺钉；14—汽化管

喷灯按燃料可分为两种。一种是煤油喷灯，燃料为灯用煤油；一种是汽油喷灯，燃料为工业汽油。常用喷灯的外形如图 3-15 所示。

喷灯工作时，油筒中的燃油被压缩空气压入汽化管汽化，经喷气孔喷出与燃烧腔内的空气混合燃烧，产生高温，用于电缆终端头、中间接头制作时的加热、搪铅、搪锡、焊接地线等。

（2）使用方法

① 应根据喷灯所用的燃料种类加注燃料油。首先旋开加油螺塞，注入燃料油，油量不应大于油筒容量的 3/4，以便为向罐内充气和燃料油受热膨胀时留有适当的空隙。

② 点火前，应检查气筒是否漏气、渗油，加油口的螺塞是否拧紧，喷嘴是否堵塞。

③ 使用前，先在点火碗中注入其容量 2/3

的油并点燃，加热燃烧腔，打几下气，稍开调节阀，继续加热。多次打气加压，但不要打得太足，慢慢开大调节阀，待火焰由黄红变蓝，即可使用。

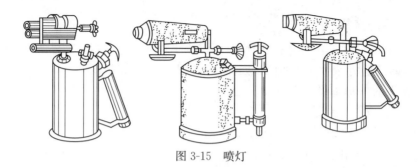

图 3-15　喷灯

④ 点火时，应在避风处，远离带电设备，喷嘴不能对准易燃物品，人应站在喷灯的一侧。

⑤ 停用时，应先关闭调节阀，直至火焰熄灭，然后慢慢旋松加油孔盖放气，空气放完后旋松调节阀。

⑥ 使用过程中要经常检查油量是否过少，灯体是否过热，安全阀是否有效。

⑦ 关闭油门的方法：灯嘴慢慢冷却后，旋开放气阀；将喷灯擦拭干净，放到安全的地方。

(3) 使用注意事项

① 不准在易燃易爆的环境周围使用喷灯，以免发生事故。

② 使用前必须检查。漏气、漏油者，不准使用。不准放在火炉上加热。加油不可太满，充气气压不可过高。

③ 燃着后不准倒放，不准加油。需要加油时，必须将火熄灭、冷却后再加油。不准长时间、近距离对着地面、墙壁燃烧。

④ 暂停使用时，不准将火焰近距离对着电缆；在高处使用时，必须用绳索系上。

⑤ 喷灯是封焊电缆的专用工具，不准用于烧水、烧饭或做他用。

(4) 维护保养方法

① 若经过两次预热后，喷灯仍然不能点燃时，应暂时停止使用。应检查接口处是否漏气，喷出口是否堵塞（可用探针进行疏通）和灯芯是否完好（灯芯烧焦，变细应更换），待修好后方可使用。

② 喷灯连续使用时间以 30～40min 为宜。使用时间过长，灯壶的温度逐渐升高，导致灯壶内部压强增大，喷灯会有崩裂的危险，可用冷湿布包住喷灯下端以降低温度。在使用中如发现灯壶底部凸起时应立刻停止使用，查找原因（可能使用时间过长、灯体温度过高或喷口堵塞等）并做相应处理后方可使用。

③ 使用完毕应及时放气，并开关一次油门，以避免油门堵塞。

④ 使用后，将喷灯擦拭干净，放到安全的地方。

○ 3.1.10　压接钳

(1) 压接钳的结构与用途

压接钳即导线压接接线钳，是一种用冷压的方法来连接铜、铝等导线的工具，特别是在铝绞线和钢芯铝绞线敷设施工中常要用到，其结构如图 3-16 所示。

随着机械制造工业的发展，电工可采用的机械工具越来越多，使用这些工具不仅能大大降低劳动强度，而且能成倍地提高工作效率，所以电工有必要了解、掌握这些工具，并善于运用这些工具。

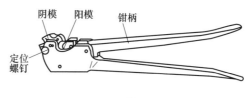

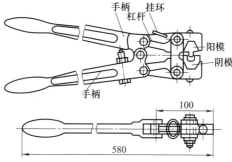

图 3-16　手压式压接钳的结构

(2) 铝芯导线直线连接的方法步骤

① 根据导线截面选择压模和铝套管。

② 把连接处的导线绝缘护套剥除,剥除长度应为铝套管长度一半加上 5～10mm,然后用钢丝刷刷去芯线表面的氧化层(膜)。

③ 用清洁的钢丝刷蘸一些凡士林锌粉膏(有毒,切勿与皮肤接触)均匀地涂抹在芯线上,以防氧化层重生。

④ 用圆条形钢丝刷清除铝套管内壁的氧化层及污垢,最好也在管子内壁涂上凡士林锌粉膏。

⑤ 把两根芯线相对插入铝套管,使两个接头恰好处在铝套管的正中连接。

⑥ 根据铝套管的粗细选择适当的线模装在压接钳上,拧紧定位螺钉后,把套有铝套管的芯线嵌入线模。

⑦ 对准铝套管,用力捏夹钳柄进行压接。压接时,先压两端的两个坑,再压中间的两个坑,压坑应在一条直线上。铝套管的弯曲度不得大于管长的 2%,否则应用木槌校直。

⑧ 擦去残余的油膏,在铝套管两端及合缝处涂刷快干沥青漆。

⑨ 然后在铝套管及裸露导线部位包两层黄蜡带,再包两层黑胶布。

(3) 铝芯导线与设备螺栓压接式接线柱头连接的方法步骤

① 根据线芯粗细选择合适的铝质接线耳(线鼻子)。

② 刷去芯线表面的氧化层,最好均匀地涂上凡士林锌粉膏。

③ 把接线耳插线孔内壁的氧化层也刷去。最好也在内壁涂上凡士林锌粉膏。

④ 把芯线插入接线耳的插线孔,要插到孔底。

⑤ 选择适当的线模,在接线耳的正面压两个坑。先压外坑,再压里坑,两个坑要在一条直线上。

⑥ 在接线耳根部和电线剖去绝缘层之间包缠绝缘带。

⑦ 刷去接线耳背面的氧化层,并均匀地涂上凡士林锌粉膏。

⑧ 使接线耳的背面朝下,套在接线柱头的螺钉上,然后依次套上平垫圈和弹簧垫圈,用螺母紧紧固定。

◯ 3.1.11　紧线器

(1) 紧线器的结构与用途

紧线器又称耐张拉力器。紧线器是在架空线路敷设施工中用来拉紧导线的一种工具。

常用紧线器的结构如图 3-17 所示,主要由夹线钳头(上下活嘴钳口)、定位钩、收紧齿轮(收线器、棘轮)和手柄等组成。

机械紧线常用紧线器有两种,一种是钳形紧线器,又称虎头紧线器;另一种是活嘴形紧

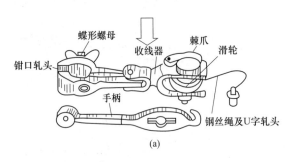

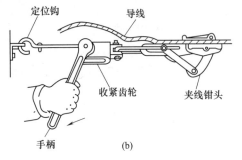

图 3-17　紧线器的结构示意图

线器,又称弹簧形紧线器或三角形紧线器。钳形紧线器的钳口与导线的接触面较小,在收紧力较大时易拉坏导线绝缘护层或轧伤线芯,故一般用于截面积较小的导线。活嘴形紧线器与导线的接触面较大,且具有拉力越大活嘴咬线越紧的特点。

(2) 使用方法

使用时先把紧线器上的钢丝绳或镀锌铁线松开,并固定在横担上。再用夹线钳夹的上、下活嘴钳口夹住需收紧导线的端部,然后扳动手柄。由于棘爪的防逆转作用,逐渐把钢丝绳或镀锌铁线绕在棘轮滚筒上,使导线收紧。最后把收紧的导线固定在绝缘子上。

(3) 使用注意事项

① 使用前应检查紧线器有无断裂现象。

② 使用时,应将钢丝绳理顺,不能扭曲。

③ 棘轮和棘爪应完好,不能有脱扣现象,使用时应经常加机油润滑。

④ 要避免用一只紧线器在支架一侧单边收紧导线,以免支架或横担受力不均而在收紧时造成支架或横担倾斜。

◎ 3.1.12　验电笔

(1) 验电笔的用途与结构

验电笔又称低压验电器或试电笔,通常简称电笔。验电笔是电工中常用的一种辅助安全用具,用于检查 500V 以下导体或各种用电设备的外壳是否带电,操作简便,可随身携带。

验电笔常做成钢笔式结构,有的也做成小型螺钉旋具结构。氖管式验电笔由笔尖(工作触点)、电阻、氖管、笔筒、弹簧和挂鼻等组成;数字(数显)式验电笔由笔尖(工作触点)、笔身、指示灯、电压显示、电压感应检测按钮(感应测量电极)、电压直接检测按钮(直接测量电极)、电池等组成。常用低压验电笔的结构如图 3-18 所示。

(2) 使用方法

使用验电笔测试带电体时,操作者应用手触及验电笔笔尾的金属体(中心螺钉),如图3-19 所示。用工作触点与被检测带电体接触,此时便由带电体经验电笔工作触点、电阻、氖管、人体和大地形成回路。当被测物体带电时,电流便通过回路,使氖管启辉;如果氖管不亮,则说明被测物体不带电。测试时,操作者即使穿上绝缘鞋(靴)或站在绝缘物上,也同样形成回路。因为绝缘物的泄漏电流和人体与大地之间的电容电流足以使氖管启辉。只要带电体与大地之间存在一定的电位差,验电笔就会发出辉光。

使用数显式验电笔测交流电时,切勿按感应检测按钮,将笔尖插入相线孔时,指示灯发亮,则表示有交流电;若需要电压显示时,则按直接检测按钮,显示数字为所测电压值。

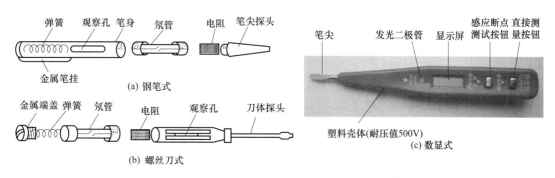

图 3-18 低压验电笔的结构

(3) 使用注意事项

① 测试前应在确知带电的带电体上进行试验，证明试电笔完好后，方可使用。

② 工作者要养成先用试电笔验电，然后再工作的良好习惯；使用试电笔时，最好穿上绝缘鞋（靴）。

③ 验电时，工作者应保持平稳操作，以免误碰而造成短路。

④ 在光线明亮的地方测试时，应仔细测试并避光观察，以免因看不清而误判。

⑤ 有些设备常因感应而使外壳带电，测试时试电笔氖管也发亮，易造成误判断。此时，可采用其他方法（例如用万用表测量）判断其是否真正带电。

⑥ 使用低压验电笔时，不允许在超过 500V 的带电体上测量。

⑦ 若发现数显式验电笔的指示灯不亮，则应更换电池。

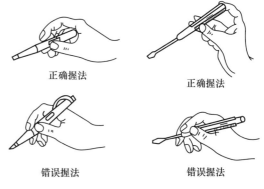

图 3-19 验电笔的用法

◯ 3.1.13 电工安全带

(1) 电工安全带的特点与用途

电工安全带是电工高空作业时防止坠落的安全用具，是电杆上作业的必备用品。安全带分为不带保险绳和带有保险绳两种。电工安全带主要由保险绳、腰带和腰绳组成，其结构如图 3-20 所示。

安全带的腰带和保险绳、腰绳应有足够的机械强度，材质应有耐磨性，卡环（钩）应具有保险装置。保险绳、腰绳使用长度在 3m 以上的应加缓冲器。

(2) 使用电工安全带前的外观检查

① 组件完整、无短缺、无伤残破损；

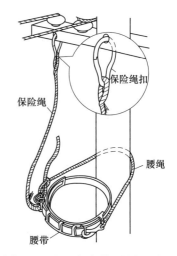

图 3-20 电工安全带的结构与使用

② 绳索、编带无脆裂、断股或扭结；

③ 金属配件无裂纹、焊接无缺陷、无严重锈蚀；

④ 挂钩的钩舌咬口平整不错位，保险装置完整可靠；

⑤ 铆钉无明显偏位，表面平整。

（3）使用方法

电工安全带的保险绳的作用是用来防止万一失足而人体下落时不致坠地摔伤。使用时，一端要可靠地系在腰上，另一端用保险钩挂在牢固的横担或抱箍上。腰带用来系挂保险绳、腰绳和吊物绳，使用时应系结在臀部上，而不是系在腰间，否则操作时既不灵活又容易扭伤腰部。腰绳用来固定人体下部，以扩大上身活动幅度。

（4）使用注意事项

① 使用前应检查安全钩、环是否齐全，保险装置是否可靠，保险绳、腰带和腰绳有无老化、脆裂、腐朽等现象。若发现有破损、变质等情况，停止使用。

② 安全带应高挂低用或平行拴挂，严禁低挂高用。

③ 使用安全带时，只有挂好安全钩环，上好保险装置，才可探身或后仰，转位时不应失去安全带的保护。

④ 安全带应系在牢固的物体上，禁止系挂在电杆尖，移动、不牢固或要撤换的物件上。不得系在棱角锋利处，而应系在电杆合适、可靠的部位上。

⑤ 安全带应存放在干燥、通风的地方，严禁与酸碱物质混放在一起。

⑥ 在杆塔上工作时，应将安全带后备保护绳系在安全牢固的构件上（带电作业视其具体任务决定是否系后备安全绳），不得失去后备保护。

◎ 3.1.14　脚扣

（1）脚扣的结构、用途与分类

脚扣又称铁脚，是电工攀登电杆的主要工具。脚扣分两种：一种扣环上带有铁齿，供登木杆用；另一种在扣环上裹有橡胶，供登混凝土杆用。脚扣的结构如图 3-21 所示。

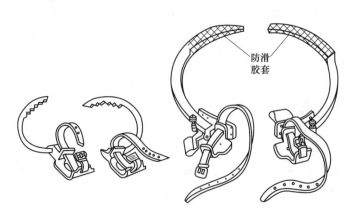

(a) 登木电杆用的脚扣　　　　(b) 登混凝土电杆用的脚扣

图 3-21　脚扣结构示意图

脚扣具有重量轻、强度高、韧性好、可调性好、轻便灵活、安全可靠、携带方便等优点，用脚扣攀登电杆具有速度快、登杆方法简便等特点。

（2）脚扣登杆、下杆和杆上定位的方法

① 登杆　在地面上套好脚扣，登杆时根据自身方便，可任意用一只脚向上跨扣（跨距大小根据自身条件而定）。脚扣登杆和下杆操作时，只需注意两手和两脚的协调配合，当左脚向上跨扣时，左手应同时向上扶住电杆；当右脚向上跨扣时，右手应同时向上扶住电杆，如图 3-22 中步骤 1～步骤 3 所示的上杆姿势。以后步骤重复，直至登到杆顶需要作业的部位。

图 3-22　脚扣登杆和下杆方法

② 杆上定位　杆上作业时，为了保证人体平稳，两只脚扣要在杆上定位，如图 3-23 所示。如果操作者在电杆左侧作业，此时操作者左脚在下，右脚在上，即身体重心放在左脚，右脚辅助。估测好人体与作业点的距离，找好角度，系牢安全带后即可开始作业。如果操作者在电杆右侧作业，此时操作者右脚在下，左脚在上，即身体重心放在右脚，以左脚辅助。同样也是估测好人体与作业点的距离，找好角度，系牢安全带后即可开始作业。

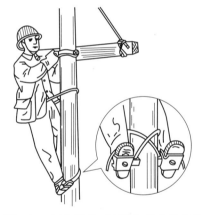

图 3-23　杆上操作时两脚扣的定位方法

③ 下杆　杆上工作结束后，作业者检查工作点工作质量符合要求后准备下杆。首先解脱安全带，然后将置于电杆上方侧的（或外边的）脚先向下跨扣，同时与向下跨扣之脚的同侧的手向下扶住电杆。然后再将另一只脚向下跨扣，同时另一只手也向下扶住电杆，如图 3-22 中步骤 4～步骤 5 所示的下杆姿势。

（3）脚扣使用注意事项

① 登杆前，应对脚扣进行仔细检查，查看脚扣的各部分有无断裂、锈蚀现象，脚扣皮带是否牢固可靠，发现破损停止使用。

② 登杆前，应对脚扣进行人体载荷冲击试验。试验方法是，登一步电杆，然后使整个人的重量以冲击的速度加在一只脚扣上，试验没问题后才可正式使用。

③ 用脚扣登杆时，上下杆的每一步必须使脚扣环完全套入，并可靠地扣住电杆，然后才能移动身体，以免发生危险。

④ 当有人上下电杆时，杆下不准站人，以防上面掉下东西发生伤人事故。

⑤ 安全绳经常保持清洁，用完后妥善存放好，弄脏后可用温水及肥皂水清洗并在阴凉处晾干，不可用热水浸泡或日晒火烧。

⑥ 使用一年后，要做全面检查，并抽出使用过的 1% 做拉力试验，以各部件无破损或重大变形为合格（抽试过的不得再次使用）。

》》 3.2　常用电工安全用具的使用

◯ 3.2.1　绝缘棒

(1) 绝缘棒的结构、用途与分类

绝缘棒又称令克棒、绝缘拉杆、操作杆等。绝缘棒由工作部分（工作头）、绝缘部分（绝缘杆）和握手（握柄）三部分构成，如图 3-24 所示。工作部分由金属制成 L 形或 T 形弯钩；绝缘棒的绝缘部分一般由胶木、塑料、环氧树脂玻璃布棒（管）等材料制成；握手部分与绝缘部分应有明显的分界线。隔离环的直径比握手部分大 20～30mm。常用绝缘棒的外形如图 3-25 所示。

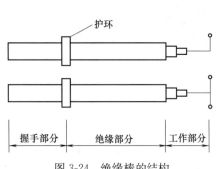

图 3-24　绝缘棒的结构

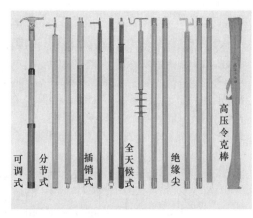

图 3-25　绝缘棒的外形图

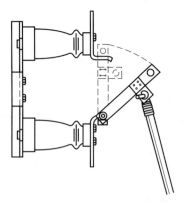

图 3-26　闭合或断开高压隔离开关

绝缘棒的材料要耐压强度高、耐腐蚀、耐潮湿、机械强度大、连接牢固可靠、质轻、便于携带，一个人能够单独操作。为保证操作时有足够的绝缘安全距离，绝缘操作杆的绝缘部分长度不得小于 0.7m。

绝缘棒主要作为短时间对带电设备进行操作的绝缘工具，如接通或断开高压隔离开关（见图 3-26）、跌落式熔断器，装拆携带式接地线，以及进行测量和试验时使用。

常用绝缘棒有以下几种类型。

① 按照组合形式可以分为接口式和伸缩式两种。接口式的相对来说比较耐用，伸缩式的相对来说操作比较方便。

② 根据使用环境可分为普通式和防雨式两种。

③ 按照电压等级可分为：10kV、35kV、110kV 和 220kV 等。

④ 按长度可分为：3m、4m、5m、6m、8m 和 10m 等。

(2) 绝缘棒的使用方法

① 使用前必须对绝缘操作杆进行外观的检查，外观上不能有裂纹、划痕等外部损伤，并用清洁柔软又不掉毛的布块擦拭杆体。

② 绝缘棒必须适用于操作设备的电压等级，且核对无误后才能使用。

③ 操作人员必须穿戴好必要的辅助安全用具，如绝缘手套和绝缘靴等。

④ 在操作现场，轻轻地将绝缘棒抽出专用的工具袋，悬离地面进行节与节之间的螺纹连接，不可将绝缘棒置于地面上进行连接，以防杂草、沙土进入螺纹中或黏附在杆体的外表上。

⑤ 连接绝缘棒时，螺纹要轻轻拧紧，不可将螺纹未拧紧即使用。

⑥ 雨雪天气必须在室外进行操作的要使用带防雨雪罩的特殊绝缘操作杆。

⑦ 使用时要尽量减少对杆体的弯曲力，以防损坏杆体。

(3) 绝缘棒使用注意事项

① 必须使用经校验后合格的绝缘棒，不合格的严禁使用。

② 使用后要及时将杆体表面的污迹擦拭干净，存放或携带时，应把各节分解后再将其外露螺纹一端朝上装入特别的专用工具袋中，以防杆体表面擦伤或螺纹损坏。

③ 应将绝缘棒存放在屋内通风良好、清洁干燥的支架上或悬挂起来，尽量不要靠近墙壁，以防受潮，破坏其绝缘。

④ 每年必须进行一次交流耐压试验。试验不合格的绝缘棒要立即报废销毁，不可降低其标准使用。

⑤ 杆体表面损伤不宜用金属丝或塑料带等带状物缠绕。

⑥ 对绝缘操作杆要有专人保管；一旦绝缘棒表面损伤或受潮，应及时处理和干燥。干燥时最好选用阳光自然干燥法，不可用火重烤。经处理和干燥后，操作杆必须经试验合格后方可再用。

● 3.2.2 绝缘手套

(1) 绝缘手套的特点与用途

电工绝缘手套是用绝缘性能较好的绝缘橡胶或乳胶经压片、模压、硫化或浸模成型的五指手套。绝缘手套的外形如图 3-27 所示。

绝缘手套是劳保用品，是在高压电气设备上操作时的辅助安全用具，也是在低压电气设备的带电部分上工作时的基本安全用具，一般需要配合其他安全用具一起使用。电工带电作业时带上绝缘手套，可防止手部直接触碰带电体，以免遭到电击，对手或者人体起到保护作用。

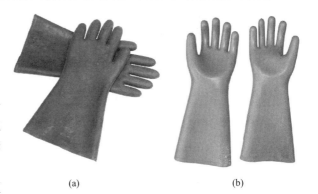

(a)　　　　　　　(b)

图 3-27　绝缘手套的外形图

绝缘手套具有防电、防水、耐酸碱、防化、防油的功能，适用于电力行业，汽车和机械维修，化工行业等。

(2) 绝缘手套的使用方法与注意事项

① 在使用绝缘手套之前，须检查其有无粘黏现象，并检查其是否属于合格产品，是否还在产品的保质期限内。

图 3-28 绝缘手套在使用前的检查示意图

② 使用前还应检查绝缘手套是否完好，检查时将手套朝手指方向卷曲，如图 3-28 所示。发现有漏气或裂口等损坏时应停止使用。

③ 在佩戴绝缘手套时，手套的指孔应与使用者的双手吻合。

④ 使用者应穿束口衣服，并将袖口伸到手套伸长部分内。

⑤ 使用时应避免与锋利尖锐物及污物接触，以免损伤其绝缘强度。

(3) 绝缘手套的保养

① 绝缘手套使用完毕，应擦拭干净，放在柜子里，并且要与其他器具分开放置，以免损伤绝缘手套。

② 应将绝缘手套放在那些通风干燥的地方，不要将其与带有腐蚀性的物品放在一起。

③ 在保存绝缘手套的时候，应将其放在专用的支架上面，同时其上不能堆放任何其他的物品。

④ 如果绝缘手套在使用的过程中受潮了，应该先将其晾干，然后再在其上涂一些滑石灰，再将其保存起来。

⑤ 在保存绝缘手套的时候，应该将其放在阳光直射不到的地方。

⑥ 如果绝缘手套被污染，可以选择使用肥皂及用温水对其进行洗涤。当其上沾有油类物质的时候，切勿使用香蕉水对其进行除污功能，因为香蕉水会损害其绝缘性能。

⑦ 绝缘手套应每半年进行一次耐压试验，检查绝缘是否良好。

◯ 3.2.3 电绝缘鞋

(1) 电绝缘鞋的特点与用途

电绝缘鞋、电绝缘靴通称为电绝缘鞋。电绝缘鞋是使用绝缘材料制作的一种安全鞋，是从事电气作业时防护人身安全的辅助安全工具。良好的电绝缘鞋是保证设备和线路正常运行的必要条件，也是防止触电事故的重要措施。常用电绝缘鞋的外形如图 3-29 所示。

在电气作业中，电绝缘鞋一般需要与其他基本安全用具配合使用。电绝缘鞋不可以接触带电部分，但可以防止跨步电压对人身的伤害。绝缘皮鞋及布面绝缘鞋，主要应用在工频1000V 以下作为辅助安全用具。

(2) 电绝缘鞋的选择

① 根据有关标准要求，电绝缘鞋外底的厚度（不含花纹）不得小于 4mm，花纹无法测量时，厚度不应小于 6mm。

② 外观检查。鞋面或鞋底有标准号，有绝缘标志、安监证和耐电压数值。同时还应了

解制造厂家的资质情况。

③ 电绝缘鞋宜用平跟，外底应有防滑花纹，鞋底（跟）磨损不超过 $1/2$。

④ 电绝缘鞋应无破损，鞋底防滑齿磨平、外底磨透露出绝缘层者为不合格。

⑤ 劳动安全监管部门对购进的电绝缘鞋新品应进行交接试验。

(a)　　　　　　　　(b)

图 3-29　电绝缘鞋的外形图

（3）电绝缘鞋的使用方法与注意事项

① 电绝缘鞋适宜在交流 50Hz、1000V 以下或直流 1500V 以下的电力设备上工作（作为辅助安全用具和劳动防护用品穿着）。

② 工作人员使用绝缘皮鞋，可配合基本用具触及带电部分，并可用于防护跨步电压所引起的电击。跨步电压是指：电气设备接地时，在地面最大电位梯度方向 0.8m 两点之间的电位差。

③ 特别值得注意的是，5kV 的电绝缘鞋只适合于电工在低电压（380V）条件下带电作业。如果要在高电压条件下作业，就必须选用 20kV 的电绝缘鞋，并配以绝缘手套才能确保安全操作。

④ 电工在使用过程中，须定期送质量监测部门按照试验标准进行测试。

⑤ 穿用过程中，应避免与酸、碱、油类及热源接触，以防止胶料部件老化后产生泄漏电流，导致触电。

⑥ 在使用时应避免锐器刺伤鞋底，对于因锐器刺穿的不合格品，不得再当电绝缘鞋使用。

⑦ 电绝缘鞋应保持干燥。注意勿受潮，受潮后严禁使用。一旦受潮，应放在通风透气阴凉处自然风干，以免变形受损。

（4）电绝缘鞋的保养

① 电绝缘鞋经洗净后，必须晒干后才可使用。脚汗较多者，更应经常晒干，以防因潮湿引起泄漏电流，带来危险。

② 注意皮鞋的皮面保养，勤擦鞋油。擦拭方式是：先用干净软布把皮鞋表面的灰尘擦去，然后将鞋油挤在布上均匀涂在鞋面上，待片刻（鞋油略干）后擦拭。

③ 绝缘鞋存放时，应保持皮鞋整洁、干燥，并上好鞋油，自然平放。存放一段时间后（特别是雨季）要经常使皮鞋通风凉干燥，并重新擦拭鞋油以防变霉。

◎ 3.2.4　安全帽

（1）安全帽的结构特点与用途

安全帽是防止冲击物伤害头部的防护用品，由帽壳、帽衬、下颊带和后箍等组成，如图 3-30 所示。

在电力建设施工现场上，工人们所佩戴的安全帽主要是为了保护头部不受到伤害。它可

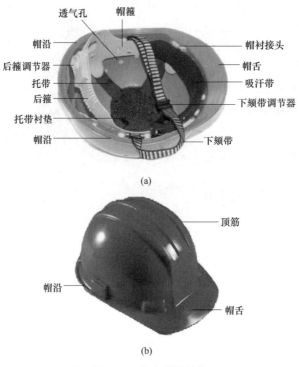

图 3-30　安全帽的结构

以在以下几种情况下保护人的头部不受伤害或降低头部伤害的程度。

① 飞来或坠落下来的物体击向头部时；

② 当作业人员从 2m 及以上的高处坠落下来时；

③ 当头部有可能触电时；

④ 在低矮的部位行走或作业，头部有可能碰撞到尖锐、坚硬的物体时。

(2) 安全帽的使用方法

安全帽的佩戴要符合标准，使用要符合规定。如果佩戴和使用不正确，就起不到充分的防护作用。佩戴和使用安全帽的方法如下：

① 戴安全帽前应将帽后调整带按自己头型调整到适合的位置，然后将帽内弹性带系牢。缓冲衬垫的松紧由带子调节，人的头顶和帽体内顶部的空间垂直距离一般在 25～50mm 之间，这样才能保证当遭受到冲击时，帽体有足够的空间可供缓冲，平时也有利于头和帽体间的通风。

② 不要把安全帽歪戴，也不要把帽檐戴在脑后方，否则，会降低安全帽对于冲击的防护作用。

③ 安全帽的下颏带必须扣在颏下，并系牢，松紧要适度，如图 3-31 所示。佩戴者在使用时一定要将安全帽戴正，不能晃动，调节好后箍以防安全帽脱落。

图 3-31　安全帽的佩戴方法

④ 使用之前应检查安全帽的外观是否有裂纹、碰伤痕迹、凸凹不平、磨损，帽衬是否完整，帽衬的结构是否处于正常状态，安全帽上如存在影响其性能的明显缺陷应及时报废，以免影响防护作用。

⑤ 在现场室内作业也要戴安全帽，特别是在室内带电作业时，更要认真戴好安全帽，因为安全帽不但可以防碰撞，而且还能起到绝缘作用。

⑥ 平时使用安全帽时应保持整洁，不能接触火源。

(3) 安全帽使用注意事项

① 新领的安全帽，首先检查是否有劳动部门允许生产的证明及产品合格证，再看是否破损、薄厚不均，缓冲层及调整带和弹性带是否齐全有效。不符合规定要求的立即调换。

② 要定期检查有没有龟裂、下凹、裂痕和磨损等情况，发现异常现象要立即更换，不准再继续使用。任何受过重击、有裂痕的安全帽，不论有无损坏现象，均应报废。

③ 严禁使用只有下颏带与帽壳连接的安全帽，也就是帽内无缓冲层的安全帽。

④ 使用者不能随意在安全帽上拆卸或添加附件，也不能私自在安全帽上打孔，以免影响其原有的防护性能。

⑤ 使用者不能随意调节帽衬的尺寸，这会直接影响安全帽的防护性能，落物冲击一旦发生，安全帽会因佩戴不牢脱出或因冲击后触顶直接伤害佩戴者。

⑥ 不要随意碰撞安全帽，不要将安全帽当板凳坐，以免影响其强度。

⑦ 由于安全帽大部分是使用高密度低压聚乙烯塑料制成的，所以不宜长时间地在阳光下曝晒。

⑧ 经受过一次冲击或做过试验的安全帽应作废，不能再次使用。

⑨ 安全帽不能在有酸、碱或化学试剂污染的环境中存放，不能放置在高温、日晒或潮湿的场所中，以免其老化变质。

⑩ 应注意在有效期内使用安全帽，塑料安全帽的有效期限一般为 2 年半，玻璃钢安全帽的有效期限一般为 3 年半，超过有效期的安全帽应报废。

>>> 3.3　常用电动工具的使用

○ 3.3.1　电钻

(1) 电钻的结构、用途与分类

电钻又称手枪钻、手电钻，是一种手提式电动钻孔工具，适用于在金属、塑料、木材等材料或构件上钻孔。通常，对于因受场地限制，加工件形状或部位不能用钻床等设备加工时，一般都用电钻来完成。电钻由钻夹头、减速箱、机壳、电动机、开关、手柄等组成，常用电钻的外形如图 3-32 所示。

电钻的工作原理是小容量电动机的转子运转，通过传动机构驱动作业装置，带动齿轮加大钻头的动力，从而使钻头刮削物体表面，更好地洞穿物体。

电钻按结构分为手枪式和手提式两大类；按供电电源分单相串励电钻、三相工频电钻和直流电钻三类。单相串励电钻有较大的启动转矩和软的机械特性，利用负载大小可改变转速

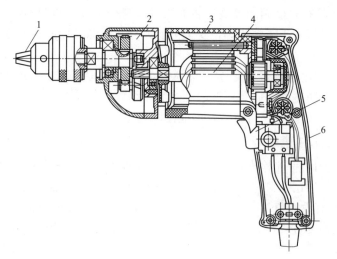

图 3-32　单相电钻的结构

1—钻夹头；2—减速箱；3—机壳；4—电动机；5—开关；6—手柄

的高低，实现无级调速。小电钻多采用交、直流两用的串励电动机，大电钻多采用三相工频电动机。

电钻的主要规格有 4mm、6mm、8mm、10mm、13mm、16mm、19mm、23mm、32mm、38mm、49mm 等，数字指在钢材上钻孔的钻头的最大直径。

(2) 电钻的使用方法

① 应根据使用场所和环境条件选用电钻。对于不同的钻孔直径，应尽可能选择相应的电钻规格，以充分发挥电钻的性能及结构上的特点，达到良好的切削效率，以免过载而烧坏电动机。

② 与电源连接时，应注意电源电压与电钻的额定电压是否相符（一般电源电压不得超过或低于电钻额定电压的 10%），以免烧坏电动机。

③ 使用前，应检查接地线是否良好。在使用电钻时，应戴绝缘手套、穿绝缘鞋或站在绝缘板上，以确保安全。

④ 使用前，应空转 1min 左右，检查电钻的运转是否正常。三相电钻试运转时，还应观察钻轴的旋转方向是否正确，若转向不对，可将电钻的三相电源线任意对调两根，以改变转向。

⑤ 在金属材料上钻孔应首先在被钻位置处冲打上样冲眼。

⑥ 在钻较大孔眼时，预先用小钻头钻穿，然后再使用大钻头钻孔。

(3) 电钻使用注意事项

① 确认电钻上开关接通锁扣状态，否则插头插入电源插座时电钻将出其不意地立刻转动，从而可能招致人员伤害危险。

② 若作业场所在远离电源的地点，需延伸线缆时，应使用容量足够，安装合格的延伸线缆。延伸线缆如通过人行过道应高架或做好防止线缆被碾压损坏的措施。

③ 使用的钻头必须锋利，钻孔时用力不宜过猛，以免电钻过载。遇到钻头转速突然降低时，应立即放松压力。如发现电钻突然刹停时，应立即切断电源，以免烧坏电动机。

④ 在工作过程中，如果发现轴承温度过高或齿轮、轴承声音异常时，应立即停转检查。

若发现齿轮、轴承损坏，应立即更换。

⑤ 如需长时间在金属上进行钻孔时可采取一定的冷却措施，以保持钻头的锋利。

⑥ 钻孔时产生的钻屑严禁用手直接清理，应用专用工具清屑。

⑦ 面部朝上作业时，要戴上防护面罩。在生铁铸件上钻孔要戴好防护眼镜，以保护眼睛。

⑧ 作业时钻头处在灼热状态，应注意不要灼伤肌肤。

⑨ 用 ϕ12mm 以上的手持电钻钻孔时应使用有侧柄手枪钻。

⑩ 站在梯子上工作或高处作业应做好防止从高处坠落的措施，梯子应有地面人员扶持。

(4) 电钻的维护与保养

① 为了保证安全和延长电钻的使用寿命，电钻应定期检查保养。长期搁置不用的电钻或新电钻，使用前应用 500V 绝缘电阻表测量其绝缘电阻，电阻值应不小于 0.5MΩ，否则应进行干燥处理。

② 电钻一般不要在含有易燃、易爆或腐蚀性气体的环境中使用，也不要在潮湿的环境中使用。

③ 电钻应保持清洁，通风良好，经常清除灰尘和油污，并注意防止铁屑等杂物进入电钻内部而损坏零件。

④ 应注意保持换向器的清洁。当发现换向器表面上黑痕较多，而火花增大时，可用细砂纸研磨换向器表面，清除黑痕。

⑤ 应注意调整电刷弹簧的压力，以免产生火花而烧坏换向器。电刷磨损过多时，应及时更换。

⑥ 单相串励电动机空载转速很高，不允许拆下减速机构试转，以免飞车而损坏电动机绕组。

⑦ 移动电钻时，必须握持电钻手柄，不能拖拉电源线来搬动电钻，并随时防止电源线擦破和轧坏。

⑧ 电钻使用完毕后应注意轻放，应避免受到冲击而损坏外壳或其他零件。

⑨ 定期检查传动部分的轴承、齿轮及冷却风叶是否灵活完好，适时对转动部位加注润滑油，以延长手电钻的使用寿命。

◯ 3.3.2 冲击电钻

(1) 冲击电钻的结构特点与用途

冲击电钻又叫冲击钻，其结构与普通电钻基本相同，仅多了一个冲击头，是一种能够产生旋转带冲击运动的特种电钻。使用时，将冲击电钻调节到旋转无冲击位置时，装上麻花钻头即能在金属上钻孔；当调节到旋转带冲击位置时，装上镶有硬质合金的钻头，就能在砖石、混凝土等脆性材料上钻孔。

冲击电钻主要由单相串励电动机、齿形离合器、调节环、电源开关和电源连接装置等组成，常用冲击电钻的外形如图 3-33 所示。

(2) 使用方法

① 操作前必须查看电源是否与电动工具上的常规额定 220V 电压相符，以免错接到

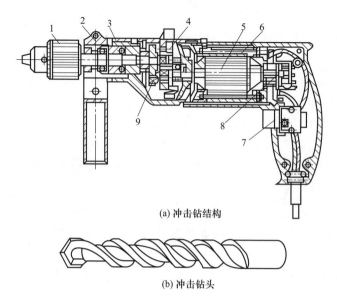

(a) 冲击钻结构

(b) 冲击钻头

图 3-33   单相冲击电钻的结构
1—钻夹头；2—辅助手柄；3—冲击离合器；4—减速箱；5—电枢；
6—定子；7—开关；8—换向器；9—锤钻离合器

380V 的电源上。

② 使用冲击电钻前请仔细检查机体绝缘防护、辅助手柄及深度尺调节等情况，检查机器有无螺钉松动现象。

③ 冲击电钻在钻孔前，应空转 1min 左右，运转时声音应均匀，无异常的周期性杂音，手握工具无明显的麻感。然后将调节环转到"锤击"位置，让钻夹头顶在硬木板上，此时应有明显而强烈的冲击感；转到"钻孔"位置，则应无冲击现象。

④ 在钻孔深度有要求的场所钻孔，可使用辅助手柄上的定位杆来控制钻孔深度。使用时，只要将蝴蝶螺母拧松，将定位杆调节到所需长度，再拧紧螺母即可。

⑤ 在脆性材料上钻凿较深或较大孔时，应注意经常把钻头退出钻凿孔几次，以防止出屑困难而造成钻头发热磨损，钻孔效率降低，甚至堵转的现象。

(3) 使用注意事项

① 冲击电钻工作时有较强的振动，内部的电气接点易脱落，脱落的电气件会对人造成伤害，故操作者应戴绝缘手套。

② 冲击钻在向上钻孔时，操作者应戴防护眼镜。

③ 冲击电钻必须按材料要求装入允许范围的合金钢冲击钻头或打孔通用钻头，严禁使用超越范围的钻头。

④ 使用冲击电钻的电源插座必须配备漏电开关装置，并检查电源线有无破损现象，使用当中发现冲击电钻漏电、振动异常、高热或者有异声时，应立即停止工作。

⑤ 冲击电钻更换钻头时，应用专用扳手及钻头锁紧钥匙，杜绝使用非专用工具敲打冲击钻。

⑥ 使用冲击电钻时切记不可用力过猛或出现歪斜操作。

⑦ 冲击电钻导线要保护好，严禁满地乱拖，防止导线轧坏、割破，更不准把电线拖到

油水中，防止油水腐蚀电线。

(4) 维护保养

① 冲击电钻的冲击力是借助于操作者的轴向进给压力而产生的，但压力不宜过大，否则，不仅会降低冲击效率，还会引起电动机过载，造成工具的损坏。

② 冲击电钻是由一般电钻变换工作头演化而来的，所以它的使用和保养与一般电钻基本相同。

3.3.3　电锤

(1) 电锤的结构特点与用途

电锤是一种具有旋转和冲击复合运动机构的电动工具，可用来在混凝土、砖石等脆性建筑材料或构件上钻孔、开槽和打毛等作业，功能比冲击电钻更多，冲击能力更强。

电锤由电动机、齿轮减速器、曲柄连杆冲击机构、转钎机构、过载保护装置、电源开关及电源连接组件等组成。常用电锤的结构如图 3-34 所示。

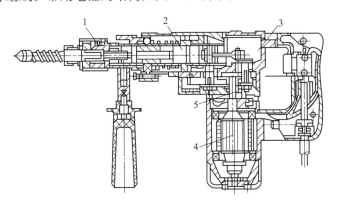

图 3-34　电锤的结构
1—锤头；2—离合器；3—减速箱；4—电动机；5—传动装置

电锤是在电钻的基础上，增加了一个由电动机带动有曲轴连杆的活塞，在一个气缸内往复压缩空气，使气缸内空气压力呈周期变化，变化的空气压力带动气缸中的击锤往复打击钻头的顶部，好像用锤子敲击钻头一样，故名电锤。

由于电锤的钻头在转动的同时还产生了沿着电钻杆的方向的快速往复运动（频繁冲击），所以它可以在脆性大的水泥混凝土及石材等材料上快速打孔。高档电锤可以利用转换开关，使电锤的钻头处于不同的工作状态，即只转动不冲击，只冲击不转动，既冲击又转动。

(2) 使用方法

① 电锤应符合下列要求：外壳、手柄不出现裂缝、破损；电缆软线及插头等完好无损，开关动作正常，保护接零连接正确、牢固可靠；各部防护罩齐全牢固，电气保护装置可靠。

② 确认现场所接电源与电锤铭牌是否相符，是否接有漏电保护器。

③ 钻头与夹持器应适配，并妥善安装。

④ 确认电锤钻上开关是否切断，若电源开关接通，则插头插入电源插座时电动工具将出其不意地立刻转动，从而可能招致人员伤害危险。

⑤ 新电锤在使用前，应检查各部件是否紧固，转动部分是否灵活。如果都正常，可通电空转一下，观察其运转灵活程度，有无异常声响。

⑥ 在使用电锤钻孔时，要选择无暗配电源线处，并应避开钢筋。对钻孔深度有要求的场所，可使用辅助手柄上的定位杆来控制钻孔深度；对上楼板钻孔时，应装上防尘罩。

⑦ 工作时，应先将钻头顶在工作面上，然后再按下开关。在钻孔中若发现冲击停止时，应断开开关，并重新顶住电锤，然后再接通开关。

⑧ 操作者要戴好防护眼镜，以保护眼睛，当面部朝上作业时，要戴上防护面罩。长期作业时要塞好耳塞，以减轻噪声的影响。

⑨ 作业时应使用侧柄，双手操作，以免堵转时反作用力扭伤胳膊。

(3) 使用注意事项

① 作业时应掌握电钻或电锤手柄，打孔时先将钻头抵在工作表面，然后开动，用力适度，避免晃动；转速若急剧下降，应减少用力，防止电动机过载，严禁用木杠加压。

② 钻孔时，应注意避开混凝土中的钢筋。

③ 电钻和电锤为 40%断续工作制，不得长时间连续使用。

④ 作业孔径在 25mm 以上时，应有稳固的作业平台，周围应设护栏。

⑤ 严禁超载使用。作业中应注意音响及温升，发现异常应立即停机检查。在作业时间过长，机具温升超过 60℃时，应停机，自然冷却后再行作业。

⑥ 作业中，不得用手触摸电锤的钻头，发现其有磨钝、破损情况时，应立即停机修整或更换，然后再继续进行作业。

⑦ 长期作业后钻头处在灼热状态，在更换时应注意不要灼伤肌肤。

⑧ 站在梯子上工作或高处作业应做好防止从高处坠落的措施，梯子应有地面人员扶持。

⑨ 在高处作业时，要充分注意下面的物体和行人安全，必要时设警戒标志。

⑩ 若作业场所在远离电源的地点，需延伸线缆时，应使用容量足够，安装合格的延伸线缆。延伸线缆如通过人行过道应高架或做好防止线缆被碾压损坏的措施。

⑪ 电源线与外壳接线应采用橡套软铜线，外壳应可靠接地。电源应装有熔断器和漏电保护器，然后才能合上电源。

⑫ 使用电锤时严禁戴纱手套，应戴绝缘手套或穿绝缘鞋，站在绝缘垫上或干燥的木板木凳上作业，以防触电。

⑬ 携带电锤时必须握紧，不得采用提橡皮线等错误方法。

▶▶▶ 3.4 常用电工仪表的使用

● 3.4.1 电压表与电流表

(1) 电流表和电压表的选择

电流表和电压表的测量机构基本相同，但在测量线路中的连接有所不同，因此，在选择和使用电流表和电压表时应注意以下几点：

① 类型的选择。当被测量是直流时，应选直流表，即磁电系测量机构的仪表。当被测

量是交流时，应注意其波形与频率。若为正弦波，只需测出有效值即可换算为其他值（如最大值、平均值等），采用任意一种交流表即可。若为非正弦波，则应区分需测量的是什么值，有效值可选用电磁系或铁磁电动系测量机构的仪表；平均值则选用整流系测量机构的仪表。而电动系测量机构的仪表，常用于交流电流和电压的精密测量。

② 准确度的选择。因仪表的准确度越高，价格越贵，维修也较困难；而且，若其他条件配合不当，再高准确度等级的仪表，也未必能得到准确的测量结果。因此，在选用准确度较低的仪表可满足测量要求的情况下，就不要选用高准确度的仪表。通常 0.1 级和 0.2 级仪表作为标准表选用；0.5 级和 1.0 级仪表作为实验室测量使用；1.5 级以下的仪表一般作为工程测量选用。

③ 量程的选择。要充分发挥仪表准确度的作用，还必须根据被测量的大小，合理选用仪表量限，如选择不当，其测量误差将会很大。一般使仪表对被测量的指示在仪表最大量程的 $1/2 \sim 2/3$ 之间，而不能超过其最大量程。

④ 内阻的选择。选择仪表还应根据被测阻抗的大小来选择仪表的内阻，否则会给测量结果带来较大的测量误差。因内阻的大小反映仪表本身功率的消耗，所以，在测量电流时，应选用内阻尽可能小的电流表；测量电压时，应选用内阻尽可能大的电压表。

⑤ 正确接线。测量电流时，电流表应与被测电路串联；测量电压时，电压表应与被测电路并联。测量直流电流和电压时，必须注意仪表的极性，应使仪表的极性与被测量的极性一致。

⑥ 高电压、大电流的测量。测量高电压或大电流时，必须采用电压互感器或电流互感器。电压表和电流表的量程应与互感器二次的额定值相符，一般电压为 100V，电流为 5A。

⑦ 量程的扩大。当电路中的被测量超过仪表的量程时，可采用外附分流器或分压器，但应注意其准确度等级应与仪表的准确度等级相符。

另外，还应注意仪表的使用环境要符合要求，要远离外磁场，使用前应使指针处于零位，读数时应使视线与标度尺平面垂直等。

（2）直流电流的测量

测量直流电流时，电流表的接法如图 3-35 所示。

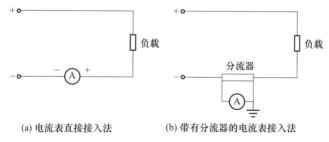

(a) 电流表直接接入法　　(b) 带有分流器的电流表接入法

图 3-35　直流电流的测量

（3）交流电流的测量

测量交流电流时，电流表的接法如图 3-36 所示。

（4）直流电压的测量

测量直流电压时，电压表的接法如图 3-37 所示。

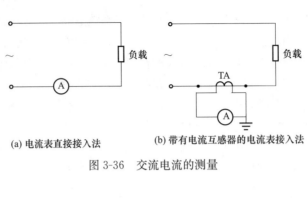

(a) 电流表直接接入法   (b) 带有电流互感器的电流表接入法

图 3-36   交流电流的测量

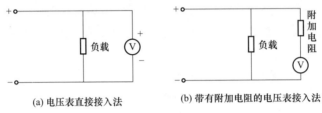

(a) 电压表直接接入法   (b) 带有附加电阻的电压表接入法

图 3-37   直流电压的测量

(5) 交流电压的测量

测量交流电压时，电压表的接法如图 3-38 所示。

3.4.2 万用表

(1) 指针式万用表的组成

万用表主要由表头（又称测量机构）、测量线路和转换开关三大部分组成。表头用来指示被测量的数值；测量线路用来把各种被测量转换为适合表头测量的直流微小电流；转换开关用来实现对不同测量线路的选择，以适应各种测量要求。转换开关有单转换开关和双转换开关两种。

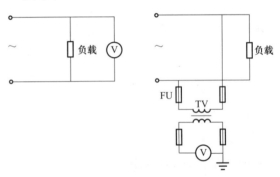

(a) 电压表直接接入法   (b) 带有电压互感器的电压表接入法

图 3-38   交流电压的测量

在万用表的面板上有带有多条标度尺的刻度盘、转换开关的旋钮、在测量电阻时实现欧姆调零的电阻调零器、供接线用的接线柱（或插孔）等。各种型号的万用表外观和面板布置虽不相同，功能也有差异，但三个基本组成部分是构成各种型号万用表的基础。指针式万用表的面板如图 3-39 所示。

(2) 指针式万用表的选择

万用表的用途广泛，可测量的电量较多，量程也多，其结构形式各不相同，往往因使用不当或疏忽大意造成测量误差或仪表损坏事故，因此必须正确选用万用表，一般应注意以下几点：

① 接线柱（插孔）的选择   在测量前，检查表笔应接插孔的位置，测量直流电流或直

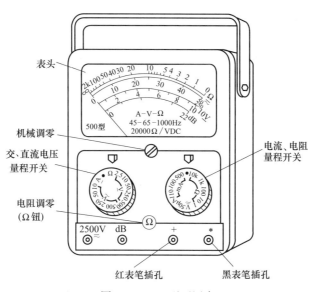

图 3-39 500 型万用表

流电压时，红表笔的连接线应接在红色接线柱或标有"＋"的插孔内，另一端接被测对象的正极；黑表笔的连接线应接在黑色接线柱或标有"＊"的插孔内，另一端接被测对象的负极。测量电流时，应将万用表串联在被测电路中；测量电压时，应将万用表并联在被测电路中。

　　若不知道被测部分的正负极性，应先将转换开关置于直流电压最高挡，然后将一表笔接入被测电路任意一极上，再将另一端表笔在被测电路的另一极上轻轻一触，立即拿开，观察指针的偏转方向，若指针往正方向偏转，则红表笔接触的为正极，另一极为负极；若指针往反方向偏转，则红表笔接触的为负极，另一极为正极。

　　② 种类的选择　根据被测的对象，将转换开关旋至需要的位置。例如：需要测量交流电压，则将转换开关旋至标有"V"的区间，其余类推。

　　有的万用表面板上有两个旋钮，一个是种类选择旋钮，一个是量限变换旋钮。使用时，应先将种类选择旋钮旋至对应被测量所需的种类，然后再将量限变换旋钮旋至相应的种类及适当的量限。

　　在进行种类选择时要认真，否则若误选择，就有可能带来严重后果。例如：若需测量电压，而误选了测量电流或测量电阻的种类，则在测量时，将会使万用表的表头受到严重损伤，甚至被烧毁。所以，在选择种类以后，要仔细核对确认无误后，再进行测量。

　　③ 量限的选择　根据被测量的大致范围，将转换开关旋至该种类区间适当量限上。例如：测量 220V 交流电压，应选用 250V 的量程挡。通常在测量电流、电压时，应使指针的偏转在量程的 1/2 或 2/3 附近，这时读数较为准确。若预先不知被测量的大小，为避免量程选得过小而损坏万用表，应选择该种类最大量程预测，然后再选择合适的量程（测量时，应使万用表的指针偏转到满量程的 1/2～2/3 处），以减小测量误差。

　　④ 灵敏度的选择　万用表的性能主要以测量灵敏度来衡量，灵敏度以测量电压时每伏若干欧来表示，一般为 1000Ω/V、2000Ω/V、5000Ω/V、10000Ω/V 等，数值越大灵敏度越高，测量结果越准确。

（3）指针式万用表的使用方法

万用表的型号很多，但其基本使用方法是相同的。现以 MF30 型万用表为例，介绍它的使用方法。

① 使用万用表之前，必须熟悉量程选择开关的作用。明确要测什么，怎样去测，然后将量程选择开关拨在需要测试挡的位置，切不可弄错挡位。例如：测量电压时如果误将选择开关拨在电流或电阻挡，则容易把表头烧坏。

② 测量前观察一下表针是否指在零位。如果不指零位，可用螺丝刀调节表头上机械调零螺丝，使表针回零（一般不必每次都调）。红表笔要插入正极插口，黑表笔要插入负极插口。

③ 电压的测量。将量程选择开关的尖头对准标有 V 的五挡范围内。若是测直流电压则应指向 $\underline{V}$ 处。依此类推，如果要改测电阻，开关应指向 Ω 挡范围。测电流应指向 mA 或 μA。测量电压时，要把万用表表笔并接在被测电路上。根据被测电路的大约数值，选择一个合适的量程位置。

④ 在实际测量中，遇到不能确定被测电压的大约数值时，可以把开关先拨到最大量程挡，再逐挡减小量程到合适的位置。测量直流电压时应注意正、负极性，若表笔接反了，表针会反偏。如果不知道电路正负极性，可以把万用表量程放在最大挡，在被测电路上迅速试一下，看笔针怎么偏转，就可以判断出正、负极性。测量交流电压时，表笔没有正负之分。

⑤ h_{FE} 是测量三极管的电流放大系数的，只要把三极管的三个引脚插入万用表面板上对应的孔中，就能测出 h_{FE} 值。注意 PNP、NPN 是不同的。

（4）正确读数

万用表的标度盘上有多条标度尺，它们代表不同的测量种类。测量时，应根据转换开关所选择的种类及量程，在对应的标度尺上读数，并应注意所选择的量程与标度尺上的读数的倍率关系。例如：标有"DC"或"—"的标度尺为测量直流时用的；标有"AC"或"～"的标度尺为测量交流时用的（有些万用表的交流标度尺用红色特别标出）；在有些万用表上还有交流低电压挡的专用标度尺，如 6V 或 10V 等专用标度尺；标有"Ω"的标度尺是测量电阻用的。

测 220V 交流电：把量程开关拨到交流 500V 挡。这时满刻度为 500V，读数按照刻度1∶1来读。将两表笔插入供电插座内，表针所指刻度处即为测得的电压值。

测量干电池的电压时应注意，因为干电池每节最大值为 1.5V，所以可将转换开关放在5V 量程挡。这时在面板上表针满刻度读数的 500 应作 5 来读数，即缩小 100 倍。如果表针指在 300 刻度处，则读为 3V。注意量程开关尖头所指数值即为表头上表针满刻度读数的对应值，读表时只要据此折算，即可读出实际值。除了电阻挡外，量程开关所有挡均按此方法读测量结果。

电阻挡有 $R\times1\Omega$、$R\times10\Omega$、$R\times100\Omega$、$R\times1k\Omega$、$R\times10k\Omega$ 各挡，分别说明刻度的指示要再乘上倍数，才可得到实际的电阻值（单位为欧姆）。例如用 $R\times100\Omega$ 挡测一电阻，指针指示为"10"，那么它的电阻值为 $10\times100=1000$，即 $1k\Omega$。

需要注意的是电压挡、电流挡的指示原理不同于电阻挡，例如 5V 挡表示该挡只能测量5V 以下的电压，500mA 挡只能测量 500mA 以下的电流，若是超过量程，就会损坏万用表。

(5) 欧姆挡的正确使用

在使用万用表欧姆挡测量电阻时还应注意以下几点：

① 选择适当的倍率。在用万用表测量电阻时，应选择好适当的倍率挡，使指针指示在刻度较稀的部分。由于电阻挡的标度尺是反刻度方向，即最左边是"∞"（无穷大），最右边是"0"，并且刻度不均匀，越往左，刻度越密，读数准确度越低，因此，应使指针偏转在刻度较稀处，且以偏转在标度尺的中间附近为宜。例如：要测量一个阻值为 100Ω 左右的电阻，若选用 $R\times1\Omega$ 挡来测量，万用表的指针将靠近高电阻的一端，读数较密，不易读取标度尺上的示值，因此，应选用 $R\times10\Omega$ 的一挡来测量。

② 调零。在测量电阻之前，首先应进行调零，将红、黑两表笔短接，同时转动欧姆调零旋钮，使指针指到电阻标度尺的"0"刻线上。每更换一次倍率挡，都应先调零，然后才能进行测量。若指针调不到零位，应更换新的电池。

③ 不能带电测量。测量电阻的欧姆挡是由干电池供电的，因此，在测量电阻时，决不能带电进行测量。

④ 被测对象不能有并联支路。当被测对象有并联支路存在时，应将被测电阻的一端焊下，然后再进行测量，以确保测量结果的准确性。

⑤ 在使用万用表欧姆挡的间歇中，不要让两支表笔短接，以免浪费干电池。若万用表长期不用，应将表内电池取出，以防电池腐蚀损坏其他元件。

(6) 万用表使用注意事项

使用万用表测量时应注意以下事项：

① 要有监护人，监护人的技术等级要高于测量人员。监护人的作用是，使测量人与带电体保持规定的安全距离，监护测量人正确使用万用表和测量，若测量人不懂测量技术，监护人有权停止其测量工作。

② 万用表在使用时，必须水平放置，以免造成误差。同时，还要注意避免外界磁场对万用表的影响。

③ 在使用万用表之前，应先进行"机械调零"，即在没有被测电量时，使万用表指针指在零电压或零电流的位置上。

④ 在测量元器件时，一定要将元器件各引脚的氧化层去掉，并保持表笔与各引脚的紧密接触。

⑤ 在使用万用表的过程中，不能用手去接触表笔的金属部分，这样一方面可以保证测量的准确性，另一方面也可以保证人身安全。

⑥ 测量时，要注意被测量的极性，避免指针反打而损坏万用表，测量直流时，红表笔接正极，黑表笔接负极。

⑦ 测量高电压或大电流时，不能在测量时旋转转换开关，避免转换开关的触点产生电弧而损坏开关。

⑧ 为了确保安全，使用交直流 2500V 量限测量时，应将测试棒一端固定接在电路地电位上，将测试棒的另一端去接触被测高压电源，测试过程中应严格执行高压操作规程，双手必须带高压绝缘橡胶手套，地板应铺置高压绝缘橡胶板，测试时应谨慎从事。

⑨ 当不知被测电压或电流有多大时，应先将量程挡置于最高挡，然后再向低量程逐渐转换。

⑩ 测量完毕后，应将转换开关旋至交流电压最高挡；这样一方面可防止转换开关放在

欧姆挡时，表笔短接，长期消耗表内电池，更主要的是可以防止在下次测量时，忘记旋转转换开关而损坏万用表。

⑪ 如果长期不使用 ，还应将万用表内部的电池取出来，以免电池腐蚀表内其他器件。

3.4.3　钳形电流表

(1) 钳形电流表的用途与特点

钳形电流表又称卡表，它是用来在不切断电路的条件下测量交流电流（有些钳形电流表也可测直流电流）的携带式仪表。

钳形电流表是由电流互感器和电流表组合而成的。电流互感器的铁芯在捏紧扳手时可以张开；被测电流所通过的导线可以不必切断就可穿过铁芯张开的缺口，当放开扳手后铁芯闭合，即可测量导线中的电流。为了使用方便，表内还有不同量程的转换开关，供测不同等级电流以及测量电压。

通常用普通电流表测量电流时，需要将电路切断停机后才能将电流表或电流互感器的一次绕组接入被测回路中进行测量，这是很麻烦的，有时正常运行的电动机不允许这样做。此时，使用钳形电流表就显得方便多了，无需切断被测电路即可测量电流。例如，用钳形电流表可以在不停电的情况下测量运行中的交流电动机的工作电流，从而很方便地了解负载的工作情况。正是由于这一独特的优点，钳形电流表在电气测量中得到了广泛的应用。

钳形电流表具有使用方便，不用拆线、切断电源及重新接线等特点，但它只限于在被测线路电压不超过 500V 的情况下使用，且准确度较低，一般只有 2.5 级和 5.0 级。

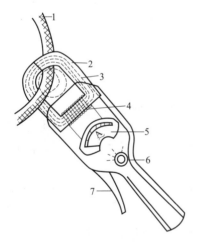

图 3-40　钳形电流表的结构

1—载流导线；2—铁芯；3—磁通；4—线圈；
5—电流表；6—改变量程的旋钮；7—扳手

(2) 钳形电流表的分类

① 按工作原理分类　可分为整流系和电磁系两种

② 按指示形式分类　可分为指针式和数字式两种。

③ 按测量功能分类　可分为钳形电流表和钳形多用表。钳形多用表兼有许多附加功能，不但可以测量不同等级的电流，还可以测量交流电压、直流电压、电阻等。

整流系钳形电流表是由一个电流互感器和带整流装置的整流系表头组成的。常用指针式钳形电流表的结构如图 3-40 所示。

(3) 钳形电流表的使用

① 测量前，应检查钳形电流表的指针是否在零位，若不在零位，应调至零位。

② 用钳形电流表检测电流时，一定要夹住一根被测导线（电线），若夹住两根（平行线）则不能检测电流。

③ 钳形电流表一般通过转换开关来改变量程，也有通过更换表头来改变量程的。测量时，应对被测电流进行粗略的估计，选好适当的量程。如被测电流无法估计时，应将转换开

关置于最高挡，然后根据测量值的大小，变换到合适的量程。对于指针式电流表，应使指针偏转满刻度的 2/3 以上。

④ 应注意不要在测量过程中带电切换量程，应该先将钳口打开，将载流导线退出钳口，再切换量程，以保证设备及人身安全。

⑤ 进行测量时，被测载流导线应置于钳口的中心位置，以减少测量误差。

⑥ 为了使读数准确，钳口的结合面应保持良好的接触。当被测量的导线被卡入钳形电流表的钳口后，若发现有明显噪声或表针振动厉害时，可将钳口重新开合一次；若噪声依然存在，应检查钳口处是否有污物，若用污物，可用汽油擦净。

⑦ 在变、配电所或动力配电箱内要测量母排的电流时，为了防止钳形电流表钳口张开而引起相间短路，最好在母排之间用绝缘隔板隔开。

⑧ 测量 5A 以下的小电流时，为得到准确的读数，在条件允许时，可将被测导线多绕几圈放进钳口内测量，实际电流值应为仪表读数除以钳口内的导线根数。

⑨ 为了消除钳形电流表铁芯中剩磁对测量结果的影响，在测量较大的电流之后，若立即测量较小的电流，应将钳口开、合数次，以消除铁芯中的剩磁。

⑩ 禁止用钳形电流表测量高压电路中的电流及裸线电流，以免发生事故。

⑪ 钳形电流表不用时，应将其量程转换开关置于最高挡，以免下次误用而损坏仪表；并将其存放在干燥的室内，钳口铁芯相接处应保持清洁。

⑫ 在使用带有电压测量功能的钳形电流表时，电流、电压的测量须分别进行。

⑬ 在使用钳形电流表时，为了保证安全，一定要戴上绝缘手套，并要与带电设备保持足够的安全距离。

⑭ 在雷雨天气，禁止在户外使用钳形电流表进行测试工作。

(4) 钳形电流表使用注意事项

当用整流系钳形电流表测量运行中的绕线转子异步电动机的转子电流时，不仅仪表上的指示值同被测量的实际值有很大出入，而且还会没有指示。这主要是因为整流系钳形电流表的表头电压是由二次线圈获得的，根据磁感应原理，互感电动势的大小和频率成正比；而转子上的频率很低，则表头上得到的电压要比测量同样电流值的工频电流小很多，以致不能使表头中整流元件工作，致使整流系钳形电流表无指示或指示值与实际值相差太大，失去了测量的意义。

如果选用电磁系钳形电流表，由于测量机构没有二次线圈和整流元件，表头是和磁回路直接相连的，又不存在频率关系，因此，能比较准确地测量绕线转子异步电动机的转子电流。

由此可见，在测量时，应根据被测对象的特点，正确选择相应的钳形电流表。

◯ 3.4.4　绝缘电阻表

(1) 绝缘电阻表的特点、用途与分类

绝缘电阻表俗称摇表，又称兆欧表或绝缘电阻测量仪。它是用来检测电气设备、供电线路绝缘电阻的一种可携式仪表。绝缘电阻表标度尺上的单位是兆欧，单位符号为 $M\Omega$。它本身带有高压电源。

测量绝缘电阻必须在测量端施加一高压，直流高压的产生一般有三种方法。第一种是手摇发电机式（摇表名称来源）。第二种是通过市电变压器升压，整流得到直流高压。第三种是利用晶体管振荡式或专用脉宽调制电路来产生直流高压。

绝缘电阻表的种类很多，但基本结构相同，主要由一个磁电系的比率表和高压电源（常用手摇发电机或晶体管电路产生）组成。绝缘电阻表有许多类型，按照工作原理可分为采用手摇发电机的绝缘电阻表和采用晶体管电路的绝缘电阻表；按绝缘电阻的读数方式可分为指针式绝缘电阻表和数字式绝缘电阻表。

常用指针式绝缘电阻表的外形如图 3-41 所示。

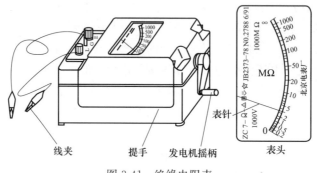

线夹　　　　提手　　发电机摇柄　　表头

图 3-41　绝缘电阻表

(2) 绝缘电阻表的选择

绝缘电阻表的选择主要是选择它的电压及测量范围。高压电气设备绝缘电阻要求高，须选用电压高的绝缘电阻表进行测试；低压电气设备内部绝缘材料所能承受的电压不高，为保证设备安全，应选择电压低的绝缘电阻表；如测量很频繁最好选带有报警设定功能的绝缘电阻表。

① 电压等级的选择　选用绝缘电阻表电压时，应使其额定电压与被测电气设备或线路的工作电压相适应，不能用电压过高的绝缘电阻表测量低电压电气设备的绝缘电阻，以免损坏被测设备的绝缘。不同额定电压的绝缘电阻表的使用范围见表 3-1。

表 3-1　不同额定电压的绝缘电阻表使用范围

被 测 对 象	被测设备额定电压/V	绝缘电阻表额定电压/V
线圈的绝缘电阻	500 以下	500
线圈的绝缘电阻	500 以上	1000
发电机线圈的绝缘电阻	380 以下	1000
电力变压器、发电机、电动机线圈的绝缘电阻	500 以上	1000～2500
电气设备绝缘电阻	500 以下	500～1000
电气设备绝缘电阻	500 以上	2500
绝缘子、母线、隔离开关绝缘电阻	—	2500～5000

应按被测电气元件工作时的额定电压来选择仪表的电压等级。测量埋置在绕组内和其他发热元件中的热敏元件等的绝缘电阻时，一般应选用 250V 规格的绝缘电阻表。

② 测量范围的选择　在选择绝缘电阻表测量范围时，应注意不能使绝缘电阻表的测量范围过多地超出所需测量的绝缘电阻值，以减少误差的产生。另外，还应注意绝缘电阻表的起始刻度，对于刻度不是从零开始的绝缘电阻表（例如从 1MΩ 或 2MΩ 开始的绝缘电阻表），一般不宜用来测量低电压电气设备的绝缘电阻。因为这种电气设备的绝缘电阻值较小，

有可能小于1MΩ，在仪表上得不到读数，容易误认为绝缘电阻值为零，而得出错误的结论。

（3）使用前的准备与注意事项

绝缘电阻表在工作时，自身产生高电压，而测量对象又是电气设备，所以必须正确使用，否则就会造成人身或设备事故。使用前，首先要做好以下各种准备：

① 测量前，必须将被测设备电源切断，并对地短路放电，决不允许设备带电进行测量，以保证人身和设备的安全。

② 对可能感应出高压电的设备，必须消除这种可能性后，才能进行测量。

③ 被测物表面要清洁，减小接触电阻，确保测量结果的正确性。

④ 测量前要检查绝缘电阻表是否处于正常工作状态。

⑤ 绝缘电阻表使用时应放在平稳、牢固的地方，且远离大的外电流导体和外磁场。做好上述准备工作后就可以进行测量了，在测量时，还要注意兆欧表的正确接线，否则将引起不必要的误差甚至错误。

⑥ 绝缘电阻表接线柱引出的测量软线的绝缘应良好，绝缘电阻表与被测设备间的连接线应用单根绝缘导线分开连接。两根连接线不可缠绞在一起，也不可与被测设备或地面接触，以避免导线绝缘不良而引起误差。

⑦ 测量设备的绝缘电阻时，还应记下测量时的温度、湿度、被试物的有关状况等，以便于对测量结果进行分析。当湿度较大时，应接屏蔽线。

⑧ 禁止在有雷电时或附近有高压设备时使用绝缘电阻表，以免发生危险。

⑨ 测量之后，用导体对被测元件（例如绕组）与机壳之间放电后拆下引接线。直接拆线有可能被储存的电荷电击。

⑩ 测量具有大电容设备的绝缘电阻，读数后不能立即断开兆欧表，否则已被充电的电容器将对兆欧表放电，有可能烧坏兆欧表。在读数后应首先断开测试线，然后再停止测试，在绝缘电阻表和被测物充分放电以前，不能用手触及被试设备的导电部分。

（4）接线方法

绝缘电阻表的接线柱共有三个：一个为"L"（即线端），一个为"E"（即地端），一个为"G"（即屏蔽端，也叫保护环）。一般被测绝缘电阻都接在"L"和"E"端之间，但当被测绝缘体表面漏电严重时，必须将被测物的屏蔽层或外壳（即不须测量的部分）与"G"端相连接。

由此可见，要想准确地测量出电气设备等的绝缘电阻，必须对兆欧表进行正确的接线。用绝缘电阻表测量绝缘电阻的正确接法如图3-42所示。测量电气设备对地电阻时，L端与回路的裸露导体连接，E端连接接地线或金属外壳；测量回路的绝缘电阻时，回路的首端与尾端分别与L、E连接；测量电缆的绝缘电阻时，为防止电缆表面泄漏电流对测量精度产生影响，应将电缆的屏蔽层接至G端。否则，将失去了测量的准确性和可靠性。

（5）手摇发电机供电的绝缘电阻表的使用方法与注意事项

① 在使用绝缘电阻表测量前，先对其进行一次开路和短路试验，以检查绝缘电阻表是否良好。试验方法如图3-43所示。将绝缘电阻表平稳放置，先使"L"和"E"两个端钮开路，摇动手摇发电机的手柄，使发电机转速达到额定转速（转速约120r/min），这时指针应指向标尺的"∞"位置（有的绝缘电阻表上有"∞"调节器，可调节使指针指在"∞"位置）；然后再将"L"和"E"两个端钮短接，缓慢摇动手柄，指针应指在"0"位。

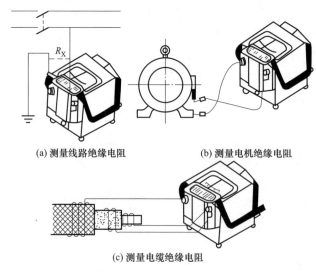

(a) 测量线路绝缘电阻　　　　　(b) 测量电机绝缘电阻

(c) 测量电缆绝缘电阻

图 3-42　用绝缘电阻表测量绝缘电阻的正确接法

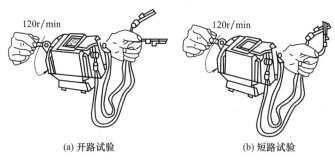

(a) 开路试验　　　　　　　(b) 短路试验

图 3-43　绝缘电阻表的开路试验与短路试验

② 测量接线如图 3-42 所示。测量时，应将兆欧表保持水平位置，一般左手按住表身，右手摇动绝缘电阻表摇柄。

③ 摇动绝缘电阻表时，不能用手接触兆欧表的接线柱和被测回路，以防触电。

④ 摇动绝缘电阻表后，各接线柱之间不能短接，以免损坏。

⑤ 测量时，摇动手柄的速度由慢逐渐加快，并保持在 120r/min 左右的转速，测量 1min 左右，摇动到指示值稳定后读数。这时读数才是准确的结果。如果被测设备短路，指针指零，应立即停止摇动手柄，以防表内线圈发热而损坏仪表。

⑥ 当绝缘电阻表没有停止转动和被测物没有放电前，不可用手触及被测物的测量部分，或进行拆除导线的工作。在测量大电容的电气设备绝缘电阻时，在测定绝缘电阻后，应先将"L"连接线断开，再松开手柄，以免被测设备向绝缘电阻表倒充电而损坏仪表。

第 **4** 章

变压器的使用与维护

》》4.1 变压器基础知识

◯ 4.1.1 变压器的分类

变压器的品种和规格多种多样，但是原理相同，都是根据电磁感应原理制成的。常用变压器的分类及主要用途可归纳如下。

(1) 按用途分类

变压器按用途可分为电力变压器、仪用变压器和特殊用途变压器。

① 电力变压器 电力变压器用于电力系统中的升压或降压，供输电、配电和厂矿企业用电使用，是一种最普通的常用变压器。电力变压器可分为：

a. 升压变压器。将发电厂的低电压升高后输送到远距离的用电区。

b. 降压变压器。将输送来的高电压降下来供各电网需要。

c. 配电变压器。安装在各配电网络系统中，供工农业生产使用。

d. 联络变压器。供两变电所联络信息使用。

e. 厂用变压器。供厂矿企业使用。

② 仪用变压器 仪用变压器用于测量仪表和继电保护装置。仪用变压器可分为：

a. 电压互感器。

b. 电流互感器。

③ 特殊用途变压器 特殊用途变压器可分为：

a. 电炉变压器。供冶炼使用。

b. 整流变压器。供电解和化工使用。

c. 试验变压器。试验变压器有工频试验变压器、调压器等，供试验电气设备时使用。工频试验变压器可提高电压对高压电气设备进行试验，调压器可调节电压大小供试验时使用。

d. 电焊变压器（又称弧焊变压器）。供焊接使用。

(2) 按冷却介质和冷却方式分类

变压器按冷却介质和冷却方式可分为油浸式变压器和干式变压器。

① 油浸式变压器。有油浸自冷、油浸风冷、油浸水冷和强迫油循环和水内冷等。

② 干式变压器。有空气自冷、风冷等。依靠空气对流进行冷却，一般用于小容量、不能有油的场所。

(3) 按绕组个数分类

变压器按绕组个数可分为自耦变压器、双绕组变压器和三绕组变压器等。

① 自耦变压器。用于连接超高压、大容量的电力系统，其特点是损耗少，效率高，成本低，便于运输和安装，但调压范围小。

② 双绕组变压器。用于连接两个电压等级的电力系统，应用最普遍。

③ 三绕组变压器。用于连接三个电压等级的电力系统，多用于区域变电站。

(4) 按调压方式分类

变压器按调压方式可分为无励磁调压变压器和有载调压变压器。

① 无励磁调压变压器。需断电，停止负载后进行调压。

② 有载调压变压器。可不停电带载调压。

(5) 按相数分类

变压器按相数可分为单相变压器和三相变压器。

① 单相变压器。用于单相负荷和三相变压器组。

② 三相变压器。用于三相系统的升、降电压。

(6) 按铁芯形式分类

变压器按铁芯形式可分为芯式变压器和壳式变压器。

① 芯式变压器。用于普通电力系统中，应用比较广泛。

② 壳式变压器。多用于特殊变压器和单相小型变压器。

芯式结构的特点是铁轭靠着绕组的顶面和底面，但不包围绕组的侧面，如图 4-1（a）所示；壳式结构的特点是铁轭（未套入绕组的铁芯）包围绕组的顶面、底面和侧面，如图 4-1（b）所示。

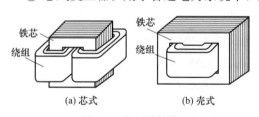

图 4-1 变压器结构

○ 4.1.2 变压器的基本结构与工作原理

(1) 变压器的基本结构

单相双绕组变压器的工作原理如图 4-2 所示。通常两个绕组中一个接到交流电源，称为一次绕组（又称原绕组或初级绕组）；另一个接到负载，称为二次绕组（又称副绕组或次级绕组）。

(2) 变压器的工作原理

当一次绕组接上交流电压 $\dot{U}_1$ 时，一次绕组中就会有交流电流 $\dot{I}_1$ 通过，并在铁芯中产生交变磁通 $\dot{\Phi}$，其频率和外施电压的频率一样。这个交变磁通同时交链一、二次绕组，根据电磁感应定律，便在一、二次绕组中分别感应出电动势 $\dot{E}_1$ 和 $\dot{E}_2$。此时，如果二次绕组与负载接通，便有二次电流 $\dot{I}_2$ 流入负载，

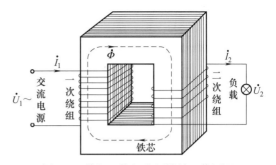

图 4-2　单相双绕组变压器的工作原理

二次绕组端电压 $\dot{U}_2$ 就是变压器的输出电压，于是变压器就有电能输出，实现了能量传递。在这一过程中，一、二次绕组感应电动势的频率都等于磁通的交变频率，亦即一次侧外施电压的频率。根据电磁感应定律，感应电动势的大小与磁通、绕组匝数和频率成正比，即

$$E_1 = 4.44 f N_1 \Phi_m$$
$$E_2 = 4.44 f N_2 \Phi_m$$

式中　E_1，E_2——一、二次绕组的感应电动势，V；

　　N_1，N_2——一、二次绕组的匝数；

　　　　f——交流电源的频率，Hz；

　　　　Φ_m——主磁通的最大值，Wb。

以上两式相除，得

$$\frac{E_1}{E_2} = \frac{N_1}{N_2}$$

因为在常用的电力变压器中，绕组本身的电压降很小，仅占绕组电压的 0.1% 以下，因此，$U_1 \approx E_1$、$U_2 \approx E_2$，代入上式得

$$\frac{U_1}{U_2} = \frac{E_1}{E_2} = k$$

上式表明，一、二次绕组的电压比等于一、二次绕组的匝数比。因此，只要改变一、二次绕组的匝数，便可达到改变电压的目的。这就是利用电磁感应作用，把一种电压的交流电能转变成频率相同的另一种电压的交流电能的基本工作原理。

通常把一、二次绕组匝数的比值 k 称为变压器的电压比（或变比）。只要使 k 不等于 1，就可以使变压器原、副边的电压不等，从而起到变压的作用。如果 $k>1$，则为降压变压器；若 $k<1$，则为升压变压器。

对于三相变压器来说，变比是指相电压（或相电动势）的比值。

○ 4.1.3　变压器的额定值

额定值是制造厂对变压器在指定工作条件下运行时所规定的一些量值。在额定状态下运行时，可以保证变压器长期可靠地工作，并具有优良的性能。额定值亦是变压器厂进行产品设计和试验的依据。额定值通常标在变压器的铭牌上，亦称为铭牌值。

变压器的额定值主要有：

① 额定容量 S_N：指在铭牌上所规定的额定状态下变压器的额定输出视在功率，以 V·A、

kV·A 或 MV·A 表示。由于变压器效率高，通常把一、二次额定容量设计得相等。

② 额定电压 U_{1N} 和 U_{2N}：一次额定电压 U_{1N} 指电网施加到变压器一次绕组上的额定电压值。二次额定电压 U_{2N} 指变压器一次绕组上施加额定电压 U_{1N} 时，二次绕组的空载电压值。额定电压以 V 或 kV 表示。对三相变压器的额定电压均指线电压。

③ 额定电流 I_{1N} 和 I_{2N}：额定电流指变压器在额定运行情况下允许发热所规定的线电流，以 A 表示。根据额定容量和额定电压可以求出一、二次绕组的额定电流。

对单相变压器，一、二次绕组的额定电流为

$$I_{1N} = \frac{S_N}{U_{1N}}, \quad I_{2N} = \frac{S_N}{U_{2N}}$$

对三相变压器，一、二次绕组的额定电流为

$$I_{1N} = \frac{S_N}{\sqrt{3}U_{1N}}, \quad I_{2N} = \frac{S_N}{\sqrt{3}U_{2N}}$$

④ 额定频率 f_N：我国规定工频为 50Hz。

⑤ 效率 η：变压器的效率为输出的有功功率与输入的有功功率之比的百分数。

⑥ 温升：变压器在额定状态下运行时，所考虑部位的温度与外部冷却介质温度之差。

⑦ 阻抗电压：阻抗电压曾称短路电压，指变压器二次绕组短路（稳态），一次绕组流过额定电流时所施加的电压。

⑧ 空载损耗：当把额定交流电压施加于变压器的一次绕组上，而其他绕组开路时的损耗，单位为 W 或 kW。

⑨ 负载损耗：在额定频率及参考温度下，稳态短路时所产生的相当于额定容量下的损耗，单位为 W 或 kW。

⑩ 连接组标号：用来表示变压器各相绕组的连接方法以及一、二次绕组线电压之间相位关系的一组字母和序数。

▶▶ 4.2　油浸式电力变压器

● 4.2.1　油浸式电力变压器的结构

目前，油浸式电力变压器的产量最大，应用面最广。油浸式电力变压器的结构如图 4-3 所示，其主要由下列部分组成。

```
           ┌ 器身 ┬ 铁芯
           │      ├ 绕组
           │      └ 引线和绝缘
           │      ┌ 油箱本体（箱盖，箱壁和箱底或上、下节油箱）
           │ 油箱 ┤ 油箱附件（放油阀门、活门、小车、油样活门、接地
           │      └ 螺栓、铭牌等）
  变压器 ┤ 调压装置——无励磁分接开关或有载分接开关
           │ 冷却装置——散热器或冷却器
           │ 保护装置——储油柜、油位计、安全气道、释放阀、吸湿器、测温
           │ 元件、净油器、气体继电器等
           └ 出线装置——高、中、低压套管，电缆出线等
```

图 4-4 是油浸式电力变压器的器身装配后的外观图，它主要由铁芯和绕组两大部分组成。在铁芯和绕组之间、高低压绕组之间及绕组中各匝之间均有相应的绝缘。图中可看到高压侧的引线 1U、1V、1W，低压侧的引线 2U、2V、2W、N。另外，在高压侧设有调节电压用的无励磁分接开关。

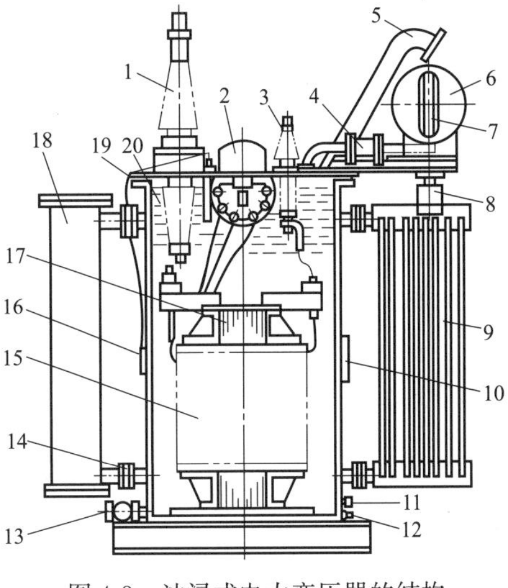

● 4.2.2　变压器投入运行前的检查

新装或检修后的变压器，投入运行前应进行全面检查，确认符合运行条件时，方可投入试运行。

① 检查变压器的铭牌与所要求选择的变压器规格是否相符。例如各侧电压等级、连接组标号、容量、运行方式和冷却条件等是否与实际要求相符。

② 检查变压器的试验合格证是否在有效期内。

③ 检查储油柜上的油位计是否完好，油位是否在与当时环境温度相符的油位线上，油色是否正常。

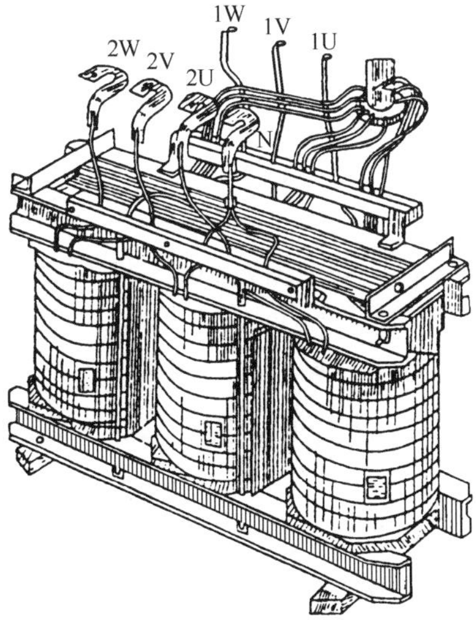

图 4-3　油浸式电力变压器的结构

1—高压套管；2—分接开关；3—低压套管；4—气体继电器；5—安全气道（防爆管或释压阀）；6—储油柜；7—油位计；8—吸湿器；9—散热器；10—铭牌；11—接地螺栓；12—油样活门；13—放油阀门；14—活门；15—绕组；16—信号式温度计；17—铁芯；18—净油器；19—油箱；20—变压器油

④ 检查变压器本体、冷却装置和所有附件及油箱各部分有无缺陷、渗油、漏油情况。

⑤ 检查套管是否清洁、完整，有无破裂、裂纹，有无放电痕迹及其他异常现象，检查导电杆有无松动、渗漏现象。

⑥ 检查温度计指示是否正常，温度计毛细管有无硬度弯、压扁、裂开等现象。

⑦ 检查变压器顶上有无遗留杂物。

⑧ 检查吸湿器是否完好，呼吸应畅通、硅胶应干燥。

⑨ 检查安全气道及其保护膜是否完好。

⑩ 检查变压器高、低压两侧出线管以及引线、母线的连接是否良好，三相的颜色标记是否正确无误，引线与外壳及电杆的距离是否符合要求。

图 4-4　油浸式电力变压器的器身

⑪ 气体继电器内应无残存气体，其与储油柜之间连接的阀门应打开。

⑫ 检查变压器的报警、继电保护和避雷等保护装置工作是否正常。

⑬ 检查变压器各部位的阀门位置是否正确。

⑭ 检查分接开关位置是否正确，有载调压切换装置的远方操作机构动作是否可靠。

⑮ 检查变压器外壳接地是否牢固可靠，接地电阻是否符合要求。

⑯ 检查变压器的安装是否牢固，所有螺栓是否紧固。

⑰ 对于油浸风冷式变压器，应检查风扇电动机转向是否正确，电动机是否正常，经过一定时间的试运转，电动机有无过热现象。

⑱ 对于采用跌落式熔断器保护的，应检查熔丝是否合适，有无接触不良现象。

⑲ 对于采用断路器和继电器保护的，要对继电保护装置进行检查和核实，保护装置动作整定值要符合规定；操作和联动机构动作要灵活、正确。

⑳ 对于大、中型变压器要检查有无消防设施，如 1211 灭火器、黄沙箱等。

◎ 4.2.3　变压器的试运行

试运行就是指变压器开始送电并带上一定负载，运行 24h 所经历的全部过程。试运行中应做好以下几方面的工作：

(1) 试运行的准备

① 变压器投入试运行前，再一次对变压器本体工作状态进行复查，没有发现安装缺陷，或在全部处理完安装缺陷后，方可进行试运行。

② 变压器试运行前，应对电网保护装置进行试验和整定合格，动作准确可靠。

(2) 变压器的空载试运行

① 变压器投入前，必须确认变压器符合运行条件。

② 试运行时，先将分接开关放在中间一挡位置上，空载试运行；然后再切换到各挡位置，观察其接触是否良好，工作是否可靠。

③ 变压器第一次投入运行时，可全压冲击合闸，如有条件时，应从零逐渐升压。冲击合闸时，变压器一般由高压侧投入。

④ 变压器第一次带电后，运行时间不应少于 10min，以便仔细监听变压器内部有无不正常杂声（可用干燥细木棒或绝缘杆一端触在变压器外壳上，一端放耳边细听变压器送电后的声响是否轻微和均匀）。若有断续的爆炸或突发的剧烈声响，应立即停止试运行（切断变压器电源）。

⑤ 不论新装或大修后的变压器，均应进行 5 次全电压冲击合闸，应无异常现象发生，励磁涌流不应引起继电保护装置误动作，以考验变压器绕组的绝缘性能、力学性能、继电保护、熔断器是否合格。

⑥ 对于强风或强油循环冷却的变压器，要检查空载下的温升。具体做法是：在不开动冷却装置的情况下，使变压器空载运行 12～24h，记录环境温度与变压器上部油温；当油温升至 75℃ 时，启动 1～2 组冷却器进行散热，继续测温并记录油温，直到油温稳定为止。

(3) 变压器的负载试运行

变压器空载运行 24h 无异常后，可转入负载试运行。具体做法是：

① 负载的加入要逐步增加，一般从 25% 负载开始投运，接着增加到 50%、75%，最后满负载试运行。这时各密封面及焊缝不应有渗、漏油现象。

② 在带负载试运行中，随着变压器温度的升高，应陆续启动一定数量的冷却器。

③ 带负载试运行中，尤其是满负载试运行中，应检查变压器本体及各组件、附件是否正常。

4.2.4　变压器运行中的监视与检查

对运行中的变压器应经常进行仪表监视和外部检查，以便及时发现异常现象或故障，避免发生严重事故。

① 检查变压器的声响是否正常，是否有不均匀的响声或放电声等。均匀的嗡嗡声为正常声音。

② 检查变压器的油位是否正常，有无渗、漏油现象。

③ 检查变压器的油温是否正常。变压器正常运行时，上层油温一般不应超过85℃，另外用手抚摸各散热器，其温度应无明显差别。

④ 检查变压器的套管是否清洁，有无裂纹、破损和放电痕迹。

⑤ 检查各引线接头有无松动和过热现象（用示温蜡片检查）。

⑥ 检查安全气道有无破损或喷油痕迹，防爆膜是否完好。

⑦ 检查气体继电器是否漏油，其内部是否充满油。

⑧ 检查吸湿器有无堵塞现象，吸湿器内的干燥剂（吸湿剂）是否变色。如硅胶（带有指示剂）由蓝色变成粉红色，则表明硅胶已失效，需及时处理与更换。

⑨ 检查冷却系统是否运行正常。对于风冷油浸式变压器，检查风扇是否正常，有无过热现象；对于强迫油循环水冷却的变压器，检查油泵运行是否正常、油的压力和流量是否正常，冷却水压力是否低于油压力，冷却水进口温度是否过高。对于室内安装的变压器，检查通风是否良好等。

⑩ 检查变压器外壳接地是否良好，接地线有无破损现象。

⑪ 检查各种阀门是否按工作需要，应打开的都已打开，应关闭的都已关闭。

⑫ 检查变压器周围有无危及安全的杂物。

⑬ 当变压器在特殊条件下运行时，应增加检查次数，对其进行特殊巡视检查。

4.2.5　变压器的特殊巡视检查

当变压器过负载或供电系统发生短路事故，以及遇到特殊的天气时，应对变压器及其附属设备进行特殊巡视检查。

① 在变压器过负载运行的情况下，应密切监视负载、油温、油位等的变化情况；注意观察接头有无过热、示温蜡片有无熔化现象。应保证冷却系统运行正常，变压器室通风良好。

② 当供电系统发生短路故障时，应立即检查变压器及油断路器等有关设备，检查有无焦臭味、冒烟、喷油、烧损、爆裂和变形等现象，检查各接头有无异常。

③ 在大风天气时，应检查变压器引线和周围线路有无摆动过近引起闪弧现象，以及有无杂物搭挂。

④ 在雷雨或大雾天气时，应检查套管和绝缘子有无放电闪络现象，变压器有无异常声响，以及避雷器的放电记录器的动作情况。

⑤ 在下雪天气时，应根据积雪融化情况检查接头发热部位，并及时处理积雪和冰凌。

⑥ 在气温异常时，应检查变压器油温和是否有过负载现象。

⑦ 在气体继电器发生报警信号后，应仔细检查变压器的外部情况。

⑧ 在发生地震后，应检查变压器及各部分构架基础是否出现沉陷、断裂、变形等情况，

有无威胁安全运行的其他不良因素。

◯ 4.2.6　变压器重大故障的紧急处理

当发现变压器有下列情况之一时，应停止变压器运行。

① 变压器内部响声过大，不均匀，有爆裂声等。

② 在正常冷却条件下，变压器油温过高并不断上升。

③ 储油柜或安全气道喷油。

④ 严重漏油，致使油面降到油位计的下限，并继续下降。

⑤ 油色变化过大或油内有杂质等。

⑥ 套管有严重裂纹和放电现象。

⑦ 变压器起火（不必先报告，立即停止运行）。

◯ 4.2.7　变压器并列运行应满足的条件

为达到理想的并列运行，并列运行的各变压器应满足下列条件：

① 各台变压器的一次侧和二次侧额定电压分别相等，即各台变压器的电压比应相等。否则会产生环流，环流的大小与电压比之差成正比。

② 各台变压器的连接组标号必须相同。否则二次绕组存在电动势差，将会产生非常大的环流。

③ 各变压器的阻抗电压（曾称短路电压或短路阻抗）的标幺值应相等。否则各台变压器的负载不能按它们的额定容量成比例分配，会使阻抗电压标幺值小的变压器过载，而阻抗电压标幺值大的变压器欠载，变压器容量得不到充分合理的利用。

④ 并列运行的变压器中，最大容量与最小容量之比不超过 3:1。否则会引起负载分配不均。

⑤ 变压器在特殊情况下，不能完全满足上述条件时，要求：

a. 每台变压器承担的负载不应超过本身额定容量的 105%。如额定容量为 100kV·A 的变压器，承载不可超过 105kV·A。

b. 任一台变压器空载时，二次绕组产生的环流不可超过任何一台变压器的额定电流的 10%。

c. 并列运行的变压器承担的总负载不能长时间超过本身额定容量的 110%。

d. 并列运行的各台变压器的阻抗电压标幺值的差值不应超过其中一台变压器阻抗电压标幺值的 10%。

e. 并列运行的各台变压器的电压比之差不应大于 0.5%。

◯ 4.2.8　变压器并列运行的注意事项

变压器并列运行时，除应满足并列运行条件外，还应该注意安全操作，一般应考虑以下几方面：

① 新投入运行和检修后的变压器，并列运行前应进行核相，并在空载状态下试验并列运行无问题后，方可正式并列运行带负载。

② 变压器的并列运行，必须考虑并列运行的经济性，不经济的变压器不允许并列运行。

同时还应注意，不宜频繁操作。

③ 进行变压器并列或解列操作时，不允许使用隔离开关和跌落式熔断器。要保证操作正确，不允许通过变压器倒送电。

④ 需要并列运行的变压器，在并列运行前应根据实际负载情况，预计变压器负载电流的分配，在并列后立即检查两台变压器的电流分配是否合理。在需解列变压器或停用一台变压器时，应根据实际负载情况，预计是否有可能造成一台变压器过负载。而且解列后也应检查实际负载电流，在有可能造成变压器过负载的情况下，不准进行解列操作。

4.2.9 切换分接开关的注意事项

如果电源电压高于变压器额定电压，则对变压器本身及其负载都会产生不良后果。通常，变压器在额定电压下运行时，铁芯中的磁通密度已接近饱和状态。如果电源电压高于额定电压，则励磁电流将急剧增大，功率因数随之降低。此外，电压过高还可能烧坏变压器的绕组。当电源电压超过额定电压的105%时，变压器绕组中感应电动势的波形就会发生较大的畸变，其中含有较多的高次谐波分量，会使感应电动势最大值增高，从而损坏绕组绝缘。

另一方面，电源电压过高，变压器的输出电压也会相应增高，这不但会导致用电设备过电压，而且还将降低用电设备的寿命，严重时甚至击穿绝缘，烧坏设备。

因此，为了保证变压器和用电设备安全运行，规定变压器的输入电压，即电源电压不得高于变压器额定电压的105%。

用户对电源电压的要求，总是希望能稳定一些，以免对用电设备产生不良影响。而电力系统的电压是随运行方式和负载的增减而变动的，因此，通常在变压器上安装分接开关，以便根据系统电压的变动进行适当调整，从而使送到用电设备上的电压保持相对稳定。

普通变压器通常采用无励磁调压。切换分接开关时，应首先将变压器从高、低压电网中退出运行，然后进行切换操作。由于分接开关的接触部分在运行中可能烧蚀，或者长期浸入油中产生氧化膜造成接触不良，所以在切换之后还应测量各相的电阻。对大型变压器尤应做好这项测量工作。

装有有载调压装置的变压器，无需退出运行就可以进行切换，但也要定期进行检查。

4.2.10 变压器过负载的处理方法

运行中的变压器如果过负载，可能出现电流指示超过额定值，有功、无功功率表指针指示增大，或出现变压器"过负载"信号、"温度高"信号和音响报警等信号。

值班人员若发现上述异常现象或信号，应按下述原则进行处理。

① 向有关负责人汇报，并做好记录。

② 及时调整变压器的运行方式，若有备用变压器，应立即投入运行。

③ 及时调整负载的分配，与用户协商转移负载。

④ 如属正常过负载，可根据正常过负载的倍数确定允许时间，若超过时间应立即减小负载。同时，要加强对变压器温度的监视，不得超过允许温度值。

⑤ 如属事故过负载，则过负载的允许倍数和时间应根据制造厂的规定执行。

⑥ 对变压器及其有关系统进行全面检查，若发现异常，应立即汇报调度员并进行处理。

◎ 4.2.11　变压器自动跳闸的处理方法

变压器自动跳闸后，一般应按以下步骤进行处理：

① 变压器自动跳闸后，值班人员应投入备用变压器，调整负载和运行方式，保持运行系统及其设备处于正常状态。

② 检查属于何种保护动作及动作是否正确。

③ 了解系统有无故障和故障性质。

④ 属于下述情况，又经调度员同意，可不经外部检查进行试送电：人员误碰、误操作和保护装置误动作；仅变压器的低压过电流或限时过电流保护装置动作，同时跳闸变压器的下一级设备发生故障而保护装置未动作，且故障点已隔离，但只允许试送电一次。

⑤ 如属重瓦斯或速断等保护装置动作，故障时又有冲击作用，则需要对变压器及其系统停电进行详细检查，并测定绝缘电阻。在未查清原因以前，禁止将变压器投入运行。

⑥ 详细记录故障情况、时间和处理过程。

⑦ 查清和处理故障后，应迅速恢复正常运行方式。

◎ 4.2.12　变压器油的简易鉴别方法

通常，变压器油只有经过耐压试验，才能鉴别其优劣。但是，油质不佳的油，也可大致从外观上鉴别出来。一般可以从以下几个方面进行鉴别：

① 颜色：新油一般为浅黄色，长期运行后呈深黄色或浅红色。如果油中有沉淀物，油色变为深暗色，并带有不同颜色，则表明油不合格。如果油色发黑，则表明油炭化严重，不宜继续使用。

② 透明度：将变压器油盛在直径 30～40mm 的玻璃试管中观察，在−5℃以上时应该是透明的。如果透明度低，说明油中杂质多，有游离碳。

③ 荧光：装在试管中的新油，迎着光线看时，在两侧会呈现出乳绿或蓝紫色反射光线，称为荧光。如果荧光很微弱或完全没有，说明油中有杂质和分解物。

④ 气味：合格的油没有气味或只有一点煤油味。如果有焦味，则表示油不干燥；若油有酸味，则表示油已严重老化。鉴别气味时，应将油样搅匀并微微加热；也可滴几滴油在清洁的手上研磨，鉴别其气味。

◎ 4.2.13　补充变压器油的注意事项

如果变压器缺油，可能产生以下后果：

① 油面下降到油位计监视线以下，可能造成气体保护装置误动作，并且也无法对油位和油色进行监视。

② 油面下降到变压器顶盖之下，将增大油与空气的接触面积，使油极易吸收水分和氧化，从而加速油的劣化。潮气进入油中，会降低绕组的绝缘强度，使铁芯和其他零部件生锈。

③ 因渗漏而导致严重缺油时，变压器的导电部分对地和相互间的绝缘强度将大大降低，

遭受过电压时极易击穿。

④ 变压器油不能浸没分接开关时，分接头之间会泄漏放电而造成高压绕组短路。

⑤ 油面低于散热管的上管口时，油就不能循环对流，使变压器温升剧增，甚至烧坏变压器。

如果变压器出现缺油现象，通常可采取以下措施：

① 如因天气突变、温度下降造成缺油，可关闭散热器并及时补充油。

② 若大量渗、漏油，可根据具体情况，按规程采取相应的补油措施。

在变压器运行中，如果需要补充油，应注意以下几点：

① 防止混油，新补入的油应经试验合格。

② 补油前应将气体保护装置改接信号位，以防止误动掉闸。

③ 补油后要检查气体继电器，及时放出气体，运行 24h 后如果无异常现象，再将其接入跳闸位置。

④ 补油量不得过多或不足，油位应与变压器当时的油温相适应。

⑤ 禁止从变压器下部阀门补油，以防止将变压器底部的沉淀物冲入绕组内而影响绝缘和散热。

○ 4.2.14 变压器运行中常见的异常现象及其处理方法

变压器运行中常见的异常现象及其处理方法见表 4-1。

表 4-1 变压器运行中常见的异常现象及其处理方法

异常现象	判断	可能原因	处理方法
温度不正常	温度过高,温度指示不正确	①过载 ②Yyn0 变压器三相负载不平衡 ③环境温度过高,通风不良 ④冷却系统故障 ⑤变压器断线,如三角形连接时,对外一相断线,对内绕组有环流通过,发生局部过负载 ⑥漏油引起油量不足 ⑦变压器内部异常,如夹紧的螺栓松动,线圈短路、损坏,油质不良 ⑧温度计损坏	①降低负载 ②调整三相负载,要求中性线电流不超过低压绕组额定电流的 25% ③降低负载;强迫冷却;改善通风 ④修复冷却系统 ⑤立即修复断线处 ⑥补油;处理漏油处 ⑦用感官、油试验等进行综合分析判断,然后再做处理和检修 ⑧核对温度计:把棒状温度计贴在变压器外壁上校核。若温度计损坏,应更换
不正常的响声或噪声、振动	用听音棒触到油箱上听内部发声情况。只要记住正常时的励磁声和振动情况,便可区分异常声音和振动	①电压过高或频率波动 ②紧固部件松动 ③铁芯的紧固零件松动 ④铁芯叠片中缺片或多片 ⑤铁芯油道内或夹件下面有未夹紧的自由端 ⑥分接开关的动作机构不正常 ⑦冷却风扇、输油泵的轴承磨损 ⑧油箱、散热管附件共振 ⑨接地不良或未接地的金属部分静电放电 ⑩大功率晶闸管负荷引起高次谐波 ⑪电晕闪络放电声,如套管、绝缘子污脏或裂痕	①把电压分接开关调到与负荷电压相应的位置 ②查清声音及振动的部位,加以紧固 ③检查并紧固紧固件 ④应补片或抽片,并夹紧铁芯 ⑤检查紧固件,加以紧固 ⑥检修分接开关 ⑦修理或换上备用品;若不能运行,应降低负荷 ⑧检查电源频率;拧紧紧固部件 ⑨检查外部接地情况,如外部正常,则应进行内部检查 ⑩按高次谐波程度,有的可以照常使用,有的不能使用 ⑪清扫或更换套管和绝缘子

异常现象	判断	可能原因	处理方法
臭味、变色	①温度过高 ②导电部分、接线端子过热，引起变色、臭味 ③外壳局部过热，引起油漆变色、发臭 ④焦臭味 ⑤干燥剂变色	①过负荷 ②紧固螺钉松动，长时间过热，使接触面氧化 ③涡流及漏磁通 ④电晕闪络放电或冷却风扇、输油泵烧毁 ⑤受潮	①降低负荷 ②修磨接触面，紧固螺钉 ③及早进行内部检修 ④清扫或更换套管和绝缘子；更换风扇或输油泵 ⑤换上新的干燥剂或做再生处理
渗、漏油	油位计的指示低于正常位置	①密封垫圈未垫妥或老化 ②焊接不良 ③瓷套管破损 ④油缓冲器磨损，缝隙增大，隔油构件破损 ⑤因内部故障引起喷油	①重新垫妥或更换垫圈 ②查出不良部位，重新焊好 ③更换套管，处理好密封件，紧固法兰部分 ④检修好油缓冲器 ⑤停用检修
异常气体	气体继电器的气体室内有无气体；气体继电器轻瓦斯动作	①绝缘材料老化 ②铁芯不正常 ③导电部分局部过热 ④误动作 ⑤密封件老化 ⑥管道及管道接头松动	①～④采集气体分析后再做处理（如停止运行、吊芯检修等） ⑤更换密封件 ⑥检修管道及管道接头
套管、绝缘子裂痕或破损	目测或用绝缘电阻表检查	外力损伤或过电压引起	根据裂痕的严重程度处理，必要时予以更换；检查避雷器是否良好
防爆装置不正常	防爆板龟裂、破损	①内部故障（根据继电保护动作情况加以判断） ②吸湿器不能正常呼吸而使内部压力升高引起	①停止运行，进行检测和检修 ②疏通呼吸孔道
套管对地击穿	高压熔丝熔断	①套管有隐蔽的裂纹或有碰伤 ②套管表面污秽严重 ③变压器油面下降过多	平时巡视时，注意及时发现裂纹等隐患，清除污秽；故障后必须更换套管
套管间放电	高压熔丝熔断	①套管间有杂物 ②套管间有小动物	更换套管
分接开关触点表面熔化与灼伤	①高压熔丝熔断 ②触点表面产生放电声	①开关装配不当，造成接触不良 ②弹簧压力不够	定期（每年1～2次）在停电后将分接开关转动几周，使其接触良好
分接开关相间触点放电或各分接头放电	①高压熔丝熔断 ②储油柜盖冒烟 ③变压器油发出"咕嘟"声	①过电压引起 ②变压器油内有水 ③螺钉松动，触点接触不良，产生爬电烧伤绝缘	定期（每年1～2次）在停电后将分接开关转动几周，使其接触良好
变压器油质变坏	变压器油色变暗	①变压器故障引起放电，造成油分解 ②变压器油长期受热氧化严重，油质恶化	定期试验、检查，决定进行过滤或换油
气体继电器发出报警	轻瓦斯发出报警信号，重瓦斯作用于跳闸	油面过度降低（如漏油），变压器内部绝缘击穿，匝间短路，铁芯故障，分接开关故障等。这时继电器内有气味。变压器引线端短路时，油面发生振荡	分析气体的数量、颜色、气味与可燃性等，确定故障性质和部位，做出相应的处理

≫ 4.3　干式电力变压器

◯ 4.3.1　干式变压器的特点

所谓干式电力变压器，是指这类变压器的铁芯和绕组等构成的器身，都不浸在绝缘液体介质（变压器油）中，而是和空气直接接触（如干式自冷型），或和密封的固体绝缘接触（如环氧浇注型）。

干式电力变压器分为普通结构型和环氧树脂浇注型两大类。环氧树脂浇注干式变压器的结构如图4-5所示。

干式电力变压器具有下列特征：

① 无油、无污染、难燃、阻燃及自熄防火，没有火灾和爆炸危险。

② 绝缘等级高，进一步提高了变压器的过载能力和使用寿命。

③ 损耗低、效率高。

④ 噪声小，通常可控制在50dB以下。

⑤ 局部放电量小，可靠性高，可保证长期安全运行。

⑥ 抗裂、抗温度变化，机械强度高，抗突发短路能力强。

⑦ 防潮性能好，停运后不需干燥处理即可投入运行。

图4-5　环氧树脂浇注
干式变压器的结构

⑧ 体积小、重量轻。不需单独的变电室，减少了土建造价。

⑨ 安装便捷，无需调试，几乎不需维护；无需更换和检查油料，运行维护成本低。

⑩ 配备有完善的温度保护控制系统，为变压器安全运行提供了可靠保障。

干式变压器的铁芯和绕组一般为外露结构，不采用液体绝缘，不存在液体泄漏和污染环境问题；干式变压器结构简单，维护和检修较油浸变压器要方便许多；同时干式变压器都采用阻燃性绝缘材料，基于这些优点，被广泛应用在对安全运行要求较高的场合。许多国家和地区都规定，在高层建筑的地下变电站、地铁、矿井、电厂、人流密集的大型商业和社会活动中心等重要场所必须选用干式电力变压器供电。

◯ 4.3.2　干式变压器的使用

① 安装工程结束并经验收后，干式变压器已带电连续试运行24h。

② 干式变压器分接开关符合运行要求。若为无励磁分接开关，在调好运行分接位置后，测量该分接位置绕组的直流电阻，并符合有关规定。

③ 接地部分接触紧密，牢固可靠，设备中及带电部分无遗留杂物，具备通电条件。

④ 所有保护装置已全部投入，进行空载合闸 5 次，第一次带电时间不少于 10min，且无异常。

⑤ 变压器并列运行时，应该核对相位。

⑥ 在带电情况下将有载分接开关操作一个循环，逐级控制正常，电压调节范围与铭牌相符。

⑦ 温控开关整定符合要求，温控与温显所指示的温度一致。

⑧ 冷却装置自启动及运转正常。

⑨ 干式电力变压器在高湿度下投运时，绕组外表无凝露。

⑩ 投运干式电力变压器操作时，在中性点有效接地系统中的中性点必须先接地，投入后，可按系统需要决定中性点是否断开。

4.3.3　干式变压器运行中的巡视检查

① 检查绝缘子、绕组的底部和端部有无积尘。

② 观察绕组绝缘表面有无龟裂、爬电和炭化痕迹。

③ 注意紧固部件有无松动、发热，声音是否正常。

④ 干式变压器采用自然空气冷却（AN）时，可连续输出 100% 容量。

⑤ 干式变压器配置风冷系统，采用强迫空气冷却（AF）方式时，输出容量可提高 40% 左右。

⑥ 干式变压器超负荷运行中应密切注意变化，切忌因温升过高而损坏绝缘，无法恢复运行。

⑦ 干式电力变压器在低负载下运行、温升较低时，风机可不投入运行。

值班人员发现干式电力变压器运行中有不正常现象时，应设法尽快消除，并报告上级和做好记录。

4.3.4　干式变压器不正常运行时的处理方法

(1) 干式电力变压器温升过高

干式电力变压器温升超过制造厂规定时，值班人员应按下列步骤检查处理：

① 当同时装有温控和温显装置时，可分别读取温控和温显装置的温度显示值，判定测温装置的准确性。

② 检查干式电力变压器的负载和线圈的温度，并与记录中同一负载条件下的正常温度进行核对。

③ 检查干式电力变压器冷却装置或变压器室的通风情况。温度升高的原因是风冷装置故障时，值班人员按现场规程的规定调整变压器负载至允许运行温度下的相应容量。

④ 在正常负载和风冷条件下，干式电力变压器温度不正常并不断上升，且经温控与温显比较证明测温装置指示正确，并认为干式电力变压器发生内部故障时，立即停运。

⑤ 干式电力变压器在各种超铭牌电流方式下运行，温升限值超过最高允许值时，立即降低负载。

(2) 干式电力变压器的保护动作跳闸

干式电力变压器的保护动作跳闸时，查明原因，应根据以下因素做出判断：

① 保护及直流等二次回路是否正常；

② 温控与温显装置的示值是否一致；

③ 外观上有无明显故障的异常现象；

④ 输出侧电网和设备有无故障；

⑤ 必要的电气试验结果；

⑥ 其他继电保护装置的动作情况。

(3) 干式电力变压器跳闸和着火

干式电力变压器跳闸和着火时，应按下列要求处理：

① 干式电力变压器跳闸后，经判断确认跳闸不是由内部故障引起的，可重新投入运行，否则做进一步检查。

② 干式电力变压器跳闸后，停用风机。

③ 干式电力变压器着火时，立即断开电源，停止风冷装置，并迅速采取灭火措施。

④ 干式电力变压器有下列情况之一时立即停运，如有备用干式电力变压器，应尽可能投入运行：

a. 响声明显异常增大，或存在局部放电响声；

b. 发生异常过热现象；

c. 出现冒烟或着火；

d. 当发生危及安全的故障而有关保护装置拒动时；

e. 当附近的设备着火、爆炸或发生其他情况，对干式电力变压器构成严重威胁时。

○ 4.3.5 干式变压器的维护

干式电力变压器维护的方法步骤如下：

① 先投入备用变压器，再把待保养的变压器退出运行。

② 检查变压器外罩有无破损，铭牌是否完好清晰。

③ 紧固外罩螺钉，以减少变压器运行时外罩受振动产生的噪声。

④ 检查变压器高低压侧与电缆或母线连接处是否接触良好，紧固连接。螺钉生锈应予更换。

⑤ 紧固电压调节连接片的高低压螺钉。

⑥ 检查冷却风机是否有异常，紧固风机电控箱内电线接头，并检查里面的电器是否完好。

⑦ 用吸尘器或用压缩空气清洁通风道和表面的灰尘。

⑧ 检查变压器中性点接地状况和变压器外罩接地线是否牢固。

⑨ 断开高压侧接地开关，用2500V绝缘电阻表摇测变压器一次侧、二次侧的绕组相与相、相对地之间的绝缘电阻。摇测绝缘电阻必须由两人进行。

⑩ 检查变压器内有无遗留工具，锁上变压器防护外罩门。

⑪ 首先闭合高压侧断路器，当变压器空载运行正常后再闭合低压侧总开关，并转移部

分负荷至保养后的变压器，观察其带负荷运行情况是否正常。

⑫ 做好干式变压器的维护保养记录，保管好变压器相关文件资料的档案。

维护时应注意：干式变压器有明显受潮或进水时，应以 60～80℃ 温度进行干燥，使绝缘电阻值符合表 4-2 的规定。

表 4-2 干式变压器绝缘电阻测定基准

额定电压/kV	<1	3	6	10	20	35
绝缘电阻/MΩ	5	20	20	30	50	100

⟫⟫⟫ 4.4 弧焊变压器

◉ 4.4.1 弧焊变压器的用途与特点

(1) 弧焊变压器的用途

交流弧焊变压器（简称弧焊变压器或电焊变压器）又称交流弧焊机，其外形如图 4-6 和图 4-7 所示。弧焊变压器是具有下降的外特性的交流弧焊电源，它通过增大主回路电感量来获得下降的外特性，以满足焊接工艺的需要。它实际上是一种特殊用途的降压变压器，在工业中应用极为广泛。

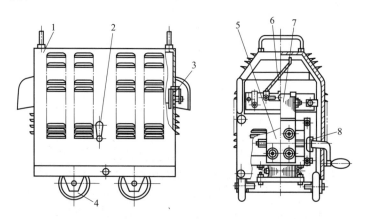

图 4-6　BX1-330 型弧焊变压器

1—外壳；2—电流调节手柄；3—一次接线板；4—滚轮；
5—可动铁芯；6—电流指示计；7—固定铁芯；8—电流调节器

(2) 弧焊变压器的特点

弧焊变压器按结构特点主要可分为动铁芯式、串联电抗器式、动线圈式和变换抽头式。

弧焊变压器与普通变压器相比，其基本工作原理大致相同，都是根据电磁感应原理制成的。但是为了满足焊接工艺的要求，弧焊变压器与普通变压器仍有不同之处，如：

① 普通变压器是在正常状态下工作的，而弧焊变压器则在短路状态下工作。

② 普通变压器在带负载运行时，其二次侧电压随负载变化很小，而弧焊变压器则要求在焊接时具有一定的引弧电压（60～75V）。当焊接电流增大时，输出电压急剧下降，当电

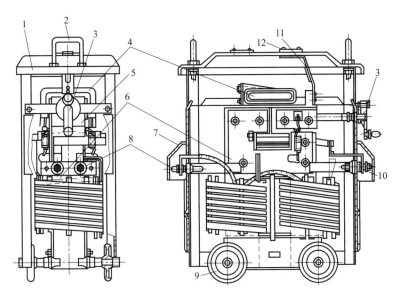

图 4-7 BX-550 型弧焊变压器

1—外壳；2—牵引手柄；3—调节手柄；4—电抗绕组；
5—可动铁芯；6—固定铁芯；7—安全罩；8—二次接线板；
9—滚轮；10——次接线板；11—电流指示器；12—电流指示牌

压降到零时，二次侧电流也不致过大。

③ 普通变压器的一、二次绕组是同心地套在同一个铁芯柱上的，而弧焊变压器的一、二次绕组则分别装在两个铁芯柱上，这样就可以通过调节磁路间隙，使二次侧得到焊接所需要的工作电流。

○ 4.4.2 弧焊变压器的使用

① 弧焊变压器应放在通风良好、避雨的地方。

② 弧焊变压器不允许在高温（周围空气温度超过 40℃）、高湿（空气中的相对湿度超过 90％）环境中工作，更不应在有害工业气体、易燃、易爆场合下工作。

③ 在弧焊变压器接入电网前，应注意检查其铭牌上的一次侧额定电压是否与电源电压一致，并检查接线是否正确。

④ 弧焊变压器的外壳必须有牢固接地，应采用单独导线与接地网络连接在一起，多台弧焊变压器与一个接地装置连接时，应采取单独直接与地线网连接的方式。在焊机全部工作过程中不得随意拆除接地线。

⑤ 要注意配电系统的开关、熔断器是否合格，导线绝缘是否完好，电源容量是否够用。

⑥ 弧焊变压器的电源应由电力网供给，弧焊变压器的电源导线，可采用 BXR 型橡胶绝缘铜线或橡胶套电缆，弧焊变压器的焊把线采用 YHH 型焊接用橡套铜芯软电缆（或 YHHR 型），须有良好绝缘，必要时应加保护，不要有任何损伤及高温不良影响。

⑦ 根据工作需要合理选择电缆截面积，使电缆电压降不大于 4V。否则电弧不能稳定燃烧，影响焊接质量。

⑧ 工作中不能用铁板、铁管线搭接代替电缆使用。

⑨ 有时因生产需要，使用多台电焊机时，应考虑将电焊机接在三相交流电源网络上，使三相网络负载尽量平衡。

⑩ 电焊机在使用前，应认真检查初级绕组的额定电压与电源电压是否相同，检查电焊机接线端子上的接线是否正确。如新电焊机或长期停用的电焊机重新使用时应用500V摇表摇测绝缘电阻，其值不应小于0.5MΩ。

⑪ 按照焊接对象的需要，正确选用端子连接方式，以获得合适的焊接电流。切忌使绕组过载。

⑫ 应按弧焊变压器的额定焊接电流和负载持续率进行工作，不得超载使用。在工作过程中，应注意弧焊变压器的温升不要超过规定值，以防烧坏弧焊变压器绕组的绝缘。

⑬ 焊机一、二次接线端子，应紧固可靠，不得有松动现象。否则因接触不良会使端子过热，甚至把接线板烧损，造成事故。电缆接头应坚固可靠，保持接触面清洁、平整。

⑭ 在焊接过程中，如发现接线松动或发热、发红时，应立即停止焊接，停电后进行处理。

⑮ 常用强制排风或电机传动调整电抗器铁芯的电焊机，在通电后应注意转动方向是否正确。

⑯ 电焊机不得过载运行，以免破坏绕组绝缘，在户外漏天使用时，应防雨水侵入和太阳曝晒等。

⑰ 在焊接过程中，焊钳与工件相接触的时间不能过长，以免烧坏弧焊变压器。

⑱ 工作完毕后，应及时切断弧焊变压器的电源，以确保安全。

○ 4.4.3 弧焊变压器的维护

弧焊变压器的日常检查和维护内容有：

① 检查使用环境是否清洁、干燥。弧焊变压器在多尘或潮湿的环境中工作，容易造成绝缘能力降低，引起漏电及短路故障。如果必须在这些场所工作，使用前应做好准备工作，尽量缩短作业时间，用后需对弧焊变压器进行除尘及干燥处理。若在户外工作，弧焊变压器应采取防雨、防晒措施。

② 检查弧焊变压器是否漏电，金属外壳接地（接零）是否良好。

③ 检查一次侧和二次侧接线是否牢固可靠。尤其是二次侧，由于电流很大，连接不好容易造成接头过热及烧坏绝缘板。因此，每次焊接前都应认真检查，拧紧连接螺钉。若连接处有氧化层，应用细锉清理干净。

④ 注意焊机的每个接头的牢固性，调节手柄应保持灵敏，指示准确。

⑤ 检查变压器绕组和铁芯是否过热，绝缘是否损坏。

⑥ 检查一次侧电缆绝缘是否良好。由于弧焊变压器经常移动，电源电缆在地上拖来拖去容易有机械损伤，因此每次使用前都应检查电缆的绝缘是否良好。一次侧电缆一般采用500V单芯或多芯橡皮软线，切不可使用一般的绝缘导线，否则绝缘极易损坏而造成事故。

⑦ 检查二次侧电缆截面积是否符合要求。二次侧电缆过细易造成严重发热，浪费电能。导线长达20m以上时，电流密度可取$4\sim10A/mm^2$。一般要求焊接回路导线压降小于4V，即约小于电焊机二次侧电弧电压的10%。具体选择见表4-3。

表 4-3 焊接导线截面积与电流、导线长度的关系

截面积 /mm² 电流/A	导线长度/m								
	20	30	40	50	60	70	80	90	100
100	25	25	25	25	25	25	25	28	35
150	35	35	35	35	50	50	60	70	70
200	35	35	35	50	60	70	70	70	70
300	35	50	60	60	70	70	70	85	85
400	35	50	60	70	85	85	85	95	95
500	50	60	70	85	95	95	95	120	120
600	60	70	85	85	95	95	120	120	120

⑧ 检查一次侧电缆截面积是否符合要求。对于一般长度的单芯电缆，电流密度可取 $5\sim10A/mm^2$；如用三芯或敷设在管道内或长度较大时，可取 $3\sim6A/mm^2$。

4.4.4 弧焊变压器的常见故障及其排除方法

交流弧焊变压器的常见故障及处理方法见表 4-4。

表 4-4 交流弧焊变压器的常见故障及处理方法

序号	故障现象	可能原因	处理方法
1	外壳漏电或绝缘电阻太低	①弧焊变压器严重受潮及污脏 ②户外作业，弧焊变压器受雨淋 ③电源线绝缘破损，与外壳接触 ④接线端子板烧焦，绝缘损坏 ⑤绕组绝缘损坏，与铁芯、外壳接触 ⑥无接地线或外壳接地(接零)不良	①清除污脏，做干燥处理 ②户外作业时要采取防雨措施 ③处理好电源线的绝缘 ④更换接线端子板 ⑤做局部绝缘处理，严重时重绕组 ⑥检查接地(接零)线，使之连接可靠
2	绕组发热	①电焊机过载 ②绕组内部有短路故障	①正确使用电焊机，电流调节要适当，减小焊接电流 ②拆开做局部绝缘处理，严重时应重绕绕组。局部绝缘处理方法如下：若短路发生在外面几层绕组上，先将绕组预烘后，将外层几匝拆开或撬松，清除老化的绝缘物，处理短路点后，包上几层新绝缘带，然后将外面几层绕组复位、绑扎紧并预烘、浸漆和烘干，合格后再组装
3	导线接头处发热、发红或烧毁	①接线螺栓松动或锈蚀 ②接线螺栓是铁制的 ③焊接时间过长	①若松动，可用扳手拧紧；若锈蚀，应更换同规格的新螺栓、螺母，并拧紧 ②更换为铜制的 ③按规定负载持续率进行焊接
4	铁芯过热	①电源电压波动太大 ②铁芯叠片松弛 ③硅钢片绝缘损坏 ④固定夹紧的穿心螺杆绝缘损坏	①检查电源电压 ②夹紧穿心螺杆 ③拆开铁芯重新涂上绝缘漆 ④拆下穿心螺杆，套上良好的绝缘套管
5	弧焊变压器振动，伴有强烈的"嗡嗡"声	①铁芯叠片松弛 ②动铁芯或动线圈的传动机构松弛，配合不良 ③外壳固定螺钉松脱	①夹紧穿心螺杆 ②拆下检修 ③拧紧固定螺钉或加绝缘垫圈

序号	故障现象	可 能 原 因	处 理 方 法
6	焊接电流不稳定	①动铁芯或动线圈位置不稳定 ②变压器空载电压低(低于60V),造成电流不稳定,且引弧困难 ③导线接触不好 ④一台弧焊变压器两人同时使用 ⑤电源容量过小	①检查电流调节手柄机构,使手柄在使用时能定位 ②应根据具体情况处理: 　a. 若电源电压过低,应设法调整电压 　b. 若由电源线过细过长引起,应加粗电源线,减小电压降 　c. 若电焊机选型不当,应重新选型,要求空载电压可调至60V以上;或通过改变变压器二次绕组的连接方式来提高空载电压 ③将导线重新接好 ④停止一处 ⑤提高电源容量或减少其他用电设备
7	不起弧或电流过小	①电源电压过低 ②一次绕组接线错误 ③电源线或焊接线过长、截面积过小 ④电源线及焊接线盘绕成圈使用,造成电感很大,降低了电压 ⑤焊钳接触不良 ⑥焊接电缆搭接位置与焊接点距离过大 ⑦绕组有短路故障 ⑧绕组有断路故障 ⑨弧焊变压器功率过小	①检查电源电压 ②检查并改正一次绕组接线 ③应正确选择导线 ④焊接线不能盘绕成圈使用 ⑤检查焊钳,使其与焊接线连接良好 ⑥搭接位置应尽量靠近焊接点 ⑦拆开检修 ⑧通过测量绕组的电阻便可判断,然后拆开检修 ⑨更换大功率的弧焊变压器
8	接线处过热或接线板烧焦	接线接触不良	清理接触表面,拧紧接线端钮;如果接线板绝缘已损坏,应更换接线板
9	保护装置经常动作或熔体熔断	①保护装置和熔体选择、调整不当 ②弧焊变压器有短路、接地或绝缘严重下降等故障	①正确选择和调整保护装置及熔体 ②拆开检修
10	调节手柄摇不动或动铁芯、动线圈不能移动	①传动机构上油垢太多或已生锈 ②传动机构磨损 ③移动滑道上有障碍 ④线圈引出线挂住或挤在线圈中	①清洗或除锈 ②检修或更换磨损的零件 ③清除障碍物 ④清理线圈引出线

≫ 4.5　电压互感器

◯ 4.5.1　电压互感器的用途

　　电压互感器是将电力系统的高电压变成标准的低电压(通常为$100V$或$100/\sqrt{3}\,V$)的电器。它与测量仪表配合时,可测量电力系统的电压;与继电保护装置配合时,则可对电力系统进行保护。同时，它能使测量仪表和继电保护装置标准化，并与高压电隔离。

电压互感器的工作原理与变压器相同，其接线原理图如图4-8所示。测量时，一次绕组与被测电路并联，二次绕组接测量仪表。

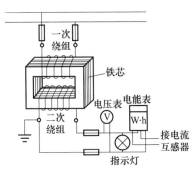

图4-8　电压互感器接线原理图

◉ 4.5.2　电压互感器的使用

(1) 电压互感器使用注意事项

使用电压互感器时应注意以下几点：

① 要根据被测电压的高低来选择电压互感器的额定电压。

② 电压互感器要与仪表、仪器配套使用。

③ 电压互感器的一次绕组应并联在高压电路中，二次绕组与测量仪表、继电保护装置和指示电路等并联。

④ 运行中的电压互感器二次侧不允许短路，否则会烧毁二次绕组，故通常电压互感器的一次侧和二次侧都要装有熔断器。

⑤ 电压互感器的二次绕组和外壳应接地，以免电压互感器的绝缘被击穿时发生危险。

(2) 电压互感器运行中的检查

电压互感器运行时应进行以下检查：

① 投入运行后，应检查二次电压是否正常，各仪表指针是否正确。

② 检查一次侧熔断器和限流电阻是否完好。

③ 检查套管有无污垢、裂纹及放电现象。

④ 检查油位是否正常，外壳有无渗油现象。

⑤ 检查电压互感器本身有无异常声响。

⧸⧸⧸ 4.6　电流互感器

◉ 4.6.1　电流互感器的用途

电流互感器是将高压系统中的电流或低压系统中的大电流，变成标准的小电流（5A或1A）的电器。它与测量仪表相配合时，可测量电力系统的电流；与继电器配合时，则可对电力系统进行保护。同时，它能使测量仪表和继电保护装置标准化，并与高电压隔离。

电流互感器的工作原理与变压器相同，其接线原理图如图4-9所示。测量时，一次绕组串联在被测电路中，二次绕组与测量仪表、继电器、指示电路等串联。

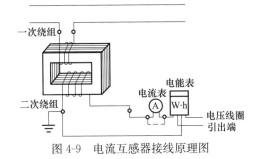

图4-9　电流互感器接线原理图

○ 4.6.2　电流互感器的使用

（1）电流互感器使用注意事项

使用电流互感器应注意以下几点：

① 要根据被测电流的大小来选择额定电流值和电流比，且要与仪表配套使用。

② 电流互感器应串联在被测电路中使用。

③ 电流互感器的二次绕组和外壳应可靠接地，以防高压危险。

④ 运行中的电流互感器二次绕组绝不允许开路，否则会在二次绕组两端产生高压，烧毁电流互感器，甚至危及人身安全。因此，电流互感器在运行时，若需在二次侧拆装仪表，必须先将二次侧短路才能拆装。而且，在二次侧不允许装设熔断器或开关。

（2）电流互感器运行中的检查

电流互感器运行时应进行以下检查：

① 检查电流互感器的瓷质部分是否清洁，有无破损、裂纹及放电现象。

② 检查电流互感器有无异常声响和焦臭味。

③ 检查一次侧导线接头是否牢固，有无松动、过热现象。

④ 检查二次侧接地是否牢固、良好，有无松动、断裂现象。

⑤ 检查充油电流互感器的油位是否正常，有无渗、漏油现象。

⑥ 检查二次侧仪表指示是否正常。

第**5**章

电动机的原理与使用

◀◀◀

》》 5.1 三相异步电动机

○ 5.1.1 三相异步电动机的基本结构

三相异步电动机主要由两大部分组成，一个是静止部分，称为定子；另一个是旋转部分，称为转子。转子装在定子腔内，为了保证转子能在定子内自由转动，定、转子之间必须有一定的间隙，称为气隙。此外，在定子两端还装有端盖等。笼型三相异步电动机的结构如图 5-1 所示，绕线转子三相异步电动机的结构如图 5-2 所示。

（1）定子

定子主要由机座、定子铁芯、定子绕组等三部分组成。机座是电动机的外壳和支架，它

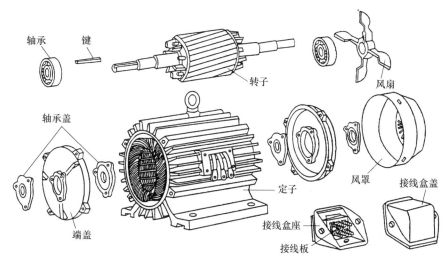

图 5-1　笼型三相异步电动机的结构

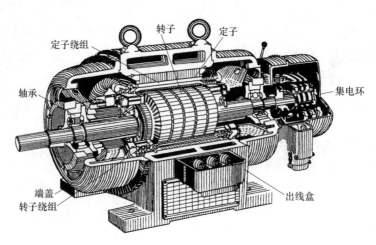

图 5-2 绕线转子三相异步电动机的结构

的作用是固定和保护定子铁芯及定子绕组并支撑端盖。机座上设有接线盒，用以连接绕组引线和接入电源。为了便于搬运，在机座上面还装有吊环。定子铁芯是电动机的磁路的一部分，一般用 0.5mm 厚的硅钢片叠压而成。在定子冲片的内圆均匀地冲有许多槽，用以嵌放定子绕组。定子绕组是电动机的电路部分。三相异步电动机有三个独立的绕组（即三相绕组），每相绕组包含若干线圈，每个线圈又由若干匝构成。三相绕组按照一定的规律依次嵌放在定子槽内，并与定子铁芯之间绝缘。定子绕组通以三相交流电时，便会产生旋转磁场。

(2) 转子

转子由转子铁芯、转子绕组和转轴等三部分组成。转子铁芯也是电动机磁路的一部分，一般用 0.5mm 厚的硅钢片叠压而成。在硅钢片的外圆上均匀地冲有许多槽，用以浇铸铝条或嵌放转子绕组。转子铁芯压装在转轴上。转子绕组分为笼型和绕线型两种。转轴一般由中碳钢制成，它的作用主要是支承转子，传递转矩，并保证定子与转子之间具有均匀的气隙。

● 5.1.2 三相异步电动机的工作原理

三相异步电动机工作原理的示意图如图 5-3 所示。在一个可旋转的马蹄形磁铁中，放置一个可以自由转动的笼型绕组，如图 5-3（a）所示。当转动马蹄形磁铁时，笼型绕组就会跟着它向相同的方向旋转。这是因为磁铁转动时，它的磁场与笼型绕组中的导体（即导条）之间产生相对运动，若磁场顺时针方向旋转，相当于转子导体逆时针方向切割磁力线，根据右手定则可以确定转子导体中感应电动势的方向，如图 5-3（b）所示。由于导体两端被金属端环短路，因此在感应电动势的作用下，导体中就有感应电流流过，如果不考虑导体中电流与电动势的相位差，则导体中感应电流的方向与感应电动势的方向相同。这些通有感应电流的导体在磁场中会受到电磁力 f 的作用，导体受力方向可根据左手定则确定。因此，在图 5-3（b）中，N 极范围内的导体受力方向向右，而 S 极范围内的导体的受力方向向左，这是一对大小相等、方向相反的力，因此就形成了电磁转矩 T_e，使笼型绕组（转子）朝着磁场旋转的方向转动起来。这就是异步电动机的简单工作原理。

实际的三相异步电动机是利用定子三相对称绕组通入三相对称电流而产生旋转磁场的，这个旋转磁场的转速 n_S 又称为同步转速。三相异步电动机转子的转速 n 不可能达到定子旋

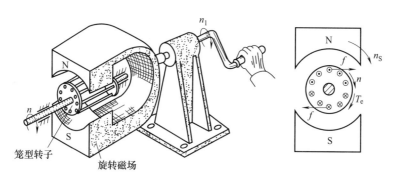

(a) 异步电动机的物理模型　　　　　　(b) 异步电动机的电磁关系

图 5-3　三相异步电动机工作原理示意图

转磁场的转速，即电动机的转速 n 不可能达到同步转速 n_S。因为，如果达到同步转速，则转子导体与旋转磁场之间就没有相对运动，因而在转子导体中就不能产生感应电动势和感应电流，也就不能产生推动转子旋转的电磁力 f 和电磁转矩 T_e，所以，异步电动机的转速总是低于同步转速，即两种转速之间总是存在差异，异步电动机因此而得名。由于转子电流由感应产生，故这种电动机又称为感应电动机。

旋转磁场的转速为

$$n_S = \frac{60f_1}{p}$$

可见，旋转磁场的转速 n_S 与电源频率 f_1 和定子绕组的极对数 p 有关。

例如：一台三相异步电动机的电源频率 $f_1 = 50\text{Hz}$，若该电动机是四极电动机，即电动机的极对数 $p=2$，则该电动机的同步转速 $n_S = \frac{60f_1}{p} = \frac{60 \times 50}{2} = 1500\text{r/min}$，而该电动机的转速 n 应略低于 1500r/min。

◎ 5.1.3　三相异步电动机的铭牌

在电动机铭牌上标明了由制造厂规定的表征电动机正常运行状态的各种数值，如功率、电压、电流、频率、转速等，称为额定参数。它们是正确使用、检查和维修电动机的主要依据。异步电动机按额定参数和规定的工作制运行，称为额定运行。图 5-4 为一台三相异步电动机的铭牌实例，其中各项内容的含义如下。

三相异步电动机				
型号	Y132S-4		出厂编号	
功率　5.5kW		电流　11.6A		
电压　380V		转速　1440r/min		噪声　Lw78dB
接法　△	防护等级　IP44	频率　50Hz		质量　68kg
标准编号	工作制　S1	绝缘等级　B级		年　　月
×　　×　　电机厂				

图 5-4　三相异步电动机的铭牌

① 型号。型号是表示电动机的类型、结构、规格及性能等的代号。

② 额定功率。异步电动机的额定功率，又称额定容量，指电动机在铭牌规定的额定运行状态下工作时，从转轴上输出的机械功率，单位为 W 或 kW。

③ 额定电压。指电动机在额定运行状态下，定子绕组应接的线电压，单位为 V 或 kV。如果铭牌上标有两个电压值，则这两个电压值表示定子绕组在两种不同接法时的线电压。例如，电压 220/380V，接法△/Y，表示若电源线电压为 220V 时，三相定子绕组应接成三角形，若电源线电压为 380V 时，定子绕组应接成星形。

④ 额定电流。指电动机在额定运行状态下工作时，定子绕组的线电流，单位为 A。如果铭牌上标有两个电流值，则这两个电流值表示定子绕组在两种不同接法时的线电流。

⑤ 额定频率。指电动机所使用的交流电源频率，单位为 Hz。我国规定电力系统的工作频率为 50Hz。

⑥ 额定转速。指电动机在额定运行状态下工作时，转子每分钟的转数，单位为 r/min。一般异步电动机的额定转速比旋转磁场转速（同步转速 n_S）低 2%～5%，故由额定转速也可知道电动机的极数和同步转速。电动机在运行中的转速与负载有关。空载时，转速略高于额定转速；过载时，转速略低于额定转速。

⑦ 接法。接法是指电动机在额定电压下，三相定子绕组 6 个首末端头的连接方法，常用的有星形（Y）和三角形（△）两种。

⑧ 工作制（或定额）。指电动机在额定值条件下运行时，允许连续运行的时间，即电动机的工作方式。

⑨ 绝缘等级（或温升）。指电动机绕组所采用的绝缘材料的耐热等级，它表明电动机所允许的最高工作温度。

⑩ 防护等级。电动机外壳防护等级的标志由字母 IP 和两个数字表示。IP 后面的第一个数字代表第一种防护形式（防尘）的等级；第二个数字代表第二种防护形式（防水）的等级。数字越大，防护能力越强。

5.1.4 三相异步电动机的接法

三相异步电动机的接法是指电动机在额定电压下，三相定子绕组 6 个首末端头的连接方法，常用的有星形（Y）和三角形（△）两种。

三相定子绕组每相都有两个引出线头，一个称为首端，另一个称为末端。按国家标准规定，第一相绕组的首端用 U_1 表示，末端用 U_2 表示；第二相绕组的首端和末端分别用 V_1 和 V_2 表示；第三相绕组的首端和末端分别用 W_1 和 W_2 表示。这 6 个引出线头引入接线盒的接线柱上，接线柱标出对应的符号，如图 5-5 所示。

一台电动机是接成星形还是接成三角形，应视生产厂家的规定而进行，可从铭牌上查得。

三相定子绕组的首末端是生产厂家事先预定好的，绝不能任意颠倒，但可以将三相绕组的首末端一起颠倒，例如将 U_2、V_2、W_2 作为首端，而将 U_1、V_1、W_1 作为末端。但绝对不能单独将一相绕组的首末端颠倒，如将 U_1、V_2、W_1 作为首端，将会造成接线错误。

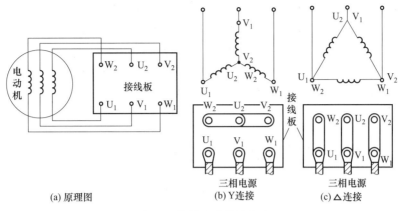

(a) 原理图　　(b) Y连接　　(c) △连接

图 5-5　接线盒的接线方法

5.1.5　三相异步电动机的选择

(1) 电动机种类的选择

三相异步电动机类型的选择应遵循下列原则：

① 生产机械对启动、制动及调速无特殊要求时，应采用笼型电动机。因笼型电动机具有较高的效率、较好的工作特性、结构简单、坚固耐用、维护方便和价格便宜等优点。

② 生产机械对调速精度要求不高，且调速比不大，或按启动条件采用笼型电动机不合理时，宜采用绕线转子电动机。与笼型电动机相比，绕线转子电动机具有较小的启动电流，较大的启动转矩和较好的调速性能。

③ 生产机械对启动、制动及调速有特殊要求时，应进行技术经济比较以确定电动机的类型及调速方式。

④ 对于年运行时间大于 3000h 的生产机械，应选用高效率的电动机。

⑤ 在企业配电电压允许的条件下，大容量的电动机宜选用高压电动机。

(2) 电动机额定功率的选择

电动机的额定功率选择应适当，不应过小或过大。如果额定功率选择得过小，就会出现"小马拉大车"的现象，势必使电动机过载，也就必然会使电流超过额定值而使电动机过热，电动机的绝缘也会因过热而损坏甚至烧毁；如果额定功率选择得过大，则电动机处于轻载状况下工作，其功率因数和效率均较低，运行不经济。所以电动机额定功率的选择，一般应遵照以下原则来进行。

对于连续工作制的生产机械，应选用连续工作制（定额）电动机，只要知道被拖动的生产机械的功率，就可以确定电动机的功率。因一般生产机械的铭牌上均注明了需配备电动机的功率，故可直接选用；而未标明所需配备电动机的功率时，考虑到机械传动过程中产生的损耗以及运行中可能发生的意外过载情况，应使所选择的电动机的功率比生产机械的功率稍大一些。

(3) 电动机转速的选择

额定功率相同的电动机，额定转速越高，电动机的尺寸越小、重量越轻、成本越低，效率和功率因数一般也越高，因此选用高速电动机较为经济。但是，由于生产机械对转速的要求一定，电动机的转速选得太高，势必加大传动机构的转速比，导致传动机构复杂化和传动效率的降低。此外，电动机的转矩与"输出功率/转速"成正比，额定功率相同的电动机，极数越少，转速就越高，同时转矩越小。因此，一般应尽可能使电动机与生产机械的转速一致，以便采用联轴器直接传动；如两者转速相差较多时，可选用比生产机械的转速稍高的电动机，采用带传动。

◎ 5.1.6 电动机熔体和熔断器的选择

熔丝（熔体）的选择须考虑电动机的启动电流的影响，同时还应注意，各级熔体应互相配合，即下一级熔体应比上一级熔体小。选择原则如下。

(1) 保护单台电动机的熔体的选择

由于笼型异步电动机的启动电流很大，故应保证在电动机的启动过程中熔体不熔断，而在电动机发生短路故障时又能可靠地熔断。因此，异步电动机的熔体的额定电流一般可按下式计算

$$I_{RN} = (1.5 \sim 2.5) I_N$$

式中　I_{RN}——熔体的额定电流，A；

I_N——电动机的额定电流，A。

上式中的系数（1.5～2.5）应视负载性质和启动方式而选取。对轻载启动、启动不频繁、启动时间短或降压启动者，取较小值；对重载启动、启动频繁、启动时间长或直接启动者，取较大值。当按上述方法选择系数还不能满足启动要求时，系数可大于2.5，但应小于3。

(2) 保护多台电动机的熔体的选择

当多台电动机应用在同一系统中，采用一个总熔断器时，熔体的额定电流可按下式计算

$$I_{RN} = (1.5 \sim 2.5) I_{Nm} + \sum I_N$$

式中　I_{RN}——熔体的额定电流，A；

I_{Nm}——启动电流最大的一台电动机的额定电流，A；

$\sum I_N$——除启动电流最大的一台电动机外，其余电动机的额定电流的总和，A。

根据上式求出一个数值后，可查熔断器技术数据，选取等于或稍大于此值的标准规格的熔体。

另外，电动机的熔体确定后，可根据熔断器技术数据，选取熔断器的额定电压和额定电流。在选择熔断器时应注意：熔断器的额定电流应大于或等于熔体的额定电流；熔断器的额定电压应大于或等于电动机的额定电压。

◎ 5.1.7 电动机的搬运与安装

(1) 搬运电动机的注意事项

搬运电动机时，应注意不应使电动机受到损伤、受潮或弄脏。

如果电动机由制造厂装箱运来，在没有运到安装地点前，不要打开包装箱，宜将电动机

存放在干燥的仓库内，也可以放置在室外，但应有防雨、防潮、防尘等措施。

中小型电动机从汽车或其他运输工具上卸下来时，可使用起重机械；如果没有起重机械设备，可在地面与汽车间搭斜板，慢慢滑下来。但必须用绳子将机身拖住，以防滑动太快或滑出木板。

质量在100kg以下的小型电动机，可以用铁棒穿过电动机上的吊环，由人力搬运，但不能用绳子套在电动机的皮带轮或转轴上，也不要穿过电动机的端盖孔来抬电动机。搬运中所用的机具、绳索、杠棒必须牢固，不能有丝毫马虎。如果搬运中使电动机转轴弯曲扭坏，使电动机内部结构变动，将直接影响电动机使用，而且修复很困难。

（2）安装地点的选择

选择安装电动机的地点时一般应注意。

① 尽量安装在干燥、灰尘较少的地方。

② 尽量安装在通风较好的地方。

③ 尽量安装在较宽敞的地方，以便进行日常操作和维修。

（3）电动机安装前的检查

电动机安装之前应进行仔细检查和清扫。

① 检查电动机的功率、型号、电压等应与设计相符。

② 检查电动机的外壳应无损伤，风罩风叶应完好。

③ 转子转动应灵活，无碰卡声，轴向窜动不应超过规定的范围。

④ 检查电动机的润滑脂，应无变色、变质及硬化等现象，其性能应符合电动机工作条件。

⑤ 拆开接线盒，用万用表测量三相绕组是否断路。引出线鼻子的焊接或压接应良好，编号应齐全。

⑥ 使用绝缘电阻表测量电动机的各相绕组之间以及各相绕组与机壳之间的绝缘电阻，如果电动机的额定电压在500V以下，则使用500V兆欧表测量，其绝缘电阻值不得小于0.5MΩ，如果不能满足要求应对电动机进行干燥。

⑦ 对于绕线转子电动机需检查电刷的提升装置。提升装置应标有"启动""运行"的标志，动作顺序是先短路集电环，然后提升电刷。

电动机在检查中，如有下列情况之一时，应进行抽芯检查：①出厂日期超过制造厂保证期限者；②经外观检查或电气试验，质量有可疑时；③开启式电动机经端部检查有可疑时；④试运转时有异常情况者。

（4）电动机底座基础的制作

为了保证电动机能平稳地安全运转，必须把电动机牢固地安装在固定的底座上。电动机底座的选用方法是生产机械设备上有专供安装电动机固定底座的，电动机一定要安装在上面；无固定底座时，一般中小型电动机可用螺栓安装在固定的金属底板或槽轨上，也可以将电动机紧固在事先埋入混凝土基础内的地脚螺栓或槽轨上。

① 电动机底座基础的建造　电动机底座的基础一般用混凝土浇筑而成，底座墩的形状如图5-6所示。座墩的尺寸要求：H 一般为100～150mm，具体高度应根据电动机规格、传动方法和安装条件来决定；B 和 L 的尺寸应根据底板或电动机机座尺寸来定，但四周一般要放出50～250mm裕度，通常外加100mm；基础的深度一般按地脚螺栓长度的1.5～2倍

选取，以保证埋设地脚螺栓时，有足够的强度。

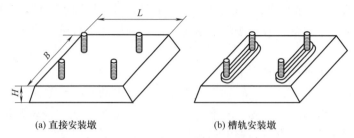

(a) 直接安装墩　　　　　　　　　(b) 槽轨安装墩

图 5-6　电动机的安装座墩

② 地脚螺栓的埋设方法　为了保证地脚螺栓埋得牢固，通常将地脚螺栓做成人字形或弯钩形，如图 5-7 所示。地脚螺栓埋设时，埋入混凝土的长度一般不小于螺栓直径的 10 倍，人字开口和弯钩的长度约是埋入混凝土内长度的一半。

③ 电动机机座与底座的安装　为了防止振动，安装时应在电动机与基础之间垫衬一层质地坚韧的木板或硬橡皮等防振物；4 个地脚螺栓上均要套用弹簧垫圈；拧紧螺母时要按对角交错次序逐步拧紧，每个螺母要拧得一样紧。

安装时还应注意使电动机的接线盒接近电源管线的管口，再用金属软管伸入接线盒内。

(5) 电动机的安装方法

安装电动机时，质量在 100kg 以下的小型电动机，可用人力抬到基础上；比较重的电动机，应用起重机或滑轮来安装，但要小心轻放，不要使电动机受到损伤。为了防止振动，安装时应在电动机与基础之间垫衬一层质地坚韧的木板或硬橡皮等防振物；四个地脚螺栓上均要套弹簧垫圈；拧螺母时要按对角交错次序逐个拧紧，每个螺母要拧得一样紧。电动机在基础上的安装如图 5-8 所示。

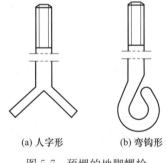

(a) 人字形　　(b) 弯钩形

图 5-7　预埋的地脚螺栓

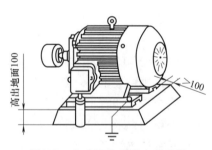

图 5-8　电动机在基础上的安装

穿导线的钢管应在浇筑混凝土前埋好，连接电动机一端的钢管，管口离地不得低于 100mm，并应使它尽量接近电动机的接线盒，如图 5-9 所示。

(6) 电动机的校正

① 水平校正　电动机在基础上安放好后，首先检查水平情况。通常用水准仪（水平仪）来校正电动机的纵向和横向水平。如果不平，可用 0.5～5mm 的钢片垫在机座下，直到符合要求为止。注意：不能用木片或竹片来代替，以免在拧紧螺母或电动机运行中木片或竹片变形碎裂。校正好水平后，再校正传动装置。

② 带传动的校正　用带传动时，首先要使电动机带轮的轴与被传动机器带轮的轴保持

平行；其次两个带轮宽度的中心线应在一条直线上。若两个带轮的宽度相同，校正时可在带轮的侧面进行，将一根细线拉直并紧靠两个带轮的端面，如图 5-10 所示，若细线均接触 A、B、C、D 四点，则带轮已校正好，否则应进行校正。

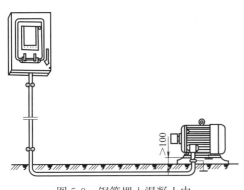

图 5-9　钢管埋入混凝土内

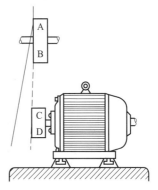

图 5-10　带轮传动的校正方法

③ 联轴器传动的校正　以被传动的机器为基准调整联轴器，使两联轴器的轴线重合，同时使两联轴器的端面平行。

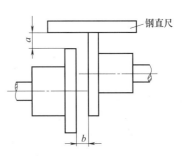

图 5-11　用钢直尺校正联轴器

校准联轴器可用钢直尺进行校正，如图 5-11 所示。将钢直尺搁在联轴器上，分别测量纵向水平间隙 a 和轴向间隙 b，再用手将电动机端的联轴器转动，每转 90°测量一次 a 与 b 的数值。若各位置上测得的 a、b 值不相同，应在机座下加垫或减垫。这样重复几次，调整后测得的 a、b 值在联轴器转动 360°时不变即可。两联轴器容许轴向间隙 b 值应符合表 5-1 的规定。

表 5-1　两联轴器容许轴向间隙 b

联轴器直径/mm	90～140	140～260	260～500
容许轴向间隙 b/mm	2.5	2.5～4	4～6

④ 齿轮传动的校正　电动机轴与被传动机器的轴应保持平行。两齿轮轴是否平行，可用塞尺检查两齿轮的间隙来确定，如间隙均匀，说明两轴已平行。否则，需重新校正。一般齿轮啮合程度可用颜色印迹法来检查，应使齿轮接触部分不小于齿宽的 2/3。

○ 5.1.8　电动机绝缘电阻的测量

(1) 用绝缘电阻表测量电动机的绝缘电阻

用绝缘电阻表测量电动机绝缘电阻的方法如图 5-12 所示，测量步骤如下。

① 校验绝缘电阻表。把绝缘电阻表放平，将绝缘电阻表测试端短路，并慢慢摇动绝缘电阻表的手柄，指针应指在"0"位置上；然后将测试端开路，再摇动手柄（约 120r/min），指针应指在"∞"位置上。测量时，应将绝缘电阻表平置放稳，摇动手柄的速度应均匀。

② 将电动机接线盒内的连接片拆去。

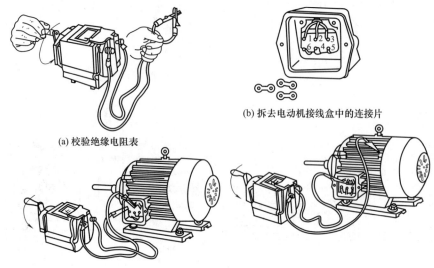

(a) 校验绝缘电阻表

(b) 拆去电动机接线盒中的连接片

(c) 测量电动机三相绕组间的绝缘电阻

(d) 测量电动机绕组对地(机壳)的绝缘电阻

图 5-12　用绝缘电阻表测量电动机的绝缘电阻

1—U$_1$；2—V$_1$；3—W$_1$；4—U$_2$；5—V$_2$；6—W$_2$

③ 测量电动机三相绕组之间的绝缘电阻。将两个测试夹分别接到任意两相绕组的端点，以 120r/min 左右的速度摇动绝缘电阻表 1min 后，读取绝缘电阻表指针稳定的指示值。

④ 用同样的方法，依次测量每相绕组与机壳的绝缘电阻。但应注意，绝缘电阻表上标有"E"或"接地"的接线柱应接到机壳上无绝缘的地方。

测量单相异步电动机的绝缘电阻时，应将电容器拆下（或短接），以防将电容器击穿。

（2）用数字绝缘电阻测量仪测量电动机的绝缘电阻

绝缘电阻测试方法步骤：

① 测试线与插座的连接。将带测试棒（红色）的测试线的插头插入仪表的插座 L 中，将带大测试夹子的测试线的插头插入仪表的插座 E 中，将带表笔（表笔上带夹子）的测试线的插头插入仪表的插座 G 中。

② 测试接线。根据被测电气设备或电路进行接线，一般仪表的插座 E 的接线为接地线；插座 L 的接线为线路线；插座 G 的接线为屏蔽线，接在被测试品的表面（如电缆芯线的绝缘层上），以防止表面泄漏电流影响测试阻抗，从而影响测量准确度。接线时应先将转换开关置于"POWER OFF"位置，然后把大测试夹子接到被测设备的地端，带表笔的小夹子接到绝缘物表面，红色高压测试棒接线路或被测极上。

③ 额定电压选择。根据被测电气设备或电路的额定电压等级选择与之相适应的测试电压等级，这点与指针式绝缘电阻表是一样的。HDT2060 绝缘电阻测量仪有 100V、250V、500V、1000V 共 4 挡电压；HDT2061 绝缘电阻测量仪有 500V、1000V、2000V、2500V 共 4 挡电压。可以通过旋转开关进行选择。

④ 测试操作。当把测试线与被测设备或电路连接好了以后，按一下高压开关"PUSH"，此时"PUSH ON"的红色指示灯点亮，表示测试用高压输出已经接通。当测试开始后，液晶显示屏显示读数，所显示的数字即为被测设备或电路的绝缘电阻值。如果按下高压开关后，指示灯不亮，说明电池容量不足或电池连接有问题（例如极性连接有错误或接触不良）。

⑤ 关机。测试完毕后，按一下高压开关"PUSH"，此时"PUSH ON"的红色指示灯熄灭，表示测试高压输出已经断开。将转换开关置于"POWER OFF"位置，液晶显示屏无显示。对大电感及电容性负载，还应先将测试品上的残余电荷泄放干净，以防残余电荷放电伤人，再拆下测试线。至此测试工作结束。

5.1.9 异步电动机的使用与维护

(1) 电动机启动前的准备与检查

① 新安装或长期停用的电动机启动前的检查

a. 用绝缘电阻表检查电动机绕组之间及绕组对地（机壳）的绝缘电阻。通常对额定电压为 380V 的电动机，采用 500V 绝缘电阻表测量，其绝缘电阻值不得小于 0.5MΩ，否则应进行烘干处理。

b. 按电动机铭牌的技术数据，检查电动机的额定功率是否合适，检查电动机的额定电压、额定频率与电源电压及频率是否相符。并检查电动机的接法是否与铭牌所标一致。

c. 检查电动机轴承是否有润滑油，滑动轴承是否达到规定油位。

d. 检查熔体的额定电流是否符合要求，启动设备的接线是否正确，启动装置是否灵活，有无卡滞现象，触点的接触是否良好。使用自耦变压器减压启动时，还应检查自耦变压器抽头是否选得合适，自耦变压器减压启动器是否缺油，油质是否合格等。

e. 检查电动机基础是否稳固，螺栓是否拧紧。

f. 检查电动机机座、电源线钢管以及启动设备的金属外壳接地是否可靠。

g. 对于绕线转子三相异步电动机，还应检查电刷及提刷装置是否灵活、正常。检查电刷与集电环接触是否良好，电刷压力是否合适。

② 正常使用的电动机启动前的检查

a. 检查电源电压是否正常，三相电压是否平衡，电压是否过高或过低。

b. 检查线路的接线是否可靠，熔体有无损坏。

c. 检查联轴器的连接是否牢固，传送带连接是否良好，传送带松紧是否合适，机组传动是否灵活，有无摩擦、卡住、窜动等不正常的现象。

d. 检查机组周围有无妨碍运动的杂物或易燃物品。

(2) 电动机启动时的注意事项

异步电动机启动时应注意以下几点：

① 合闸启动前，应观察电动机及拖动机械上或附近是否有异物，以免发生人身及设备事故。

② 操作开关或启动设备时，应动作迅速、果断，以免产生较大的电弧。

③ 合闸后，如果电动机不转，要迅速切断电源，检查熔丝及电源接线等是否有问题。绝不能合闸等待或带电检查，否则会烧毁电动机或发生其他事故。

④ 合闸后应注意观察，若电动机转动较慢、启动困难、声音不正常或生产机械工作不正常，电流表、电压表指示异常，都应立即切断电源，待查明原因，排除故障后，才能重新启动。

⑤ 应按电动机的技术要求，限制电动机连续启动的次数。对于 Y 系列电动机，一般空

载连续启动不得超过 3～5 次。满载启动或长期运行至热态，停机后又启动的电动机，不得连续启动超过 2～3 次。否则容易烧毁电动机。

⑥ 对于笼型电动机的星-三角启动或利用补偿器启动，若是手动延时控制的启动设备，应注意启动操作顺序和控制好延时长短。

⑦ 多台电动机应避免同时启动，应由大到小逐台启动，以避免线路上总启动电流过大，导致电压下降太多。

(3) 电动机运行中的监视与维护

正常运行的异步电动机，应经常保持清洁，不允许有水滴、油滴或杂物落入电动机内部；应监视其运行中的电压、电流、温升及可能出现的故障现象，并针对具体情况进行处理。

① 电源电压的监视　三相异步电动机长期运行时，一般要求电源电压不高于额定电压的 10%，不低于额定电压的 5%；三相电压不对称的差值也不应超过额定值的 5%，否则应减载或调整电源。

② 电动机电流的监视　电动机的电流不得超过铭牌上规定的额定电流，同时还应注意三相电流是否平衡。当三相电流不平衡的差值超过 10% 时，应停机处理。

③ 电动机温升的监视　监视温升是监视电动机运行状况的直接可靠的方法。当电动机的电压过低、电动机过载运行、电动机缺相运行、定子绕组短路时，都会使电动机的温度不正常地升高。

所谓温升，是指电动机的运行温度与环境温度（或冷却介质温度）的差值。例如环境温度（即电动机未通电的冷态温度）为 30℃，运行后电动机的温度为 100℃，则电动机的温升为 70℃。电动机的温升限值与电动机所用绝缘材料的绝缘等级有关。

没有温度计时，可在确定电动机外壳不带电后，用手背去试电动机外壳温度。若手能在外壳上停留而不觉得很烫，说明电动机未过热；若手不能在外壳上停留，则说明电动机已过热。

④ 电动机运行中故障现象的监视　对运行中的异步电动机，应经常观察其外壳有无裂纹，螺钉（栓）是否有脱落或松动，电动机有无异响或振动等。监视时，要特别注意电动机有无冒烟和异味出现，若嗅到焦煳味或看到冒烟，必须立即停机处理。

对轴承部位，要注意轴承的声响和发热情况。当用温度计法测量时，滚动轴承发热温度不许超过 95℃，滑动轴承发热温度不许超过 80℃。轴承声音不正常和过热，一般是轴承润滑不良或磨损严重所致。

对于联轴器传动的电动机，若中心校正不好，会在运行中发出响声，并伴随着电动机的振动和联轴器螺栓、胶垫的迅速磨损。这时应重新校正中心线。

对于带传动的电动机，应注意传动带不应过松而导致打滑，但也不能过紧而使电动机轴承过热。

对于绕线转子异步电动机还应经常检查电刷与滑环间的接触及电刷磨损、压力、火花等情况。如发现火花严重，应及时整修滑环表面，校正电刷弹簧的压力。

另外，还应经常检查电动机及开关设备的金属外壳是否漏电和接地不良。用验电笔检查发现带电时，应立即停机处理。

○ 5.1.10　三相异步电动机的常见故障及其排除方法

异步电动机的故障是多种多样的，同一故障可能有不同的表面现象，而同样的表面现象也可能由不同的原因引起，因此，应认真分析，准确判断，及时排除。

三相异步电动机的常见故障及其排除方法见表5-2。

表5-2　三相异步电动机的常见故障及其排除方法

常见故障	可能原因	排除方法
电动机空载不能启动	①熔丝熔断 ②三相电源线或定子绕组中有一相断线 ③刀开关或启动设备接触不良 ④定子三相绕组的首尾端错接 ⑤定子绕组短路 ⑥转轴弯曲 ⑦轴承严重损坏 ⑧定子铁芯松动 ⑨电动机端盖或轴承盖组装不当	①更换同规格熔丝 ②查出断线处，将其接好、焊牢 ③查出接触不良处，予以修复 ④先将三相绕组的首尾端正确辨出，然后重新连接 ⑤查出短路处，增加短路处的绝缘或重绕定子绕组 ⑥校正转轴 ⑦更换同型号轴承 ⑧先将定子铁芯复位，然后固定 ⑨重新组装，使转轴转动灵活
电动机不能满载运行或启动	①电源电压过低 ②电动机带动的负载过重 ③将三角形连接的电动机误接成星形连接 ④笼型转子导条或端环断裂 ⑤定子绕组短路或接地 ⑥熔丝松动 ⑦刀开关或启动设备的触点损坏，造成接触不良	①查明原因，待电源电压恢复正常后再使用 ②减少所带动的负载，或更换大功率电动机 ③按照铭牌规定正确接线 ④查出断裂处，予以焊接修补或更换转子 ⑤查出绕组短路或接地处，予以修复或重绕 ⑥拧紧熔丝 ⑦修复损坏的触点或更换为新的开关设备
电动机三相电流不平衡	①三相电源电压不平衡 ②重绕线圈时，使用的漆包线的截面积不同或线圈的匝数有错误 ③重绕定子绕组后，部分线圈接线错误 ④定子绕组有短路或接地 ⑤电动机"单相"运行	①查明电压不平衡的原因，予以排除 ②使用同规格的漆包线绕制线圈，更换匝数有错误的线圈 ③查出接错处，并改接过来 ④查出绕组短路或接地处，予以修复或重绕 ⑤查出线路或绕组断线或接触不良处，并重新焊接好
电动机的温度过高	①电源电压过高 ②欠电压满载运行 ③电动机过载 ④电动机环境温度过高 ⑤电动机通风不畅	①调整电源电压或待电压恢复正常后再使用电动机 ②提高电源电压或减少电动机所带动的负载 ③减少电动机所带动的负载或更换大功率的电动机 ④更换特殊环境使用的电动机或降低环境温度，或降低电动机的容量使用 ⑤清理通风道里淤塞的泥土；修理被损坏的风叶、风罩；搬开影响通风的物品

续表

常见故障	可能原因	排除方法
电动机的温度过高	⑥定子绕组短路或接地	⑥查出短路或接地处,增加绝缘或重绕定子绕组
	⑦重绕定子绕组时,线圈匝数少于原线圈匝数,或导线截面积小于原导线截面积	⑦按原数据重新改绕线圈
	⑧定子绕组接线错误	⑧按接线图重新接线
	⑨电动机受潮或浸漆后未烘干	⑨重新对电动机进行烘干后再使用
	⑩多支路并联的定子绕组,其中有一路或几路绕组断路	⑩查出断路处,接好并焊牢
	⑪在电动机运行中有一相熔丝熔断	⑪更换同规格熔丝
	⑫定、转子铁芯相互摩擦(又称扫膛)	⑫查明原因,予以排除,或更换为新轴承
轴承过热	①装配不当使轴承受外力	①重新装配电动机的端盖和轴承盖,拧紧螺钉,合严止口
	②轴承内无润滑油	②适量加入润滑油
	③轴承的润滑油内有铁屑、灰尘或其他脏物	③用汽油清洗轴承,然后注入新润滑油
	④电动机转轴弯曲,使轴承受到外界应力	④校正电动机的转轴
	⑤传动带过紧	⑤适当放松传动带
电动机启动时熔丝熔断	①定子三相绕组中有一相绕组接反	①分清三相绕组的首尾端,重新接好
	②定子绕组短路或接地	②查出绕组短路或接地处,增加绝缘,或重绕定子绕组
	③工作机械被卡住	③检查工作机械和传动装置是否转动灵活
	④启动设备操作不当	④纠正操作方法
	⑤传动带过紧	⑤适当调整传动带
	⑥轴承严重损坏	⑥更换为新轴承
	⑦熔丝过细	⑦合理选用熔丝
运行中产生剧烈振动	①电动机基础不平或固定不紧	①校正基础板,拧紧地脚螺栓,紧固电动机
	②电动机和被带动的工作机械轴心不在一条线上	②重新安装,并校正
	③转轴弯曲造成电动机转子偏心	③校正电动机转轴
	④转子或带轮不平衡	④校正平衡或更换为新品
	⑤转子上零件松弛	⑤紧固转子上的零件
	⑥轴承严重磨损	⑥更换为新轴承
运行中产生异常噪声	①电动机"单相"运行	①查出断相处,予以修复
	②笼型转子断条	②查出断路处,予以修复,或更换转子
	③定、转子铁芯硅钢片过于松弛或松动	③压紧并固定硅钢片
	④转子摩擦绝缘纸	④修剪绝缘纸
	⑤风叶碰壳	⑤校正风叶
启动时保护装置动作	①被驱动的工作机械有故障	①查出故障,予以排除
	②定子绕组或线路短路	②查出短路处,予以修复
	③保护动作电流过小	③适当调大
	④熔丝选择过小	④按电动机规格选配适当的熔丝
	⑤过载保护时限不够	⑤适当延长
绝缘电阻降低	①潮气侵入或雨水进入电动机内	①进行烘干处理
	②绕组上灰尘、油污太多	②清除灰尘、油污后,进行浸渍处理
	③引出线绝缘损坏	③重新包扎引出线
	④电动机过热后,绝缘老化	④根据绝缘老化程度,分别予以修复或重新浸渍处理

续表

常见故障	可能原因	排除方法
机壳带电	①引出线与接线板接头处的绝缘损坏 ②定子铁芯两端的槽口绝缘损坏 ③定子槽内有铁屑等杂物未除尽,导线嵌入后即造成接地 ④外壳没有可靠接地	①应重新包扎绝缘或套一绝缘管 ②仔细找出绝缘损坏处,然后垫上绝缘纸,再涂上绝缘漆并烘干 ③拆开每个线圈的接头,用淘汰法找出接地的线圈,进行局部修理 ④将外壳可靠接地

>>> 5.2 单相异步电动机

○ 5.2.1 单相异步电动机的基本结构

单相异步电动机一般由机壳、定子、转子、端盖、转轴、风扇等组成,有的单相异步电动机还具有启动元件。

(1) 定子

定子由定子铁芯和定子绕组组成。单相异步电动机的定子结构有两种形式,大部分单相异步电动机采用与三相异步电动机相似的结构,也是用硅钢片叠压而成的。但在定子铁芯槽内嵌放有两套绕组:一套是主绕组,又称工作绕组或运行绕组;另一套是副绕组,又称启动绕组或辅助绕组。两套绕组的轴线在空间上应相差一定的电角度。容量较小的单相异步电动机,有的则将其铁芯制成凸极形状的,如图 5-13 所示。磁极的一部分被短路环罩住。凸极上放置主绕组,短路环为副绕组。

(2) 转子

单相异步电动机的转子与笼型三相异步电动机的转子相同。

(3) 启动元件

单相异步电动机的启动元件串联在启动绕组(副绕组)中,启动元件的作用是在电动机启动完毕后,切断启动绕组的电源。常用的启动元件有以下几种:

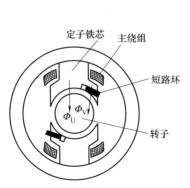

图 5-13 凸极式罩极单相异步电动机

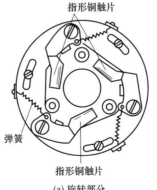

(a) 旋转部分

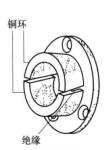

(b) 静止部分

图 5-14 离心开关

① 离心开关。离心开关位于电动机端盖的里面，它包括静止和旋转两部分。其旋转部分安装在电动机的转轴上，它的 3 个指形铜触片（称动触点）受弹簧的拉力紧压在静止部分上，如图 5-14（a）所示。静止部分是由两个半圆形铜环（称静触点）组成的，这两个半圆形铜环中间用绝缘材料隔开，它装在电动机的前端盖内，其结构如图 5-14（b）所示。

当电动机静止时，无论旋转部分在什么位置，总有一个铜触片与静止部分的两个半圆形铜环同时接触，使启动绕组接入电动机电路。电动机启动后，当转速达到额定转速的70%～80%时，离心力克服弹簧的拉力，使动触点与静触点脱离接触，使启动绕组断电。

② 启动继电器。启动继电器是利用流过继电器线圈的电动机启动电流大小的变化，使继电器动作，将触点闭合或断开，从而达到接通或切断启动绕组电源的目的。

○ 5.2.2　单相异步电动机的工作原理

单相异步电动机的工作原理：在单相异步电动机的主绕组中通入单相正弦交流电后，将在电动机中产生一个脉振磁场，也就是说，磁场的位置固定（位于主绕组的轴线），而磁场的强弱却按正弦规律变化。

如果只接通单相异步电动机主绕组的电源，电动机不能转动。但如能加一外力预先推动转子朝任意方向旋转起来，则将主绕组接通电源后，电动机即可朝该方向旋转，即使去掉了外力，电动机仍能继续旋转，并能带动一定的机械负载。单相异步电动机为什么会有这样的特征呢？下面用双旋转磁场理论来解释。

双旋转磁场理论认为：脉振磁场可以认为是由两个旋转磁场合成的，这两个旋转磁场的幅值大小相等（等于脉振磁动势幅值的 1/2），同步转速相同（当电源频率为 f，电动机极对数为 p 时，旋转磁场的同步转速 $n_S = \dfrac{60f}{p}$），但旋转方向相反。其中与转子旋转方向相同的磁场称为正向旋转磁场，与转子旋转方向相反的磁场称为反向旋转磁场（又称逆向旋转磁场）。

单相异步电动机的电磁转矩，可以认为是分别由这两个旋转磁场所产生的电磁转矩合成的结果。

电动机转子静止时，由于两个旋转磁场的磁感应强度大小相等、方向相反，因此它们与转子的相对速度大小相等、方向相反，所以在转子绕组中感应产生的电动势和电流大小相等、方向相反，它们分别产生的正向电磁转矩与反向电磁转矩也大小相等、方向相反，相互抵消，于是合成转矩等于零。单相异步电动机不能够自行启动。

如果借助外力，沿某一方向推动转子一下，单相异步电动机就会沿着这个方向转动起来，这是为什么呢？因为假如外力使转子顺着正向旋转磁场方向转动，将使转子与正向旋转磁场的相对速度减小，而与反向旋转磁场的相对速度加大。由于两个相对速度不等，因此两个电磁转矩也不相等，正向电磁转矩大于反向电磁转矩，合成转矩不等于零，在这个合成转矩的作用下，转子就顺着初始推动的方向转动起来。

为了使单相异步电动机能够自行启动，一般是在启动时，先使定子产生一个旋转磁场，或使它能增强正向旋转磁场，削弱反向磁场，由此产生启动转矩。为此，人们采取了几种不同的措施，如在单相异步电动机中设置启动绕组（副绕组）。主、副绕组在空间一般相差90°电角度。当设法使主、副绕组中流过不同相位的电流时，可以产生两相旋转磁场，从而达到单相异步电动机启动的目的。当主、副绕组在空间相差 $90°$ 电角度，并且主、副绕组中的电流相位差也为 $90°$ 时，可以产生圆形旋转磁场，单相异步电动机的启动性能和运行性能最好。否则，将产生椭圆形旋转磁场，电动机的启动性能和运行性能较差。

5.2.3 单相异步电动机的基本类型

单相异步电动机最常用的分类方法：按启动方法进行分类。不同类型的单相异步电动机，产生旋转磁场的方法也不同，常见的有以下几种：①单相电容分相启动异步电动机；②单相电阻分相启动异步电动机；③单相电容运转异步电动机；④单相电容启动与运转异步电动机；⑤单相罩极式异步电动机。

常用单相异步电动机的特点和典型应用见表 5-3。

表 5-3 常用单相异步电动机的特点和典型应用

电动机类型	电阻启动	电容启动	电容运转	电容启动与运转	罩极式
基本系列代号	YU	YC	YY	YL	YJ
接线原理图					
结构特点	定子具有主绕组和副绕组，它们的轴线在空间相差 $90°$ 电角度。电阻值较大的副绕组经启动开关与主绕组并接于电源。当电动机转速达到 $75\%\sim80\%$ 同步转速时，通过启动开关将副绕组切离电源，由主绕组单独工作 为使副绕组得到较高的电阻对电抗的比值，可采取如下措施：①用较细铜线，以增大电阻；②部分线圈反绕，以增大电阻、减少电抗；③用电阻率较高的铝线；④串入一个外加电阻	定子主绕组、副绕组分布与电阻启动电动机相同，副绕组和一个电容量较大的启动电容器串联，经启动开关与主绕组并联于电源。当电动机转速达到 $75\%\sim80\%$ 同步转速时，通过启动开关，将副绕组切离电源，由主绕组单独工作	定子具有主绕组和副绕组，它们的轴线在空间相差 $90°$ 电角度。副绕组串联一个工作电容器(电容量较启动电容器小得多)后，与主绕组并接于电源，且副绕组长期参与运行	定子绕组与电容运转电动机相同，但副绕组与两个并联的电容器串联。当电动机转速达到 $75\%\sim80\%$ 同步转速时，通过启动开关将启动电容器切离电源，而副绕组和工作电容器继续参与运行 启动电容器电容量大于工作电容器电容量	一般采用凸极定子，主绕组是集中绕组，并在极靴的一小部分上套有电阻很小的短路环(又称罩极绕组)。另一种是隐极定子，其冲片形状和一般异步电动机相同，主绕组和罩极绕组均为分布绕组，它们的轴线在空间相差一定的电角度(一般为 $45°$)，罩极绕组匝数少，导线粗

续表

典型应用	具有中等启动转矩和过载能力,适用于小型车床、鼓风机、医疗机械等	具有较高启动转矩,适用于小型空气压缩机、电冰箱、磨粉机、水泵及满载启动的机械等	启动转矩较低,但有较高的功率因数和效率,体积小、重量轻,适用于电风扇、通风机、录音机及各种空载启动的机械	具有较高的启动性能、过载能力、功率因数和效率,适用于家用电器、泵、小型机床等	启动转矩、功率因数和效率均较低,适用于小型风扇、电动模型及各种轻载启动的小功率电动设备

注:单相电容启动与运转异步电动机,又称单相双值电容异步电动机。

表 5-3 中的前 4 种电动机都具有两个空间位置上相差 90°电角度的绕组,并且用电容或电阻使两个绕组中的电流之间产生相位差,从而产生旋转磁场,所以统称为分相式单相异步电动机。

● 5.2.4 单相异步电动机的使用与维护

(1) 改变分相式单相异步电动机转向的方法

分相式单相异步电动机旋转磁场的旋转方向与主、副绕组中电流的相位有关,由具有超前电流的绕组的轴线转向具有滞后电流的绕组的轴线。如果需要改变分相式单相异步电动机的转向,可把主、副绕组中任意一套绕组的首尾端对调一下,接到电源上即可,如图 5-15 所示。

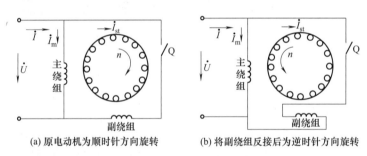

(a) 原电动机为顺时针方向旋转　　　　(b) 将副绕组反接后为逆时针方向旋转

图 5-15　将副绕组反接改变分相式单相异步电动机的转向

(2) 改变罩极式单相异步电动机转向的方法

罩极式单相异步电动机旋转磁场的旋转方向是从磁通领先相绕组的轴线(Φ_U 的轴线)转向磁通落后相绕组的轴线(Φ_V 的轴线),这也就是电动机转子的旋转方向。在罩极式单相异步电动机中,磁通 Φ_U 永远领先磁通 Φ_V,因此,电动机转子的转向总是从磁极的未罩部分转向被罩部分,即使改变电源的接线,也不能改变电动机的转向。如果需要改变罩极式单相异步电动机的转向,则需要把电动机拆开,将电动机的定子或转子反向安装,才可以改变其旋转方向,如图 5-16 所示。

(3) 单相异步电动机使用注意事项

单相异步电动机的运行与维护和三相异步电动机基本相似,但是,单相异步电动机在结构上有它的特殊性:有启动装置,包括离心开关或启动继电器;有启动绕组及电容器;电动机的功率小,定、转子之间的气隙小。如果这些部件发生了故障,必须及时进行检修。

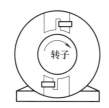 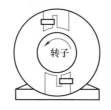

(a) 掉头前转子为顺时针方向旋转　(b) 掉头后转子为逆时针方向旋转

图 5-16　将定子掉头装配来改变罩极式单相异步电动机的转向

使用单相异步电动机时应注意以下几点。

① 改变分相式单相异步电动机的旋转方向时，应在电动机静止时或电动机的转速降低到离心开关的触点闭合后，再改变电动机的接线。

② 单相异步电动机接线时，应正确区分主、副绕组，并注意它们的首尾端。若绕组出线端的标志已脱落，电阻大的绕组一般为副绕组。

③ 更换电容器时，应注意电容器的型号、电容量和工作电压，使之与原规格相符。

④ 拆装离心开关时，用力不能过猛，以免离心开关失灵或损坏。

⑤ 离心开关的开关板与后端盖必须紧固，开关板与定子绕组的引线焊接必须可靠。

⑥ 紧固后端盖时，应注意避免后端盖的止口将离心开关的开关板与定子绕组连接的引线切断。

(4) 离心开关的检修

单相异步电动机定子绕组和转子绕组大多数故障的检查和修理与笼型三相异步电动机类似，这里仅介绍单相异步电动机特有的离心开关和电容器的检修。

① 离心开关短路的检修　离心开关发生短路故障后，当单相异步电动机运行时，离心开关的触点不能切断副绕组与电源的连接，将会使副绕组发热烧毁。

造成离心开关短路的原因，可能是机械构件磨损、变形；动、静触点烧熔粘接；簧片式开关的簧片过热失效、弹簧过硬；甩臂式开关的铜环极间绝缘击穿以及电动机转速达不到额定转速的 80% 等。

对于离心开关短路故障的检查，可采用在副绕组线路中串入电流表的方法。电动机运行时如副绕组中仍有电流通过，则说明离心开关的触点失灵而未断开，这时应查明原因，对症修理。

② 离心开关断路的检修　离心开关发生断路故障后，当单相异步电动机启动时，离心开关的触点不能闭合，所以不能将电源接入副绕组，电动机将无法启动。

造成离心开关断路的原因，可能是触点簧片过热失效、触点烧坏脱落，弹簧失效以致无足够张力使触点闭合，机械机构卡死，动、静触点接触不良，接线螺钉松动或脱落，以及触点绝缘板断裂等。

对于离心开关断路故障的检查，可采用电阻法，即用万用表的电阻挡测量副绕组引出线两端的电阻。正常时副绕组的电阻一般为几百欧左右，如果测量的电阻值很大，则说明启动回路有断路故障。若进一步检查，可以拆开端盖，直接测量副绕组的电阻，如果电阻值正常，则说明离心开关发生断路故障。此时，应查明原因，找出故障点予以修复。

(5) 电容器的使用与检修

① 电容器的常见故障及其可能原因

a. 过电压击穿。电动机如果长期在超过额定电压的情况下工作，将会使电容器的绝缘介质被击穿而造成短路或断路。

b. 电容器断路。电容器经长期使用或保管不当，致使引线、引线端头等受潮腐蚀、霉烂，引起接触不良或断路。

② 电容器常见故障的检查方法　通常用万用表电阻挡可检查电容器是否击穿或断路（开路）。将万用表拨至 $R \times 10\mathrm{k}\Omega$ 或 $R \times 1\mathrm{k}\Omega$ 挡，先用导线或其他金属短接电容器两接线端进行放电，再用万用表两支笔接电容器两出线端。根据万用表指针摆动可进行判断：

a. 指针先大幅度摆向电阻零位，然后慢慢返回数百千欧位置，则说明电容器完好。

b. 若指针不动，则说明电容器已断路（开路）。

c. 若指针摆到电阻零位不返回，则说明电容器内部已击穿短路。

d. 若指针摆到某较小阻值处，不再返回，则说明电容器泄漏电流较大。

◉ 5.2.5　单相异步电动机常见故障及其排除方法

① 分相式单相异步电动机的常见故障及其排除方法见表 5-4。

表 5-4　分相式单相异步电动机的常见故障及其排除方法

常见故障	可能原因	排除方法
电源电压正常,通电后电动机不能启动	①电动机引出线或绕组断路 ②离心开关的触点闭合不上 ③电容器短路、断路或电容量不够 ④轴承严重损坏 ⑤电动机严重过载 ⑥转轴弯曲	①认真检查引出线、主绕组和副绕组,将断路处重新焊接好 ②修理触点或更换离心开关 ③更换与原规格相符的电容器 ④更换轴承 ⑤检查负载,找出过载原因,采取适当措施消除过载状况 ⑤将弯曲部分校直或更换转子
电动机空载能启动或在外力帮助下能启动,但启动迟缓且转向不定	①副绕组断路 ②离心开关的触点闭合不上 ③电容器断路 ④主绕组断路	①查出断路处,并重新焊接好 ②检修调整触点或更换离心开关 ③更换同规格电容器 ④查出断路处,并重新焊接好
电动机转速低于正常转速	①主绕组短路 ②启动后离心开关触点断不开,副绕组没有脱离电源 ③主绕组接线错误 ④电动机过载 ⑤轴承损坏	①查出短路处,予以修复或重绕 ②检修调整触点或更换离心开关 ③查出接错处并更正 ④查出过载原因并消除 ⑤更换轴承
启动后电动机很快发热,甚至烧毁	①主绕组短路或接地 ②主绕组与副绕组之间短路 ③启动后,离心开关的触点断不开,使动绕组长期运行而发热,甚至烧毁 ④主副绕组相互接错 ⑤电源电压过高或过低 ⑥电动机严重过载 ⑦电动机环境温度过高 ⑧电动机通风不畅 ⑨电动机受潮或浸漆后未烘干 ⑩定、转子铁芯相摩擦或轴承损坏	①重绕定子绕组 ②查出短路处予以修复或重绕定子绕组 ③检修调整离心开关的触点或更换离心开关 ④检查主副绕组的接线,将接错处予以纠正 ⑤查明原因,待电源电压恢复正常以后再使用 ⑥查出过载原因并消除 ⑦应降低环境温度或降低电动机的容量使用 ⑧清理通风道,恢复被损坏的风叶、风罩 ⑨重新进行烘干 ⑩查出相摩擦的原因,予以排除或更换轴承

② 罩极式单相异步电动机的常见故障及其排除方法见表 5-5。

表 5-5　罩极式单相异步电动机的常见故障及其排除方法

常见故障	可能原因	排除方法
通电后电动机不能启动	①电源线或定子主绕组断路 ②短路环断路或接触不良 ③罩极绕组断路或接触不良 ④主绕组短路或被烧毁 ⑤轴承严重损坏 ⑥定转子之间的气隙不均匀 ⑦装配不当,使轴承受外力 ⑧传动带过紧	①查出断路处,并重新焊接好 ②查出故障点,并重新焊接好 ③查出故障点,并焊接好 ④重绕定子绕组 ⑤更换轴承 ⑥查明原因,予以修复。若转轴弯曲应校直 ⑦重新装配,上紧螺钉,合严止口 ⑧适当放松传送带
空载时转速太低	①小型电动机的含油轴承缺油 ②短路环或罩极绕组接触不良	①填充适量润滑油 ②查出接触不良处,并重新焊接好
负载时转速不正常或难于启动	①定子绕组匝间短路或接地 ②罩极绕组绝缘损坏 ③罩极绕组的位置、线径或匝数有误	①查出故障点,予以修复或重绕定子绕组 ②更换罩极绕组 ③按原始数据重绕罩极绕组
运行中产生剧烈振动和异常噪声	①电动机基础不平或固定不紧 ②转轴弯曲造成电动机转子偏心 ③转子或皮带轮不平衡 ④转子断条 ⑤轴承严重缺油或损坏	①校正基础板,拧紧地脚螺钉,紧固电动机 ②校正电动机转轴或更换转子 ③校平衡或更换 ④查出断路处,予以修复或更换转子 ⑤清洗轴承,填充新润滑油或更换轴承
绝缘电阻降低	①潮气侵入或雨水进入电动机内 ②引出线的绝缘损坏 ③电动机过热后,绝缘老化	①进行烘干处理 ②重新包扎引出线 ③根据绝缘老化程度,分别予以修复或重新浸渍处理

》》 5.3　直流电动机

◯ 5.3.1　直流电动机的基本结构

直流电动机的结构如图 5-17 所示。直流电动机主要由两大部分组成,即静止部分和旋转部分。

① 静止部分,称为定子,主要用来产生磁通。静止部分主要由主磁极、换向极、机座、端盖、轴承和电刷装置等部件组成。

② 旋转部分,称为转子(通称电枢),是机械能转换为电能(发电机),或电能转换为机械能(电动机)的枢纽。旋转部分主要由电枢铁芯、电枢绕组、换向器等组成。

在定子与电枢之间留有一定的间隙,称为气隙。

◯ 5.3.2　直流电动机的工作原理

图 5-18 是最简单的直流电动机的物理模型。在两个空间固定的永久磁铁之间,有一个铁制的圆柱体(称为电枢铁芯)。电枢铁芯与磁极之间的间隙称为空气隙。图中两根导体 ab

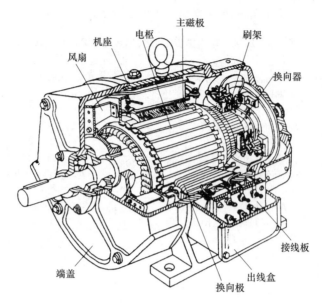

图 5-17　直流电动机结构图

和 cd 连接成为一个线圈，并敷设在电枢铁芯表面上。线圈的首、尾端分别连接到两个圆弧形的铜片（称为换向片）上。换向片固定于转轴上，换向片之间及换向片与转轴都互相绝缘。这种由换向片构成的整体称为换向器，整个转动部分称为电枢。为了把电枢和外电路接通，特别装置了两个电刷 A 和 B。电刷在空间上是固定不动的，其位置如图 5-18 所示。当电枢转动时，电刷 A 只能与转到上面的一个换向片接触，而电刷 B 则只能与转到下面的一个换向片接触。

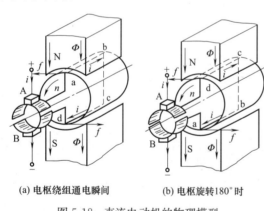

(a) 电枢绕组通电瞬间　　(b) 电枢旋转180°时

图 5-18　直流电动机的物理模型

如果将电刷 A、B 接直流电源，于是电枢线圈中就会有电流通过。假设由直流电源产生的直流电流从电刷 A 流入，经导体 ab、cd 后，从电刷 B 流出，如图 5-18（a）所示，根据电磁力定律，载流导体 ab、cd 在磁场中就会受到电磁力的作用，其方向可用左手定则确定。在图 5-18（a）所示瞬间，位于 N 极下的导体 ab 受到的电磁力，其方向是从右向左；位于 S 极下的导体 cd 受到的电磁力，其方向是从左向右，因此电枢上受到逆时针方向的力矩，称为电磁转矩。在该电磁转矩的作用下，电枢将按逆时针方向转动。当电枢转过 180°，如图 5-18（b）所示时，导体 cd 转到 N 极下，导体 ab 转到 S 极下。由于直流电源产生的直流电流方向不变，仍从电刷 A 流入，经导体 cd、ab 后，从电刷 B 流出。可见这时导体中的电流改变了方向，但产生的电磁转矩的方向并未改变，电枢仍然为逆时针方向旋转。

实际的直流电动机中，电枢上不是只有一个线圈，而是根据需要有许多线圈。但是，不管电枢上有多少个线圈，产生的电磁转矩却始终是单一的作用方向，并使电动机连续旋转。

5.3.3　直流电动机的励磁方式

励磁绕组的供电方式称为励磁方式。按照励磁方式，直流电动机分为以下几种。

① 他励式。他励式直流电动机的励磁绕组由其他电源供电，励磁绕组与电枢绕组不相连接，其接线如图 5-19（a）所示。永磁式直流电动机亦归属这一类，因为永磁式直流电动机的主磁场由永久磁铁建立，与电枢电流无关。

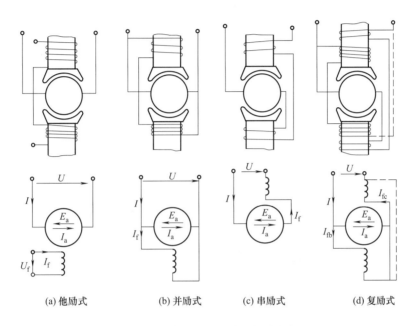

(a) 他励式　　　(b) 并励式　　　(c) 串励式　　　(d) 复励式

图 5-19　直流电动机励磁方式分类

② 并励式。励磁绕组与电枢绕组并联的就是并励式。并励直流电动机的接线如图 5-19（b）所示。这种接法的直流电动机的励磁电流与电枢两端的电压有关。

③ 串励式。励磁绕组与电枢绕组串联的就是串励式。串励直流电动机的接线如图 5-19（c）所示，因此 $I_a = I = I_f$。

④ 复励式。复励式直流电动机既有并励绕组又有串励绕组，两种励磁绕组套在同一主极铁芯上。这时，并励和串励两种绕组的磁动势可以相加，也可以相减，前者称为积复励，后者称为差复励。复励直流电动机的接线图如图 5-19（d）所示。图中并励绕组接到电枢的方法可按实线接法或虚线接法，前者称为短复励，后者称为长复励。事实上，长、短复励直流发电机在运行性能上没有多大差别，只是串励绕组的电流大小稍微有些不同而已。

5.3.4　直流电动机的分类与特点

直流电动机可按转速、电压、用途、容量、定额以及防护等级、结构安装形式、通风冷却方式和有无电刷等进行分类，但按励磁方式分类则更有意义。因为不同励磁方式的直流电动机的特性有明显的区别，便于了解其特点。通常按励磁方式分类有：永磁、他励、并励、串励、复励等。各种励磁方式的直流电动机的特点和典型应用见表 5-6。

表 5-6　各种励磁方式的直流电动机的特点和典型应用

产品名称	性能特点				典型应用
	启动转矩倍数	力能指标	转速特点	其他	
并(他)励直流电动机	较大	高	易调速,转速变化率为5%～15%	机械特性硬	用于驱动不同负载下要求转速变化不大的机械,如泵、风机、小型机床、印刷机械等
复励直流电动机	较大,与串励程度有关,常可达额定转矩的4倍	高	易调速,转速变化率与串励程度有关,可达25%～30%	短时过载转矩大,约为额定转矩的3.5倍	用于驱动要求启动转矩较大而转速变化不大或冲击性的机械,如压缩机、冶金辅助传动机械等
串励直流电动机	很大,常可达额定转矩的5倍以上	高	转速变化率很大,空载转速高,调速范围宽	不允许空载运行	用于驱动要求启动转矩很大,经常启动,转速要求有很大变化的机械,如蓄电池供电车等
永磁直流电动机	较大	高	可调速	机械特性硬	主要用于家用电器、汽车电器、医疗器械以及工农业生产的小型器械驱动
无刷直流电动机	较大	高	调速范围宽	无火花,噪声小	用于要求低噪声、无火花的场合

5.3.5　直流电动机的使用与维护

(1) 直流电动机使用前的准备及检查

① 清扫电动机内部及换向器表面的灰尘、电刷粉末及污物等。

② 检查电动机的绝缘电阻,对于额定电压为500V以下的电动机,若绝缘电阻低于0.5MΩ时,需进行烘干后方能使用。

③ 检查换向器表面是否光洁,如发现有机械损伤、火花灼痕或换向片间云母凸出等,应对换向器进行保养。

④ 检查电刷边缘是否碎裂、刷辫是否完整,有无断裂或断股情况,电刷是否磨损到最短长度。

⑤ 检查电刷在刷握内有无卡涩或摆动情况,弹簧压力是否合适,各电刷的压力是否均匀。

⑥ 检查各部件的螺钉是否紧固。

⑦ 检查各操作机构是否灵活,位置是否正确。

(2) 改变直流电动机转向的方法

直流电动机旋转方向由其电枢导体受力方向来决定,如图 5-20 所示。根据左手定则,当电枢电流的方向或磁场的方向(即励磁电流的方向)两者之一反向时,电枢导体受力方向即改变,电动机旋转方向随之改变。但是,如果电枢电流和磁场两者方向同时改变,则电动机的旋转方向不变。

在实际工作中,常用改变电枢电流的方向来使电动机反转。这是因为励磁绕组的匝数多,

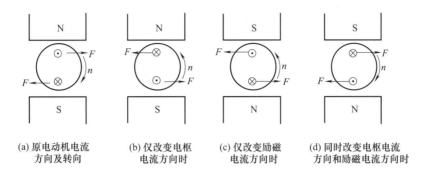

(a) 原电动机电流
方向及转向

(b) 仅改变电枢
电流方向时

(c) 仅改变励磁
电流方向时

(d) 同时改变电枢电流
方向和励磁电流方向时

图 5-20 直流电动机的受力方向和转向

电感较大，换接励磁绕组端头时火花较大，而且磁场过零时，电动机可能发生"飞车"事故。

(3) 使用串励直流电动机的注意事项

因为串励直流电动机空载或轻载时，$I_f = I_a \approx 0$，磁通 Φ 很小，由电路平衡关系可知，电枢只有以极高的转速旋转，才能产生足够大的感应电势 E_a 与电源电压 U 相平衡。若负载转矩为零，串励直流电动机的空载转速从理论上讲，将达到无穷大。实际上因电动机中有剩磁，串励直流电动机的空载转速达不到无穷大，但转速也会比额定情况下高出很多倍，以致达到危险的高转速，即所谓"飞车"。这是一种严重的事故，会造成电动机转子或其他机械的损坏。所以，串励直流电动机不允许在空载或轻载情况下运行，也不允许采用传动带等容易发生断裂或滑脱的传动机构传动，而应采用齿轮或联轴器传动。

(4) 直流电动机电刷的合理选用

增加电刷与换向片间的接触电阻，正确地选用电刷，对改善换向有很重要的意义。一般来说，碳-石墨电刷接触电阻最大，石墨电刷和电化石墨电刷次之，青铜-石墨电刷和紫铜-石墨电刷接触电阻最小。为减小附加换向电流，宜选用接触电阻大的电刷，但这时电刷接触压降将增大，随之，很可能发热也增大；另一方面，接触电阻较大的电刷其允许的电流密度一般较小，因而增加了电刷的接触面积和换向器的尺寸。因此，选用电刷时应考虑接触电阻、允许电流密度和最大速度（单位为 m/s），权衡得失，参考经验，慎重处之。通常，对于换向并不困难的中、小型直流电动机，多采用石墨电刷或电化石墨电刷；对于换向比较困难的直流电动机，常采用接触电阻较大的碳-石墨电刷；对于低压大电流直流电动机，则常采用接触电压降较小的青铜-石墨电刷或紫铜-石墨电刷。对于换向问题严重的大型直流电动机，电刷的选择应以电机制造厂的长期试验和运行经验为依据。

在更换电刷时，还应注意选用同一牌号的电刷或特性尽量相近的电刷，以免造成各电刷间电流分配不均匀而产生火花。

(5) 直流电动机运行中的维护

① 注意电动机声音是否正常，定、转子之间是否有摩擦。检查轴承或轴瓦有无异声。

② 经常测量电动机的电流和电压，注意不要过载。

③ 检查各部分的温度是否正常，并注意检查主电路的连接点、换向器、电刷刷辫、刷握及绝缘体有无过热变色和绝缘枯焦等不正常气味。

④ 检查换向器表面的氧化膜颜色是否正常，电刷与换向器间有无火花，换向器表面有无炭粉和油垢积聚，刷架和刷握上是否有积灰。

⑤ 检查各部分的振动情况，及时发现异常现象，消除设备隐患。

⑥ 检查电动机通风散热情况是否正常，通风道有无堵塞不畅情况。

● 5.3.6 直流电动机常见故障及其排除方法

直流电动机的常见故障及其排除方法见表 5-7。

表 5-7　直流电动机的常见故障及其排除方法

故障现象	可能原因	排除方法
电动机不能启动	①因电路发生故障,使电动机未通电 ②电枢绕组断路 ③励磁回路断路或接错 ④电刷与换向器接触不良或换向器表面不清洁 ⑤换向极或串励绕组接反,使电动机在负载下不能启动,空载下启动后工作也不稳定 ⑥启动器故障 ⑦电动机过载 ⑧启动电流太小 ⑨直流电源容量太小 ⑩电刷不在中性线上	①检查电源电压是否正常;开关触点是否完好;熔断器是否良好。查出故障,予以排除 ②查出断路点,并修复 ③检查励磁绕组和磁场变阻器有无断点;回路直流电阻值是否正常;各磁极的极性是否正确 ④清理换向器表面,修磨电刷,调整电刷弹簧压力 ⑤检查换向极和串励绕组极性,对错接者予以调换 ⑥检查启动器是否接线有错误或装配不良;启动器接点是否被烧坏;电阻丝是否烧断。应重新接线或整修 ⑦检查负载机械是否被卡住,使负载转矩大于电动机堵转转矩;负载是否过重。针对原因予以消除 ⑧检查启动电阻是否太大,应更换合适的启动器,或改接启动器内部接线 ⑨启动时如果电路电压明显下降,应更换直流电源 ⑩调整电刷位置,使之接近中性线
电动机转速过高	①电源电压过高 ②励磁电流太小 ③励磁绕组断线,使励磁电流为零,电动机飞速 ④串励电动机空载或轻载 ⑤电枢绕组短路 ⑥复励电动机串励绕组极性接错	①调节电源电压 ②检查磁场调节电阻是否过大;该电阻接点是否接触不良;检查励磁绕组有无匝间短路,使励磁磁动势减小 ③查出断线处,予以修复 ④避免空载或轻载运行 ⑤查出短路点,予以修复 ⑥查出接错处,重新连接
励磁绕组过热	①励磁绕组匝间短路 ②电动机气隙太大,导致励磁电流过大 ③电动机长期过压运行	①测量每一磁极的绕组电阻,判断有无匝间短路 ②拆开电动机,调整气隙 ③恢复正常额定电压运行
电枢绕组过热	①电枢绕组严重受潮 ②电枢绕组或换向片间短路 ③电枢绕组中,部分绕组元件的引线接反 ④定子、转子铁芯相擦 ⑤电动机的气隙相差过大,造成绕组电流不均衡 ⑥电枢绕组中均压线接错 ⑦电动机长期过载 ⑧电动机频繁启动或改变转向	①进行烘干,恢复绝缘 ②查出短路点,予以修复或重绕 ③查出绕组元件引线接反处,调整接线 ④检查定子磁极螺栓是否松脱;轴承是否松动、磨损;气隙是否均匀。查出故障,予以修复或更换 ⑤应调整气隙,使气隙均匀 ⑥查出接错处,重新连接 ⑦恢复额定负载下运行 ⑧应避免启动、变向过于频繁

续表

故障现象	可能原因	排除方法
电刷与换向器之间火花过大	①电刷磨得过短,弹簧压力不足 ②电刷与换向器接触不良 ③换向器云母凸出 ④电刷牌号不符合条件 ⑤刷握松动 ⑥刷杆装置不等分 ⑦刷握与换向器表面之间的距离过大 ⑧电刷与刷握配合不当 ⑨刷杆偏斜 ⑩换向器表面粗糙、不圆 ⑪换向器表面有电刷粉、油污等 ⑫换向片间绝缘损坏或片间嵌入金属颗粒造成短路 ⑬电刷偏离中性线过多 ⑭换向极绕组接反 ⑮换向极绕组短路 ⑯电枢绕组断路 ⑰电枢绕组和换向片脱焊 ⑱电枢绕组和换向片短路 ⑲电枢绕组中,有部分绕组元件接反 ⑳电动机过载 ㉑电压过高	①更换电刷,调整弹簧压力 ②研磨电刷与换向器表面,研磨后轻载运行一段时间进行磨合 ③重新下刻云母片 ④更换与原牌号相同的电刷 ⑤紧固刷握螺栓,并使刷握与换向器表面平行 ⑥可根据换向片的数目,重新调整刷杆间的距离 ⑦一般调到2~3mm ⑧不能过松或过紧,要保证在热态时,电刷在刷握中能自由滑动 ⑨调整刷杆与换向器的平行度 ⑩研磨或车削换向器外圆 ⑪清洁换向器表面 ⑫查出短路点,消除短路故障 ⑬调整电刷位置,减小火花 ⑭检查换向极极性,在发电机中,换向极的极性应为沿电枢旋转方向,与下一个主磁极的极性相同;而在电动机中,则与之相反 ⑮查出短路点,恢复绝缘 ⑯查出断路元件,予以修复 ⑰查出脱焊处,并重新焊接 ⑱查出短路点,并予以消除 ⑲查出接错的绕组元件,并重新连接 ⑳恢复正常负载 ㉑调整电源电压为额定值

>>> 5.4 单相串励电动机

⃝ 5.4.1 单相串励电动机的用途和特点

单相串励电动机曾称单相串激电动机,是一种交直流两用的有换向器的电动机。

单相串励电动机主要用于要求转速高、体积小、重量轻、启动转矩大和对调速性能要求高的小功率电气设备中,例如电动工具、家用电器、小型机床、化工、医疗器械等。

单相串励电动机常常和电动工具等制成一体,如电锤、电钻、电动扳手等。单相串励电动机有以下特点。

单相串励电动机的优点:

① 转速高、体积小、重量轻。单相串励电动机的转速不受电动机的极数和电源频率的限制。

② 调速方便。改变输入电压的大小,即可调节单相串励电动机的转速。

③ 启动转矩大、过载能力强。

单相串励电动机的主要缺点:

① 换向困难,电刷容易产生火花。

② 结构复杂,成本较高。

③ 噪声较大，运行可靠性较差。

● 5.4.2　单相串励电动机的基本结构

单相串励电动机的基本结构如图 5-21 所示。它主要由定子、电枢、换向器、电刷、刷架、机壳、轴承等几部分组成，其结构与一般小型直流电动机相似。

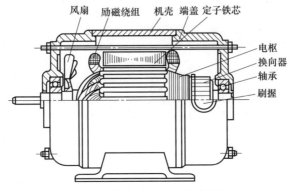

图 5-21　单相串励电动机的结构

① 定子：定子由定子铁芯和励磁绕组（原称激磁绕组）组成，如图 5-22 所示。定子铁芯用 0.5mm 厚的硅钢片冲制的凸极形冲片叠压而成，如图 5-22（a）所示。励磁绕组是用高强度漆包线绕制成的集中绕组，如图 5-22（b）所示。

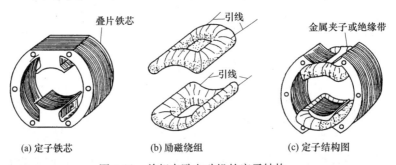

(a) 定子铁芯　　　　　(b) 励磁绕组　　　　　(c) 定子结构图

图 5-22　单相串励电动机的定子结构

② 电枢（转子）：电枢是单相串励电动机的转动部分，它由转轴、电枢铁芯、电枢绕组和换向器等组成，如图 5-23 所示。

电枢铁芯由 0.35～0.5mm 厚的硅钢片叠压而成，铁芯表面开有很多槽，用以嵌放电枢绕组。电枢绕组由许多单元绕组（又称元件）构成。每个单元绕组的首端和尾端都有引出线，单元绕组的引出线与换向片按一定的规律连接，从而使电枢绕组构成闭合回路。

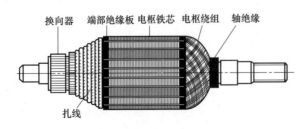

图 5-23　单相串励电动机的电枢

③ 电刷架和换向器：单相串励电动机的电刷架一般由刷握和弹簧等组成。刷握按其结构形式可分为管式和盒式两大类。刷握的作用是保证电刷在换向器

上有准确的位置，从而保证电刷与换向器的接触全面且紧密。

换向器（原称整流子）是由许多换向片组成的，各个换向片之间都要彼此绝缘。单相串励电动机采用的换向器一般有半塑料和全塑料两种。

◯ 5.4.3 单相串励电动机的工作原理

单相串励电动机的工作原理如图 5-24 所示。由于其励磁绕组与电枢绕组是串联的，所以当接入交流电源时，励磁绕组和电枢绕组的电流随着电源电流的交变而同时改变方向。

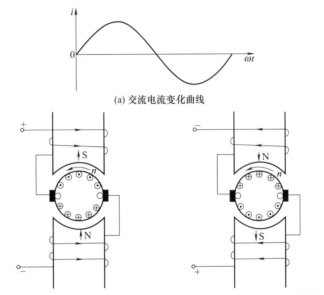

(a) 交流电流变化曲线

(b) 当电流为正半波时转子的旋转方向　　(c) 当电流为负半波时转子的旋转方向

图 5-24　单相串励电动机的工作原理

当电流为正半波时，流经励磁绕组的电流所产生的磁场与电枢绕组中的电流相互作用，使电枢导体受到电磁力。根据左手定则可以判定，电枢绕组所受电磁转矩为逆时针方向。因此，电枢逆时针方向旋转，如图 5-24（b）所示。

当电流为负半波时，励磁绕组中的电流和电枢绕组中的电流同时改变方向，如图 5-24（c）所示。同样应用左手定则，可以判断出电动机电枢的旋转方向仍为逆时针方向。显然当电源极性周期性地变化时，电枢总是朝一个方向旋转，所以单相串励电动机可以在交、直流两种电源上使用。

在实际应用中，如果需要改变单相串励电动机的转向，只需将励磁绕组（或电枢绕组）的首尾端调换一下即可。

单相串励电动机与串励直流电动机有哪些不同之处？

单相串励电动机的基本结构与一般小型直流电动机相似，但是，单相串励电动机和串励直流电动机比较，具有以下特点：

① 单相串励电动机的主极磁通是交变的，它将在主极铁芯中引起很大的铁耗，使电动机效率降低、温升提高。为此，单相串励电动机的主极铁芯以及整个磁路系统均需用硅钢片叠成。

② 由于单相串励电动机的主极磁通是交变的，所以在换向元件中除了电抗电动势和旋转电动势外，还将增加一个变压器电动势，从而使其换向比直流电动机更困难。

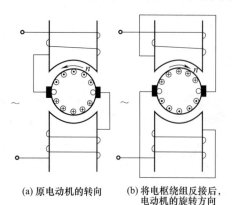

(a) 原电动机的转向　　(b) 将电枢绕组反接后，电动机的旋转方向

图 5-25　改变单相串励电动机的转向

③ 由于单相串励电动机主极磁通是交变的，为了减小励磁绕组的电抗以改善功率因数，应减少励磁绕组的匝数，这时为了保持一定的主磁通，应尽可能采用较小的气隙。

④ 为了减小电枢绕组的电抗以改善功率因数，除电动工具用的小容量电动机外，单相串励电动机一般都在主极铁芯上装置补偿绕组，以抵消电枢反应。

在实际应用中，如果需要改变单相串励电动机的转向，只需将励磁绕组（或电枢绕组）的首尾端调换一下即可，如图 5-25 所示。

◉ 5.4.4　单相串励电动机的使用与维护

（1）单相电动机使用前的准备及检查

① 清扫电动机内部及换向器表面的灰尘、电刷粉末及污物等。

② 检查电动机的绝缘电阻，对于额定电压为 500V 以下的电动机，若绝缘电阻低于 0.5MΩ 时，需进行烘干后方能使用。

③ 检查换向器表面是否光洁，如发现有机械损伤、火花灼痕或换向片间云母凸出等，应对换向器进行保养。

④ 检查电刷边缘是否碎裂、刷辫是否完整，有无断裂或断股情况，电刷是否磨损到最短长度。

⑤ 检查电刷在刷握内有无卡涩或摆动情况，弹簧压力是否合适，各电刷的压力是否均匀。

⑥ 检查各部件的螺钉是否紧固。

⑦ 检查各操作机构是否灵活，位置是否正确。

（2）单相串励电动机运行中的维护

① 注意电动机声音是否正常，定、转子之间是否有摩擦。检查轴承或轴瓦有无异声。

② 经常测量电动机的电流和电压，注意不要过载。

③ 检查各部分的温度是否正常，并注意检查主电路的连接点、换向器、电刷刷辫、刷握及绝缘体有无过热变色和绝缘枯焦等不正常气味。

④ 检查换向器表面的氧化膜颜色是否正常，电刷与换向器间有无火花，换向器表面有无炭粉和油垢积聚，刷架和刷握上是否有积灰。

⑤ 检查各部分的振动情况，及时发现异常现象，消除设备隐患。

⑥ 检查电动机通风散热情况是否正常，通风道有无堵塞不畅情况。

第6章

低压电器的使用与维护

>>> 6.1 低压电器概述

◎ 6.1.1 低压电器的特点

电器是指能够根据外界的要求或所施加的信号，自动或手动地接通或断开电路，从而连续或断续地改变电路的参数或状态，以实现对电路或非电对象的切换、控制、保护、检测和调节的电气设备。简单地说，电器就是接通或断开电路或调节、控制、保护电路和设备的电工器具或装置。电器按工作电压高低可分为高压电器和低压电器两大类。

低压电器通常是指用于交流 50Hz（或 60Hz）、额定电压为 1200V 及以下、直流额定电压为 1500V 及以下的电路内起通断、保护、控制或调节作用的电器。

近年来，我国低压电器产品发展很快，通过自行设计新产品和从国外著名厂家引进技术，产品品种和质量都有明显的提高，符合新国家标准、部颁标准和达到国际电工委员会（IEC）标准的产品不断增加。当前，低压电器继续沿着体积小、重量轻、安全可靠、使用方便的方向发展，主要途径是利用微电子技术提高传统电器的性能；在产品品种方面，大力发展电子化的新型控制器，如接近开关、光电开关、电子式时间继电器、固态继电器等，以适应控制系统迅速电子化的需要。

◎ 6.1.2 低压电器的种类

低压电器的种类繁多，结构各异，功能多样，用途广泛，其分类方法很多。按不同的分类方式有着不同的类型。

(1) 按用途分类

① 配电电器　配电电器主要用于低压配电系统和动力装置中，包括刀开关、转换开关、断路器和熔断器等。

② 控制电器　控制电器主要用于电力拖动及自动控制系统，包括接触器、继电器、起动器、控制器、主令电器、电阻器、变阻器和电磁铁等。

低压电器按用途分类见表 6-1。

表 6-1　低压电器按用途分类

电器名称		主要品种	用　途
配电电器	刀开关	刀开关 熔断器式刀开关 开启式负荷开关 封闭式负荷开关	主要用于电路隔离，也能接通和分断额定电流
	转换开关	组合开关 换向开关	用于两种以上电源或负载的转换和通断电路
	断路器	万能式断路器 塑料外壳式断路器 限流式断路器 漏电保护断路器	用于线路过载、短路或欠压保护，也可用作不频繁接通和分断电路
	熔断器	半封闭插入式熔断器 无填料熔断器 有填料熔断器 快速熔断器 自复熔断器	用于线路或电气设备的短路和过载保护
控制电器	接触器	交流接触器 直流接触器	主要用于远距离频繁启动或控制电动机，以及接通和分断正常工作的电路
	继电器	电流继电器 电压继电器 时间继电器 中间继电器 热继电器	主要用于控制系统中，控制其他电器或作主路的保护
	起动器	电磁起动器 减压起动器	主要用于电动机的启动和正反向控制
	控制器	凸轮控制器 平面控制器 鼓形控制器	主要用于电气控制设备中转换主回路或励磁回路的接法，以达到电动机启动、换向和调速的目的
	主令电器	控制按钮 行程开关 主令控制器 万能转换开关	主要用于接通和分断控制电路
	电阻器	铁基合金电阻	用于改变电路的电压、电流等参数或变电能为热能
	变阻器	励磁变阻器 启动变阻器 频敏变阻器	主要用于发电机调压以及电动机的减压启动和调速
	电磁铁	起重电磁铁 牵引电磁铁 制动电磁铁	用于起重、操纵或牵引机械装置

(2) 按操作方式分类

① 自动电器　自动电器是指通过电磁或气动机构动作来完成接通、分断、启动和停止等动作的电器，它主要包括接触器、断路器、继电器等。

② 手动电器　手动电器是指通过人力来完成接通、分断、启动和停止等动作的电器，它主要包括刀开关、转换开关和主令电器等。

(3) 按工作条件分类

① 一般工业用电器　这类电器用于机械制造等正常环境条件下的配电系统和电力拖动

控制系统，是低压电器的基础产品。

② 化工电器　化工电器的主要技术要求是耐腐蚀。

③ 矿用电器　矿用电器的主要技术要求是能防爆。

④ 牵引电器　牵引电器的主要技术要求是耐振动和冲击。

⑤ 船用电器　船用电器的主要技术要求是耐腐蚀、颠簸和冲击。

⑥ 航空电器　航空电器的主要技术要求是体积小、重量轻、耐振动和冲击。

（4）按工作原理分类

① 电磁式电器　电磁式电器的感测元件接收的是电流或电压等电量信号。

② 非电量控制电器　这类电器的感测元件接收的信号是热量、温度、转速、机械力等非电量信号。

（5）按使用类别分类

低压交流接触器和电动机启动器常用的使用类别如下：

① AC-1 用于无感或低感负载，电阻炉等；

② AC-2 用于绕线转子异步电动机的启动、分断等；

③ AC-3 用于笼型异步电动机的启动、分断等；

④ AC-4 用于笼型异步电动机的启动、反接制动或反向运转、点动等。

≫ 6.2　刀开关

○ 6.2.1　刀开关的用途分类

（1）刀开关的用途

刀开关又称闸刀开关，是一种带有动触点（触刀），在闭合位置与底座上的静触点（刀座）相契合（或分离）的一种开关。它是手控电器中最简单而使用又较广泛的一种低压电器，主要用于各种配电设备和供电电路，可作为非频繁地接通和分断容量不大的低压供电线路之用，如照明线路或小型电动机线路。当能满足隔离功能要求时，闸刀开关也可以用来隔离电源。

（2）刀开关的分类

根据工作条件和用途的不同，刀开关有不同的结构形式，但工作原理是一致的。刀开关按极数可分为单极、双极、三极和四极；按切换功能（位置数）可分为单投和双投开关；按操作方式可分为中央手柄式和带杠杆操作机构式。

刀开关主要有开启式刀开关、封闭式负荷开关（铁壳开关）、开启式负荷开关（胶盖瓷底闸刀开关）、熔断器式刀开关、熔断器式隔离器、组合开关等，产品种类很多，尤其是近几年不断出现新产品、新型号，其可靠性越来越高。

转换开关是刀开关的一种形式，它用于主电路中，可将一组已连接的器件转换到另一组已连接的器件。其中采用刀开关结构形式的，称为刀形转换开关，采用叠装式触点元件组合成旋转操作的，称为组合开关。

◎6.2.2　开启式负荷开关的选用与维护

(1) 开启式负荷开关的结构

开启式负荷开关的结构如图 6-1 所示，主要由瓷质手柄、触刀（又称动触点）、触刀座、进线座、出线座、熔丝、瓷底座、上胶盖、下胶盖及紧固螺母等零件装配而成。各系列产品的结构只是在胶盖方面有些不同，如有的上胶盖做成半圆形，有利于熄灭电弧；下胶盖则做成平的。

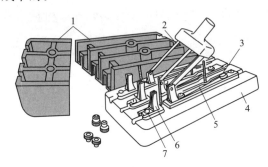

图 6-1　开启式负荷开关
1—胶盖；2—闸刀；3—出线座；4—瓷底座；
5—熔丝；6—触刀座；7—进线座

(2) 开启式负荷开关的选择

① 额定电压的选择　开启式负荷开关用于照明电路时，可选用额定电压为 220V 或 250V 的二极开关；用于小容量三相异步电动机时，可选用额定电压为 380V 或 500V 的三极开关。

② 额定电流的选择　在正常的情况下，开启式负荷开关一般可以接通或分断其额定电流。因此，当开启式负荷开关用于普通负载（如照明或电热设备）时，负荷开关的额定电流应等于或大于开断电路中各个负载额定电流的总和。

当开启式负荷开关被用于控制电动机时，考虑到电动机的启动电流可达额定电流的 4～7 倍，因此不能按照电动机的额定电流来选用，而应把开启式负荷开关的额定电流选得大一些，换句话说，即负荷开关应适当降低容量使用。根据经验，负荷开关的额定电流一般可选为电动机额定电流的 3 倍左右。

③ 熔丝的选择

a. 对于变压器、电热器和照明电路，熔丝的额定电流宜等于或稍大于实际负载电流。

b. 对于配电线路，熔丝的额定电流宜等于或略小于线路的安全电流。

c. 对于电动机，熔丝的额定电流一般为电动机额定电流的 1.5～2.5 倍。在重载启动和全电压启动的场合，应取较大的数值；而在轻载启动和减压启动的场合，则应取较小的数值。

(3) 开启式负荷开关的安装

① 开启式负荷开关必须垂直地安装在控制屏或开关板上，并使进线座在上方（即在合闸状态时，手柄应向上），不准横装或倒装，更不允许将负荷开关放在地上使用。

② 接线时，电源进线应接在上端进线座，而用电负载应接在下端出线座。这样当开关断开时，触刀（闸刀）和熔丝上均不带电，以保证换装熔丝时的安全。

③ 刀开关和进出线的连接螺钉应牢固可靠、接触良好，否则接触处温度会明显升高，引起发热甚至发生事故。

(4) 开启式负荷开关的使用与维护

① 开启式负荷开关的防尘、防水和防潮性能都很差，不可放在地上使用，更不应在户外、特别是农田作业中使用，因为这样使用时易发生事故。

② 开启式负荷开关的胶盖和瓷底板（座）都易碎裂，一旦发生了这种情况，就不宜继续使用，以防发生人身触电伤亡事故。

③ 由于过负荷或短路故障而使熔丝熔断，待故障排除后需要重新更换熔丝时，必须在触刀（闸刀）断开的情况下进行，而且应换上与原熔丝相同规格的新熔丝，并注意勿使熔丝受到机械损伤。

④ 更换熔丝时，应特别注意观察绝缘瓷底板（座）及上、下胶盖部分。这是由于熔丝熔化后，在电弧的作用下，绝缘瓷底板（座）和胶盖内壁表面会附着一层金属粉粒，这些金属粉粒将会造成绝缘部分的绝缘性能下降，甚至不绝缘，致使重新合闸送电的瞬间，易造成开关本体相间短路。因此，应先用干燥的棉布或棉丝将金属粉粒擦净，再更换熔丝。

⑤ 当负载较大时，为防止开关本体相间短路现象的发生，通常将开启式负荷开关与熔断器配合使用。熔断器装在开关的负载一侧，开关本体不再装熔丝，在应装熔丝的接点上安装与线路导线截面积相同的铜线。此时，开启式负荷开关只作开关使用，短路保护及过负荷保护由熔断器完成。

◎ 6.2.3　封闭式负荷开关的选用与维护

（1）封闭式负荷开关的结构

封闭式负荷开关主要由触点及灭弧系统、熔断器以及操作机构等三部分共装于一个防护外壳内构成，其外形如图6-2所示，它主要由闸刀、夹座、熔断器、铁壳、速断弹簧、转轴和手柄等组成。

（2）封闭式负荷开关的选择

① 额定电压的选择　当封闭式负荷开关用于控制一般照明、电热电路时，开关的额定电流应等于或大于被控制电路中各个负载额定电流之和。当用封闭式负荷开关控制异步电动机时，考虑到异步电动机的启动电流为额定电流的4～7倍，故开关的额定电流应为电动机额定电流的1.5倍左右。

图6-2　封闭式负荷开关

② 与控制对象的配合　由于封闭式负荷开关不带过载保护，只有熔断器用作短路保护，很可能因一相熔断器熔断，而导致电动机缺相运行（又称单相运行）故障。另外，根据使用经验，用负荷开关控制大容量的异步电动机时，有可能发生弧光烧手事故。所以，一般只用额定电流为60A及以下等级的封闭式负荷开关，作为小容量异步电动机非频繁直接启动的控制开关。

另外，考虑到封闭式负荷开关配用的熔断器的分断能力一般偏低，所以它应当装在短路电流不太大的线路末端。

（3）封闭式负荷开关的安装

① 尽管封闭式负荷开关设有联锁装置以防止操作人员触电，但仍应当注意按照规定进行安装。开关必须垂直安装在配电板上，安装高度以安全和操作方便为原则，严禁倒装和横装，更不允许放在地上，以免发生危险。

② 开关的金属外壳应可靠接地或接零，严禁在开关上方放置金属零件，以免掉入开关内部发生相间短路事故。

③ 开关的进出线应穿过开关的进出线孔并加装橡胶垫圈，以防检修时因漏电而发生危险。

④ 接线时，应将电源线牢靠地接在电源进线座的接线端子上，如果接错了将会给检修工作带来不安全因素。

⑤ 保证开关外壳完好无损，机械联锁正确。

(4) 封闭式负荷开关的使用和维护

① 封闭式负荷开关不允许放在地上使用。

② 不允许面对着开关进行操作，以免万一发生故障而开关又分断不了短路电流时，铁壳爆炸飞出伤人。

③ 严禁在开关上方放置紧固件及其他金属零件，以免它们掉入开关内部造成相间短路事故。

④ 检查封闭式负荷开关的机械联锁是否正常，速断（动）弹簧有无锈蚀变形。

⑤ 检查压线螺钉是否完好，能否拧紧而不松扣。

⑥ 经常保持外壳及开关内部清洁，不致积上尘垢。

⑥ 6.2.4 组合开关的选用与维护

(1) 组合开关的基本结构

组合开关（又称转换开关）实质上也是一种刀开关，只不过一般刀开关的操作手柄是在垂直于其安装面的平面内向上或向下转动的，而组合开关的操作手柄则是在平行于其安装面的平面内向左或向右转动而已。组合开关由于其可实现多组触点组合而得名，实际上是一种转换开关。

组合开关的外形和结构如图 6-3 所示，它主要由接线柱、绝缘杆、手柄、转轴、弹簧、凸轮、绝缘垫板、动触点、静触点等部件组成。

(2) 组合开关的选择

组合开关是一种体积小、接线方式多、使用非常方便的开关电器。选择组合开关时应注意以下几点：

① 组合开关应根据用电设备的电压等级、容量和所需触点数进行选用。组合开关用于一般照明、电热电路时，其额定电流应等于或大于被控制电路中各负载电流的总和；组合开关用于控制电动机时，其额定电流一般取电动机额定电流的 1.5～2.5 倍。

② 组合开关接线方式很多，应根据需要，正确地选择相应规格的产品。

③ 组合开关本身是不带过载保护和短路保护的，如果需要这类保护，应另设其他保护电器。

④ 虽然组合开关的电寿命比较高，但当操作频率超过 300 次/h 或负载功率因数低于规定值时，开关需要降低容量使用。否则，不仅会降低开关的使用寿命，有时还可能因持续燃弧而发生事故。

⑤ 一般情况下，当负载的功率因数小于 0.5 时，由于熄弧困难，不易采用 HZ 系列的

组合开关。

（3）组合开关的安装

① 组合开关应安装在控制箱内，其操作手柄最好是在控制箱的前面或侧面。

② 在安装时，应按照规定接线，并将组合开关的固定螺母拧紧。

（4）组合开关的使用和维护

① 由于组合开关的通断能力较低，故不能用来分断故障电流。当用于控制电动机作可逆运转时，必须在电动机完全停止转动后，才允许反向接通。

② 当操作频率过高或负载功率因数较低时，组合开关要降低容量使用，否则会影响开关寿命。

③ 在使用时应注意，组合开关每小时的转换次数一般不超过 15～20 次。

④ 应经常检查开关固定螺钉是否松动，以免引起导线压接松动，造成外部连接点放电、打火、烧蚀或断路。

⑤ 应经常检查开关内部的动、静触片的接触情况，防止造成内部接点起弧烧蚀。

⑥ 检修组合开关时，应注意检查开关内部的动、静触片接触情况，以免造成内部接点起弧烧蚀。

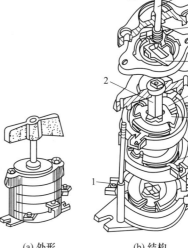

(a) 外形　　　　(b) 结构

图 6-3　组合开关的外形和结构
1—接线柱；2—绝缘杆；3—手柄；
4—转轴；5—弹簧；6—凸轮；
7—绝缘垫板；8—动触点；9—静触点

⋙ 6.3　熔断器

○ 6.3.1　熔断器的用途与种类

（1）熔断器的用途

熔断器是一种起保护作用的电器，它串联在被保护的电路中，当线路或电气设备的电流超过规定值足够长的时间后，其自身产生的热量能够熔断一个或几个特殊设计的相应的部件，断开其所接入的电路并分断电源，从而起到保护作用。熔断器包括组成完整电器的所有部件。

熔断器结构简单、使用方便、价格低廉，广泛应用于低压配电系统和控制电路中，主要作为短路保护元件，也常作为单台电气设备的过载保护元件。

（2）按结构形式分类

熔断器按结构形式可分为：

① 插入式熔断器；

② 无填料密闭管式熔断器；

③ 有填料封闭管式熔断器；

④ 快速熔断器。

6.3.2　常用熔断器的结构

（1）插入式熔断器

插入式熔断器又称瓷插式熔断器，指熔断体靠导电插件插入底座的熔断器。它具有结构简单、价格低廉、更换熔体方便等优点，被广泛用于照明电路和小容量电动机的短路保护。

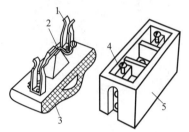

图6-4　RC1A系列插入式熔断器结构

1—动触点；2—熔丝；3—瓷盖；
4—静触点；5—瓷座

常用的插入式熔断器主要是RC1A系列产品，其结构如图6-4所示，它由瓷盖、瓷座、动触点、静触点和熔丝等组成。

（2）螺旋式熔断器

螺旋式熔断器是指带熔断体的载熔件靠螺纹旋入底座而固定于底座的熔断器，它实质上是一种有填料封闭式熔断器，具有断流能力大、体积小、熔丝熔断后能显示、更换熔丝方便、安全可靠等特点。螺旋式熔断器的外形和结构如图6-5所示。

使用螺旋式熔断器时必须注意，用电设备的连接线应接到金属螺旋壳的上接线端，电源线应接到底座的下接线端。这样，更换熔管时金属螺旋壳上就不会带电，保证用电安全。

（3）无填料封闭管式熔断器

无填料封闭管式熔断器（又称无填料密闭管式熔断器或无填料密封管式熔断器）是指熔体被密闭在不充填料的熔管内的熔断器。常用的无填料封闭管式熔断器产品主要是RM10系列。无填料封闭管式熔断器的外形和结构如图6-6所示。

（4）有填料封闭管式熔断器

有填料封闭管式熔断器是指熔体被封闭在充有颗粒、粉末等灭弧填料的熔管内的熔断器。

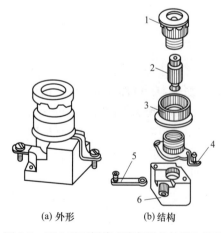

图6-5　RL1系列螺旋式熔断器的外形和结构

1—瓷帽；2—熔管；3—瓷套；
4—上接线端；5—下接线端；6—底座

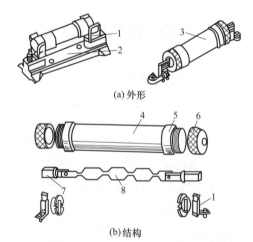

图6-6　RM10系列无填料封闭管式熔断器的外形和结构

1—夹座；2—底座；3—熔管；4—钢纸管；
5—黄铜管；6—黄铜帽；7—触刀；8—熔体

它为增强熔断器的灭弧能力，在其熔管中填充了石英砂等介质材料。石英砂具有较好的导热性能、绝缘性能，而且其颗粒状的外形增大了同电弧的接触面积，便于吸收电弧的能量，使电弧快速冷却，从而可以加快灭弧过程。有填料封闭管式熔断器的外形和结构如图 6-7 所示。

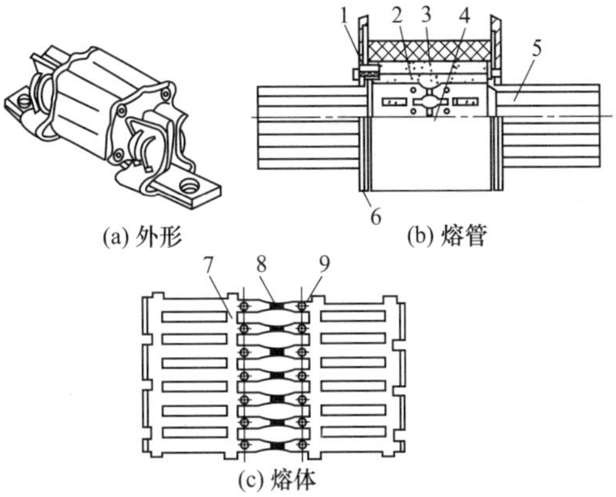

(a) 外形   (b) 熔管

(c) 熔体

图 6-7 RT0 系列有填料封闭管式熔断器的外形和结构
1—熔断指示器；2—指示器熔体；3—石英砂；
4—工作熔体；5—触刀；6—盖板；
7—引弧栅；8—锡桥；9—变截面小孔

6.3.3 熔断器的选择

(1) 熔断器选择的一般原则

① 应根据使用条件确定熔断器的类型。

② 选择熔断器的规格时，应首先选定熔体的规格，然后再根据熔体去选择熔断器的规格。

③ 熔断器的保护特性应与被保护对象的过载特性有良好的配合。

④ 在配电系统中，各级熔断器应相互匹配，一般上一级熔体的额定电流要比下一级熔体的额定电流大 2~3 倍。

⑤ 对于保护电动机的熔断器，应注意电动机启动电流的影响。熔断器一般只作为电动机的短路保护，过载保护应采用热继电器。

(2) 熔断器类型的选择

熔断器主要根据负载的情况和电路短路电流的大小来选择类型，例如，对于容量较小的照明线路或电动机的保护，宜采用 RC1A 系列插入式熔断器或 RM10 系列无填料密闭管式熔断器；对于短路电流较大的电路或有易燃气体的场合，宜采用具有高分断能力的 RL 系列螺旋式熔断器或 RT（包括 NT）系列有填料封闭管式熔断器；对于保护硅整流器件及晶闸管的场合，应采用快速熔断器。

熔断器的形式也要考虑使用环境，例如，管式熔断器常用于大型设备及容量较大的变电场合；插入式熔断器常用于无振动的场合；螺旋式熔断器多用于机床配电；电子设备一般采用熔丝座。

(3) 熔体额定电流的选择

① 对于照明电路和电热设备等电阻性负载，因为其负载电流比较稳定，可用作过载保护和短路保护，所以熔体的额定电流（I_{RN}）应等于或稍大于负载的额定电流（I_{FN}），即

$$I_{RN} = 1.1 I_{FN}$$

② 电动机的启动电流很大，因此对电动机只宜作短路保护，其熔体的额定电流的选择，见本书第 5 章第 5.1.6 节。

6.3.4 熔断器的安装

① 安装前，应检查熔断器的额定电压是否大于或等于线路的额定电压，熔断器的额定分断能力是否大于线路中预期的短路电流，熔体的额定电流是否小于或等于熔断器支持件的

额定电流。

② 熔断器一般应垂直安装,应保证熔体与触刀以及触刀与刀座的接触良好,并能防止电弧飞落到临近带电部分上。

③ 安装时应注意不要让熔体受到机械损伤,以免因熔体截面变小而发生误动作。

④ 安装时应注意使熔断器周围介质温度与被保护对象周围介质温度尽可能一致,以免保护特性产生误差。

⑤ 安装必须可靠,以免有一相接触不良,出现相当于一相断路的情况,致使电动机因断相运行而烧毁。

⑥ 安装带有熔断指示器的熔断器时,指示器的方向应装在便于观察的位置。

⑦ 熔断器两端的连接线应连接可靠,螺钉应拧紧。如接触不好,会使接触部分过热,热量传至熔体,使熔体温度过高,引起误动作。有时因接触不好产生火花,将会干扰弱电装置。

⑧ 熔断器的安装位置应便于更换熔体。

⑨ 安装螺旋式熔断器时,熔断器的下接线板的接线端应在上方,并与电源线连接。连接金属螺纹壳体的接线端应装在下方,并与用电设备相连,有油漆标志端向外,两熔断器间的距离应留有手拧的空间,不宜过近。这样更换熔体时螺纹壳体上就不会带电,以保证人身安全。

○ 6.3.5 熔断器的使用与维护

① 熔体烧断后,应先查明原因,排除故障。分清熔断器是在过载电流下熔断,还是在分断极限电流下熔断。一般在过载电流下熔断时响声不大,熔体仅在一两处熔断,且管壁没有大量熔体蒸发物附着和烧焦现象;而分断极限电流熔断时与上面情况相反。

② 更换熔体时,必须选用原规格的熔体,不得用其他规格熔体代替,也不能用多根熔体代替一根较大熔体,更不准用细铜丝或铁丝来替代,以免发生重大事故。

③ 更换熔体(或熔管)时,一定要先切断电源,将开关断开,不要带电操作,以免触电,尤其不得在负荷未断开时带电更换熔体,以免电弧烧伤。

④ 熔断器的插入和拔出应使用绝缘手套等防护工具,不准用手直接操作或使用不适当的工具,以免发生危险。

⑤ 更换无填料密闭管式熔断器熔片时,应先查明熔片规格,并清理管内壁污垢后再安装新熔片,且要拧紧两头端盖。

⑥ 更换瓷插式熔断器熔丝时,熔丝应沿螺钉顺时针方向弯曲一圈,压在垫圈下拧紧。

⑦ 更换熔体前,应先清除接触面上的污垢,再装上熔体,且不得使熔体发生机械损伤,以免因熔体截面变小而发生误动作。

⑧ 运行中如有两相断相,更换熔断器时应同时更换三相。因为没有熔断的那相熔断器实际上已经受到损害,若不及时更换,很快也会断相。

⑨ 更换熔体时,不要使熔体受机械损伤。熔体一般软而易断,容易发生断裂或截面减小,这将降低额定电流值,影响设备运行。

⑩ 更换熔体时,应注意熔体的电压值、电流值及片数,并要使熔体与管子相配合,不可把熔体硬拉硬弯装在不相配的管子里,更不能找一根铜线代替熔体凑合使用。

⑪ 对封闭管式熔断器,管子不能用其他绝缘代替,否则容易炸裂管子,发生人身伤害事故。也不能在熔断器管上钻孔,因为钻孔会使灭弧困难,可能会喷出高温金属和气体,对

人和周围设备非常危险。

⑫ 当熔体熔断后，特别是在分断极限电流后，经常有熔体的熔渣熔化在管的表面，因此，在更换新熔体前，应仔细擦净管子内表面和接触部分的熔渣、烟尘和尘埃等。当熔断器已经达到所规定的分断极限电流的次数时，即使用眼睛观察没有发现管子有损伤现象，也不宜继续使用，应更换新管子。

》》》 6.4 断路器

6.4.1 断路器的用途与分类

(1) 断路器的用途

断路器曾称自动开关，是指能接通、承载以及分断正常电路条件下的电流，也能在规定的非正常电路条件（例如短路）下接通、承载一定时间和分断电流的一种机械开关电器。按规定条件，断路器可对配电电路、电动机或其他用电设备实行通断操作并起保护作用，即当电路内出现过载、短路或欠电压等情况时能自动分断电路。

通俗地讲，断路器是一种可以自动切断故障线路的保护开关，它既可用来接通和分断正常的负载电流、电动机的工作电流和过载电流，也可用来接通和分断短路电流，在正常情况下还可以用于不频繁地接通和断开电路以及控制电动机的启动和停止。

断路器具有动作值可调整、兼具过载和保护两种功能、安装方便、分断能力强的特点，特别是在分断故障电流后一般不需要更换零部件，因此应用非常广泛。

(2) 断路器的分类

断路器的类型很多，常用的分类方法见表 6-2。

表 6-2 断路器的分类

项目	种 类
按使用类别分类	断路器按使用类别，可分为非选择型(A类)和选择型(B类)两类
按结构形式分类	断路器按结构形式，可分为万能式(曾称框架式)和塑料外壳式(曾称装置式)
按操作方式分类	断路器按操作方式，可分为人力操作(手动)和无人力操作(电动、储能)
按极数分类	断路器按极数，可分为单极、两极、三极和四极式
按安装方式分类	断路器按安装方式，可分为固定式、插入式和抽屉式等
按灭弧介质分类	断路器按灭弧介质，可分为空气式和真空式，目前国产断路器空气式较多
按灭弧技术分类	断路器按采用的灭弧技术，可分为零点灭弧式和限流式两类 ① 零点灭弧式可使被触点拉开的电弧在交流电流自然过零时熄灭 ② 限流式可把峰值预期短路电流限制到一个较小的截断电流
按用途分类	断路器按用途，可分为配电用、电动机保护用、家用和类似场所用、剩余电流(漏电)保护用、特殊用途用等

6.4.2 常用断路器的结构

(1) 万能式断路器

万能式断路器曾称为框架式断路器，这种断路器一般都有一个钢制的框架（小容量的也可用塑料底板加金属支架构成），所有零部件均安装在这个框架内，主要零部件都是裸露的，导电部分需先进行绝缘，再安装在底座上，而且部件大多可以拆卸，便于装配和调整。DW16系列万能式断路器如图6-8所示。

(2) 塑料外壳式断路器

塑料外壳式断路器曾称为装置式断路器，这种断路器的所有零部件都安装在一个塑料外壳中，没有裸露的带电部分，使用比较安全。塑料外壳式断路器的外形如图6-9所示，其主要由绝缘外壳、触点系统、操作机构和脱扣器四部分组成。

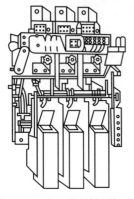

图 6-8　DW16系列低压断路器

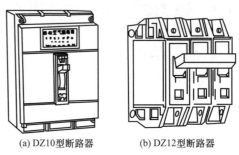

(a) DZ10型断路器　　(b) DZ12型断路器

图 6-9　塑壳断路器外形图

● 6.4.3　断路器的选择

(1) 类型的选择

应根据电路的额定电流、保护要求和断路器的结构特点来选择断路器的类型。例如：

① 对于额定电流600A以下，短路电流不大的场合，一般选用塑料外壳式断路器；

② 若额定电流比较大，则应选用万能式断路器；若短路电流相当大，则应选用限流式断路器；

③ 在有漏电保护要求时，还应选用漏电保护式断路器。

需要说明的是：近年来，塑料外壳式断路器的额定电流等级在不断地提高，现已出现了不少大容量塑料外壳式断路器；而对于万能式断路器则由于新技术、新材料的应用，体积、重量也在不断减小。从目前情况来看，如果选用时注重选择性，应选用万能式断路器；而如果注重体积小、要求价格便宜，则应选用塑料外壳式断路器。

(2) 电气参数的确定

断路器的结构选定后，接着需选择断路器的电气参数。所谓电气参数的确定主要是指除断路器的额定电压、额定电流和通断能力外，一个重要的问题就是怎样选择断路器过电流脱扣器的整定电流和保护特性以及配合等，以便达到比较理想的协调动作。选用的一般原则（指选用任何断路器都必须遵守的原则）为：

① 断路器的额定工作电压≥线路额定电压。

② 断路器的额定电流≥线路计算负载电流。

③ 断路器的额定短路通断能力≥线路中可能出现的最大短路电流（一般按有效值计算）。

④ 线路末端单相对地短路电流≥1.25倍断路器瞬时（或短延时）脱扣器整定电流。

⑤ 断路器脱扣器的额定电流≥线路计算电流。

⑥ 断路器欠电压脱扣器额定电压＝线路额定电压。

并非所有断路器都需要带欠电压脱扣器，是否需要应根据使用要求而定。在某些供电质量较差的系统中，选用带欠电压保护的断路器，反而会因电压波动而经常造成不希望的断电。在这种场合，若必须带欠电压脱扣器，则应考虑有适当的延时。

⑦ 断路器分励脱扣器的额定电压＝控制电源电压。

⑧ 电动传动机构的额定工作电压＝控制电源电压。

⑨ 断路器的类型应符合安装条件、保护功能及操作方式的要求。

⑩ 一般情况下，保护变压器及配电线路可选用万能式断路器，保护电动机可选塑料外壳式断路器。

⑪ 校核断路器的接线方向。如果断路器技术文件或端子上表明只能上进线，则安装时不可采用下进线，母线开关一定要选用可下进线的断路器。

需要注意的是，选用时除一般选用原则外，还应考虑断路器的用途。配电用断路器和电动机保护用断路器以及照明、生活用导线保护断路器，应根据使用特点予以选用。

6.4.4　断路器的安装

① 安装前应先检查断路器的规格是否符合使用要求。

② 安装前先用500V绝缘电阻表（兆欧表）检查断路器的绝缘电阻，在周围空气温度为(20±5)℃和相对湿度为50%～70%时，绝缘电阻应不小于10MΩ，否则应烘干。

③ 安装时，电源进线应接于上母线，用户的负载侧出线应接于下母线。

④ 安装时，断路器底座应垂直于水平位置，并用螺钉紧固，且断路器应安装平整，不应有附加机械应力。

⑤ 外部母线与断路器连接时，应在接近断路器母线处加以固定，以免各种机械应力传递到断路器上。

⑥ 安装时，应考虑断路器的飞弧距离，即在灭弧罩上部应留有飞弧空间，并保证外装灭弧室至相邻电器的导电部分和接地部分的安全距离。

⑦ 在进行电气连接时，电路中应无电压。

⑧ 断路器应可靠接地。

⑨ 不应漏装断路器附带的隔弧板，装上后方可运行，以防止切断电路时因产生电弧而引起相间短路。

⑩ 安装完毕后，应使用手柄或其他传动装置检查断路器工作的准确性和可靠性。如检查脱扣器能否在规定的动作值范围内动作，电磁操作机构是否可靠闭合，可动部件有无卡阻现象等。

6.4.5　断路器的使用与维护

① 断路器在使用前应将电磁铁工作面上的防锈油脂抹净，以免影响电磁系统的正常动作。

② 操作机构在使用一段时间后（一般为1/4机械寿命），在传动部分应加注润滑油（小容量塑料外壳式断路器不需要）。

③ 每隔一段时间（六个月左右或在定期检修时），应清除落在断路器上的灰尘，以保证断路器具有良好绝缘。

④ 应定期检查触点系统，特别是在分断短路电流后，更必须检查，在检查时应注意：

a. 断路器必须处于断开位置，进线电源必须切断。

b. 用酒精抹净断路器上的划痕，清理触点毛刺。

c. 当触点厚度小于允许值时，应更换触点。

⑤ 当断路器分断短路电流或长期使用后，均应清理灭弧罩两壁烟痕及金属颗粒。若采用的是陶瓷灭弧室，灭弧栅片烧损严重或灭弧罩碎裂，不允许再使用，必须立即更换，以免发生事故。

⑥ 定期检查各种脱扣器的电流整定值和延时，特别是半导体脱扣器，更应定期用试验按钮检查其动作情况。

⑦ 有双金属片式脱扣器的断路器，当使用场所的环境温度高于其整定温度时，一般宜降容使用；若脱扣器的工作电流与整定电流不符，应当在专门的检验设备上重新调整后才能使用。

⑧ 有双金属片式脱扣器的断路器，因过载而分断后，不能立即"再扣"，需冷却 1～3min，待双金属片复位后，才能重新"再扣"。

⑨ 定期检修应在不带电的情况下进行。

》》》 6.5 接触器

◎ 6.5.1 接触器的用途与分类

（1）接触器的用途

接触器是指仅有一个起始位置，能接通、承载和分断正常电路条件（包括过载运行条件）下的电流的一种非手动操作的机械开关电器。它可用于远距离频繁地接通和分断交、直流主电路和大容量控制电路，具有动作快、控制容量大、使用安全方便、能频繁操作和远距离操作等优点，主要用于控制交、直流电动机，也可用于控制小型发电机、电热装置、电焊机和电容器组等设备，是电力拖动自动控制电路中使用最广泛的一种低压电气元件。

接触器能接通和断开负载电流，但不能切断短路电流，因此接触器常与熔断器和热继电器等配合使用。

（2）接触器的分类

接触器的种类繁多，有多种不同的分类方法。

① 按操作方式分，有电磁接触器、气动接触器和液压接触器。

② 按接触器主触点控制电流种类分，有交流接触器和直流接触器。

③ 按灭弧介质分，有空气式接触器、油浸式接触器和真空接触器。

④ 按有无触点分，有有触点式接触器和无触点式接触器。

⑤ 按主触点的极数，还可分为单极、双极、三极、四极和五极等。

目前应用最广泛的是空气电磁式交流接触器和空气电磁式直流接触器，习惯上简称为交流接触器和直流接触器。

◎ 6.5.2 接触器的基本结构与工作原理

(1) 交流接触器的基本结构

交流接触器主要由触点系统、电磁机构、灭弧装置和其他部分等组成。交流接触器的结构如图 6-10 (a) 所示。

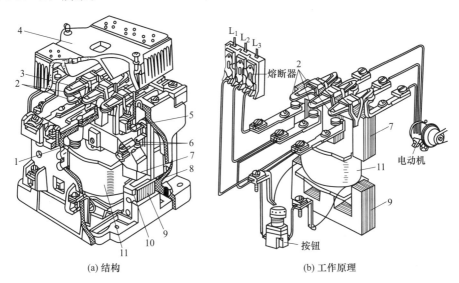

(a) 结构　　　　　　(b) 工作原理

图 6-10　交流接触器的结构

1—释放弹簧；2—主触点；3—触点压力弹簧；4—灭弧罩；5—常闭辅助触点；
6—常开辅助触点；7—动铁芯；8—缓冲弹簧；9—静铁芯；10—短路环；11—线圈

(2) 交流接触器的工作原理

交流接触器的工作原理图如图 6-10 (b) 所示。当线圈通电后，线圈中因有电流通过而产生磁场，静铁芯在电磁力的作用下，克服弹簧的反作用力，将动铁芯吸合，从而使动、静触点接触，主电路接通；而当线圈断电时，静铁芯的电磁吸力消失，动铁芯在弹簧的反作用力下复位，从而使动触点与静触点分离，切断主电路。

◎ 6.5.3 接触器的选择

(1) 选择方法

由于接触器的安装场所与控制的负载不同，其操作条件与工作的繁重程度也不同。因此，必须对控制负载的工作情况以及接触器本身的性能有一个较全面的了解，力求经济合理、正确地选用接触器。也就是说，在选用接触器时，应考虑接触器的铭牌数据，因铭牌上只规定了某一条件下的电流、电压、控制功率等参数，而具体的条件又是多种多样的，因此，在选择接触器时应注意以下几点。

① 选择接触器的类型。接触器的类型应根据电路中负载电流的种类来选择。也就是说，

交流负载应使用交流接触器，直流负载应使用直流接触器，若整个控制系统中主要是交流负载，而直流负载的容量较小，也可全部使用交流接触器，但触点的额定电流应适当大些。

② 选择接触器主触点的额定电流。主触点的额定电流应大于或等于被控电路的额定电流。

若被控电路的负载是三相异步电动机，其额定电流可按下式推算，即

$$I_N = \frac{P_N \times 10^3}{\sqrt{3} U_N \cos\varphi\eta}$$

式中　I_N——电动机额定电流，A；

　　　U_N——电动机额定电压，V；

　　　P_N——电动机额定功率，kW；

　　$\cos\varphi$——功率因数；

　　　η——电动机效率。

例如，$U_N = 380$V，$P_N = 100$kW 以下的电动机，其 $\cos\varphi\eta$ 为 $0.7 \sim 0.82$。

在频繁启动、制动和频繁正反转的场合，主触点的额定电流可稍微降低。

③ 选择接触器主触点的额定电压。接触器的额定工作电压应不小于被控电路的最大工作电压。

④ 接触器的额定通断能力应大于通断时电路中的实际电流值；耐受过载电流能力应大于电路中最大工作过载电流值。

⑤ 应根据系统控制要求确定主触点和辅助触点的数量和类型，同时要注意其通断能力和其他额定参数。

⑥ 如果用接触器来控制电动机的频繁启动、正反转或反接制动，应将接触器的主触点额定电流降低使用，通常可降低一个电流等级。

(2) 注意事项

① 接触器线圈的额定电压应与控制回路的电压相同。

② 因为交流接触器的线圈匝数较少，电阻较小，当线圈通入交流电时，将产生一个较大的感抗，此感抗值远大于线圈的电阻，线圈的励磁电流主要取决于感抗的大小。如果将直流电流通入，则线圈就成为纯电阻负载，此时流过线圈的电流会很大，使线圈发热，甚至烧坏。所以，在一般情况下，不能将交流接触器作为直流接触器使用。

◎ 6.5.4　接触器的安装

(1) 安装前的准备

① 接触器在安装前应认真检查接触器的铭牌数据是否符合电路要求，线圈工作电压是否与电源工作电压相配合。

② 接触器外观应良好，无机械损伤。活动部件应灵活，无卡滞现象。

③ 检查灭弧罩有无破裂、损伤。

④ 检查各极主触点的动作是否同步，触点的开距、超程、初压力和终压力是否符合要求。

⑤ 用万用表检查接触器线圈有无断线、短路现象。

⑥ 用绝缘电阻表（兆欧表）检测主触点间的相间绝缘电阻，一般应大于 $10M\Omega$。

(2) 安装方法与注意事项

① 安装时，接触器的底面应与地面垂直，倾斜度应小于 $5°$。

② 安装时，应注意留有适当的飞弧空间，以免烧损相邻电器。

③ 在确定安装位置时，还应考虑到日常检查和维修方便性。

④ 安装应牢固，接线应可靠，螺钉应加装弹簧垫和平垫圈，以防松脱和振动。

⑤ 灭弧罩应安装良好，不得在灭弧罩破损或无灭弧罩的情况下将接触器投入使用。

⑥ 安装完毕后，应检查有无零件或杂物掉落在接触器上或内部，检查接触器的接线是否正确，还应在不带负载的情况下检测接触器的性能是否合格。

⑦ 接触器的触点表面应经常保持清洁，不允许涂油。

6.5.5 接触器的使用与维护

接触器使用一段时间后，应进行维护。维护时，应在断开主电路和控制电路的电源情况下进行。

① 保持触点清洁，不允许沾有油污。

② 当触点表面因电弧烧蚀而附有金属小颗粒时，应及时修磨。银和银合金触点表面因电弧作用而生成黑色氧化膜时，不需修磨，因为这种氧化膜的导电性很好。

③ 触点的厚度减小到原厚度的 $1/3$ 时，应更换触点。

④ 接触器不允许在去掉灭弧罩的情况下使用，因为这样在触点分断时很可能造成相间短路事故。

⑤ 陶土制成的灭弧罩易碎，应避免因碰撞而损坏。

⑥ 若接触器已不能修复，应予以更换。更换前应检查接触器的铭牌和线圈标牌上标出的参数是否相符。并将铁芯上的防锈油擦干净，以免油污黏滞造成接触器不能释放。

⑦ 真空接触器的真空管灭弧室的维护工作与真空断路器基本相同，可结合被控设备同时进行维护。

⑧ 真空接触器的维护工作除真空灭弧管外，其他项目均与电磁式接触器相同。

》》 6.6 继电器

6.6.1 继电器的用途与分类

(1) 继电器的用途

继电器是一种自动和远距离操纵用的电器，广泛地用于自动控制系统，遥控、遥测系统，电力保护系统以及通信系统中，起着控制、检测、保护和调节的作用，是现代电气装置中最基本的器件之一。

继电器定义为：当输入量（或激励量）满足某些规定的条件时，能在一个或多个电气输出电路中产生预定跃变的一种器件。即继电器是一种根据电气量（电压、电流等）或非电气量（热、时间、转速、压力等）的变化闭合或断开控制电路，以完成控制或保护的电器。电气继电器是当输入激励量为电量参数（如电压或电流）的一种继电器。

继电器的用途很多，一般可以归纳如下：

① 输入与输出电路之间的隔离；

② 信号转换（从断开到接通）；

③ 增加输出电路（即切换几个负载或切换不同电源负载）；

④ 重复信号；

⑤ 切换不同电压或电流负载；

⑥ 保留输出信号；

⑦ 闭锁电路；

⑧ 提供遥控。

(2) 继电器的分类

继电器的分类如表 6-3 所示。

表 6-3　继电器的用途与分类

项目	特点与分类
按对被控电路的控制方式分类	①有触点继电器　靠触点的机械运动接通与断开被控电路 ②无触点继电器　靠继电器元件自身的物理特性实现被控电路的通断
按应用领域、环境分类	继电器按应用领域、环境可分为电气系统继电保护用继电器、自动控制用继电器、通信用继电器、船舶用继电器、航空用继电器、航天继电器、热带用继电器、高原用继电器等
按输入信号的性质分类	继电器按输入信号的性质可分为直流继电器、交流继电器、电压继电器、电流继电器、中间继电器、时间继电器、热继电器、温度继电器、速度继电器、压力继电器等
按工作原理分类	继电器按工作原理可分为电磁式继电器、感应式继电器、双金属继电器、电动式继电器、电子式继电器等
按动作时间分类	继电器的动作时间包括吸合时间 t_x 和释放时间 t_f。吸合时间是指从继电器输入回路接受信号开始到执行机构达到工作状态时所需的时间。释放时间是指从输入回路断电开始到执行机构恢复到通电前的状态所需要的时间。继电器按动作时间可分为： ① 时间继电器，$t_x > 1s$ ② 缓动继电器，$t_x = 0.05 \sim 1s$ ③ 普通继电器，$t_x = 0.005 \sim 0.05s$ ④ 速动继电器，$t_x < 0.005s$

◎ 6.6.2　中间继电器的选用与维护

(1) 中间继电器的特点

中间继电器是一种通过控制电磁线圈的通断，将一个输入信号变成多个输出信号或将信号放大（即增大触点容量）的继电器。中间继电器是用来转换控制信号的中间元件，其输入信号为线圈的通电或断电信号，输出信号为触点的动作。它的触点数量较多，触点容量较大，各触点的额定电流相同。

(2) 中间继电器的用途

中间继电器的主要作用是，当其他继电器的触点数量或触点容量不够时，可借助中间继电器来扩大它们的触点数或增大触点容量，起到中间转换（传递、放大、翻转、分路和记忆等）作用。中间继电器的触点额定电流比其线圈电流大得多，所以可以用来放大信号。将多个中间继电器组合起来,还能构成各种逻辑运算与计数功能的线路。

(3) 中间继电器的基本结构与工作原理

图 6-11 为 JZ7 系列中间继电器的结构图,其结构和工作原理和小型直动式接触器基本相同,只是它的触点系统中没有主、辅之分,各对触点所允许通过的电流大小是相等的。由于中间继电器触点接通和分断的是交、直流控制电路,电流很小,所以一般中间继电器不需要灭弧装置。中间继电器线圈在加上 85%~105% 额定电压时应能可靠工作。

(4) 中间继电器的选择

① 中间继电器线圈的电压或电流应满足电路的需要。

② 中间继电器触点的种类和数目应满足控制电路的要求。

③ 中间继电器触点的额定电压和额定电流也应满足控制电路的要求。

④ 应根据电路要求选择继电器的交流或直流类型。

(5) 日常维护

① 经常保持继电器的清洁。

② 检查接线螺钉是否紧固。

③ 检查继电器的触点接触是否良好。继电器触点的压力、超程和开距等都应符合规定。

④ 检查衔铁与铁芯接触是否紧密,应及时清除接触处的尘埃和污垢。

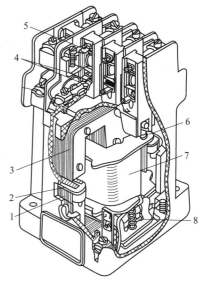

图 6-11 JZ7 系列中间继电器的结构
1—静铁芯;2—短路环;3—衔铁(动铁芯);
4—常开(动合)触点;5—常闭(动断)触点;
6—释放(复位)弹簧;7—线圈;8—缓冲(反作用)弹簧

(6) 使用注意事项与故障排除

① 使用时如发现有不正常噪声,可能是静铁芯与衔铁极面间有污垢存在所造成的,需清理极面。

② 继电器的触点上不得涂抹润滑油。

③ 由于中间继电器的分断电路能力很差,因此,不能用中间继电器代替接触器使用。

④ 更换继电器时,不要用力太猛,以免损坏部件,或使触点离开原始位置。

⑤ 焊接接线底座时,最好用松香作为焊药焊接,以免水分或杂质进入底座,引起线间短路,而且这类故障会给查线带来困难,维修不变。接点焊好后应套上绝缘套或套上写有线号的聚氯乙烯套管,这样也能有效地防止线间短路故障的发生。

中间继电器的运行与维修可参阅接触器的各项内容进行。

◎ 6.6.3 常用时间继电器的种类与特点

时间继电器是一种自得到动作信号起至触点动作或输出电路产生跳跃式改变有一定延时,该延时又符合其准确度要求的继电器,即从得到输入信号(线圈的通电或断电)开始,经过一定的延时后才输出信号(触点的闭合或断开)的继电器。时间继电器被广泛应用于电动机的启动控制和各种自动控制系统中。

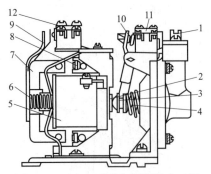

图 6-12　JS7-A 系列空气阻尼式时间
继电器结构图

1—调节螺钉；2—推板；3—推杆；4—塔形
弹簧；5—线圈；6—反力弹簧；7—衔铁；
8—铁芯；9—弹簧片；10—杠杆；11—延
时触点；12—瞬时触点

(1) 空气阻尼式时间继电器

① 基本结构　空气阻尼式时间继电器的结构主要由电磁系统、延时机构和触点系统等三部分组成，如图 6-12 所示。它是利用空气的阻尼作用进行延时的，其电磁系统为直动式双 E 型，触点系统借用微动开关，延时机构采用气囊式阻尼器。

空气阻尼式时间继电器又称气囊式时间继电器，其结构简单、价格低廉，延时范围较大（0.4～180s），有通电延时和断电延时两种，但延时准确度较低。

② 类型与特点　空气阻尼式时间继电器的电磁机构有交流、直流两种，延时方式有通电延时型和断电延时型。当动铁芯（衔铁）位于静铁芯和延时机构之间位置时为通电延时型；当静铁芯位于动铁芯和延时机构之间位置时为断电延时型。

常用空气阻尼式时间继电器主要是 JS7-A 等系列产品。JS7-A 系列空气式时间继电器主要适用于交流 50Hz，电压至 380V 的电路中，通常用在自动或半自动控制系统中，按预定的时间使被控制元件动作。

(2) 晶体管时间继电器

① 基本结构　晶体管时间继电器的种类很多，常用晶体管时间继电器的外形如图 6-13 所示。

晶体管时间继电器的品种和形式很多，电路各异，下面以具有代表性的 JS20 系列为例，介绍晶体管时间继电器的结构和工作原理。

JS20 系列晶体管时间继电器采用插座式结构，所有元件装在印制电路板上，然后用螺钉使之与插座紧固，再装入塑料罩壳，组成本体部分。

在罩壳顶面装有铭牌和整定电位器的旋钮，铭牌上标有最大延时时间的十等分刻度，使用时旋动旋钮即可调整延时时间。还装有指示灯，当继电器吸合后指示灯亮。外接式的整定电位器不装在继电器的本体内，而用导线引接到所需的控制板上。

安装方式有装置式和面板式两种。装置式备有带接线端子的胶木底座，它与继电器本体部分采用接插连接，并用扣攀锁紧，以防松动；面板式可直接把时间继电器安装在控制台的面板上，它与装置式的结构大体一样，只是采用通用大 8 脚插座代替装置式的胶木底座。

② 类型　晶体管时间继电器也称为半导体式时间继电器或电子式时间继电器。它除了执行继电器外，均由电子元件组成，没有机械零件，因而具有寿命和精度较高、体积小、延时

(a) JS20系列

(b) ST3P系列

图 6-13　晶体管时间继电器外形图

范围宽、控制功率小等优点。

晶体管时间继电器的分类：

a. 晶体管时间继电器按构成原理可分为阻容式和数字式两类。

b. 晶体管时间继电器按延时的方式可分为通电延时型、断电延时型、带瞬动触点的通电延时型等。

③ 特点　晶体管时间继电器也称为半导体式时间继电器或电子式时间继电器。它除了执行继电器外，均由电子元件组成，没有机械零件，因而具有寿命和精度较高、体积小、延时范围宽、控制功率小等优点。

晶体管式时间继电器体积小、精度高、可靠性好。晶体管式时间继电器的延时可达几分钟到几十分钟，比空气阻尼式长，比电动机式短；延时精确度比空气阻尼式高，比同步电动机式略低。随着电子技术的发展，其应用越来越广泛。

注意：晶体管时间继电器一般采用晶体管与 RC（电阻与电容）构成延时电路，通过调节电阻的阻值来预置时间。电子式时间继电器采用秒脉冲计时并用数字方式显示，数码拨盘预置时间。数字式电子时间继电器的延时精度和稳定性高于晶体管时间继电器。

6.6.4　时间继电器的选择

① 时间继电器延时方式有通电延时型和断电延时型两种，因此选用时应确定采用哪种延时方式更方便组成控制线路。

② 凡对延时精度要求不高的场合，一般宜采用价格较低的电磁阻尼式（电磁式）或空气阻尼式（气囊式）时间继电器；若对延时精度要求较高，则宜采用电动机式或晶体管式时间继电器。

③ 延时触点种类、数量和瞬动触点种类、数量应满足控制要求。

④ 应注意电源参数变化的影响。例如，在电源电压波动大的场合，采用空气阻尼式或电动机式比采用晶体管式好；而在电源频率波动大的场合，则不宜采用电动机式时间继电器。

⑤ 应注意环境温度变化的影响。通常在环境温度变化较大处，不宜采用空气阻尼式和晶体管式时间继电器。

⑥ 对操作频率也要加以注意。因为操作频率过高不仅会影响电气寿命，还可能导致延时误动作。

⑦ 时间继电器的额定电压应与电源电压相同。

6.6.5　时间继电器的使用与维护

(1) 时间继电器的使用

① 安装前，先检查额定电流及整定值是否与实际要求相符。

② 安装后，应在主触点不带电的情况下，使吸引线圈带电操作几次，试试继电器工作是否可靠。

③ 空气阻尼式时间继电器不得倒装或水平安装，不要在环境湿度大、温度高、粉尘多的场合使用，以免阻塞气道。

④ 对于时间继电器的整定值，应预先在不通电时整定好，并在试车时校正。

⑤ JS7-A 系列时间继电器由于无刻度，故不能准确地调整延时时间。

(2) 数字式时间继电器的使用方法

① 把数字开关及时段开关预置在所需的位置后接通电源，此时数显从零开始计时，当到达所预置的时间时，延时触点实行转换，数显保持此刻的数字，实现了定时控制。

② 复零功能可作断开延时使用：在任意时刻接通复零端子，延时触点将回到初始位置，断开后数显从 0 处开始计时。利用此功能，将复零端接外控触点可实现断开延时。

③ 在任意时刻接通暂停端子，计时暂停，显示将保持此刻时间，断开后继续计时（利用此功能作累时器使用）。

④ 在强电场环境中使用，并且复零暂停导线较长时，应使用屏蔽导线。须注意：复零及暂停端子切勿从外输入电压。

(3) 时间继电器在维护中的注意事项

① 定期检查各种部件有无松动及损坏现象，并保持触点的清洁和可靠。

② 更换或代用时间继电器时，其延时范围不要选得太大，应选用与实际延时时间范围相接近的时间继电器，以保证延时精度和可靠性。

③ 检查时间继电器的非磁性垫片是否磨损，对已磨损的要更换。在没有备件的情况下，可用黄铜片、磷铜片或其他非磁性材料的薄片按原来规格尺寸自制，但垫片要平直，材料不宜过软，否则会影响动作时间。

④ 检查元件的外观有无异常，不要随意拆开外壳进行元件调整、焊接，以免损坏元件，扩大故障面。在更换或代用时，应用相同型号、相同电压、延时范围接近的晶体管式时间继电器。

⑤ 在机床大修后，重新安装电气系统时，所采用线圈的电压值应符合机床电气标准电压值。

◯ 6.6.6 热继电器的选用与维护

(1) 热继电器的用途

热继电器是热过载继电器的简称，它是一种利用电流的热效应来切断电路的一种保护电器，常与接触器配合使用。热继电器具有结构简单、体积小、价格低和保护性能好等优点，主要用于电动机的过载保护、断相及电流不平衡运行的保护及其他电气设备发热状态的控制。

(2) 热继电器的分类

① 按动作方式分，有双金属片式、热敏电阻式和易熔合金式三种。

a. 双金属片式：利用双金属片（用两种膨胀系数不同的金属，通常为锰镍、铜板轧制而成）受热弯曲去推动执行机构动作。这种继电器因结构简单、体积小、成本低，同时选择合适的热元件能得到良好的反时限特性（电流越大越容易动作，经过较短的时间就开始动作）等优点被广泛应用。

b. 热敏电阻式：利用电阻值随温度变化而变化的特性制成的热继电器。

c. 易熔合金式：利用过载电流发热使易熔合金达到某一温度时，合金熔化而使继电器动作。

② 按加热方式分，有直接加热式、复合加热式、间接加热式和电流互感器加热式四种。

③ 按极数分，有单极、双极和三极三种。其中三极的又包括带有和不带断相保护装置的两类。

④ 按复位方式分，有自动复位和手动复位两种。

(3) 双金属片式热继电器的结构

双金属片式热继电器由双金属片、加热元件、触点系统及推杆、弹簧、整定值（电流）调节旋钮、复位按钮等组成，其结构如图6-14所示。

(4) 热继电器的选择

热继电器选用是否得当，直接影响着对电动机进行过载保护的可靠性。通常选用时应按电动机形式、工作环境、启动情况及负载情况等几方面综合考虑。

① 原则上热继电器（热元件）的额定电流等级一般略大于电动机的额定电流。热继电器选定后，再根据电动机的额定电流调整热继电器的整定电流，使整定电流与电动机的额定电流相等。对于过载能力较差的电动机，所选的热继电器的额定电流应适当小一些，并且将整定电流调到电动机额定电流的60%～80%。当电动机因带负载启动而启动时间较长或电动机的负载是冲击性的负载（如冲床等）时，热继电器的整定电流应稍大于电动机的额定电流。

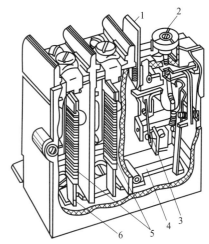

图6-14 双金属片式热继电器的结构
1—复位按钮；2—电流调节旋钮；3—触点；
4—推杆；5—加热元件；6—双金属片

② 一般情况下可选用两相结构的热继电器。对于电网电压均衡性较差、无人看管的电动机或与大容量电动机共用一组熔断器的电动机，宜选用三相结构的热继电器。定子三相绕组为三角形连接的电动机，应采用有断相保护的三元件热继电器作过载和断相保护。

③ 热继电器的工作环境温度与被保护设备的环境温度的差别不应超出15～25℃。

④ 对于工作时间较短、间歇时间较长的电动机（例如，摇臂钻床的摇臂升降电动机等），以及虽然长期工作，但过载可能性很小的电动机（例如，排风机电动机等），可以不设过载保护。

⑤ 双金属片式热继电器一般用于轻载、不频繁启动电动机的过载保护。对于重载、频繁启动的电动机，则可用过电流继电器（延时动作型的）作它的过载和短路保护。因为热元件受热变形需要时间，故热继电器不能作短路保护。

热继电器是利用电流热效应，使双金属片受热弯曲，推动动作机构切断控制电路起保护作用的，双金属片受热弯曲需要一定的时间。当电路中发生短路时，虽然短路电流很大，但热继电器可能还未来得及动作，就已经把热元件或被保护的电气设备烧坏了，因此，热继电器不能用作短路保护。

(5) 热继电器的安装和使用

① 热继电器必须按产品使用说明书的规定进行安装。当它与其他电器装在一起时，应将其装在其他电器的下方，以免其动作特性受到其他电器发热的影响。

② 热继电器的连接导线应符合规定要求。

③ 安装时，应清除触点表面等部位的尘垢，以免影响继电器的动作性能。

④ 运行前，应检查接线和螺钉是否牢固可靠，动作机构是否灵活、正常。

⑤ 运行前，还要检查其整定电流是否符合要求。

⑥ 若热继电器动作后必须对电动机和设备状况进行检查，为防止热继电器再次脱扣，一般采用手动复位；而对于易发生过载的场合，一般采用自动复位。

⑦ 对于点动、重载启动，连续正反转及反接制动运行的电动机，一般不宜使用热电器。

⑧ 使用中，应定期清除污垢，双金属片上的锈斑，可用布蘸汽油轻轻擦拭。

⑨ 每年应通电校验一次。

(6) 热继电器的维护

① 应定期检查热继电器的零部件是否完好，有无松动和损坏现象，可动部分有无卡碰现象，发现问题及时修复。

② 应定期清除触点表面的锈斑和毛刺，若触点严重磨损至其厚度的 1/3 时，应及时更换。

③ 热继电器的整定电流应与电动机的情况相适应，若发现其经常提前动作，可适当提高整定值；而若发现电动机温升较高，且热继电器动作滞后，则应适当降低整定值。

④ 对重要设备，在热继电器动作后，应检查原因，以防再次脱扣，应采用手动复位；若其动作原因是电动机过载，应采用自动复位。

⑤ 应定期校验热继电器的动作特性。

》》》 6.7　主令电器

● 6.7.1　主令电器概述

(1) 主令电器的用途

主令电器是一种在电气自动控制系统中用于发送或转换控制指令的电器。它一般用于控制接触器、继电器或其他电器线路，从而使电路接通或分断来实现对电力传输系统或生产过程的自动控制。

主令电器可以直接控制电路，也可以通过中间继电器进行间接控制。由于它是一种专门用于发送动作指令的电器，故称为"主令电器"。

(2) 主令电器的分类

主令电器应用广泛，种类繁多，按其功能分，常用的主令电器有以下几种：①控制按钮；②行程开关；③接近开关；④万能转换开关；⑤主令控制器。

(3) 主要技术参数

主令电器的主要技术参数有额定工作电压、额定发热电流、额定控制功率（或额定工作电流）、输入动作参数、工作精度、机械寿命和电气寿命等。

6.7.2 控制按钮的选用与维护

(1) 控制按钮的用途

控制按钮又称按钮开关或按钮，是一种短时间接通或断开小电流电路的手动控制器，一般用于电路中发出启动或停止指令，以控制电磁启动器、接触器、继电器等电器线圈电流的接通或断开，再由它们去控制主电路。按钮也可用于信号装置的控制。

(2) 控制按钮的分类

随着工业生产的需求，按钮的规格品种也在日益增多，驱动方式由原来的直接推压式，转化为了旋转式、推拉式、杠杆式和带锁式（即用钥匙转动来开关电路，并在将钥匙抽走后不能随意动作，具有保密和安全功能）。传感接触部件也发展为平头、蘑菇头以及带操纵杆式等多种形式。带灯按钮也日益普遍地使用在各种系统中。按钮的具体分类如下：

① 按钮按用途和触点的结构分，有启动按钮（动合按钮）、停止按钮（动断按钮）和复合按钮（动合和动断组合按钮）等三种。

② 按钮按结构形式、防护方式分，有开启式、防水式、紧急式、旋钮式、保护式、防腐式、钥匙式和带指示灯式等。

为了标明各个按钮的作用，通常将按钮做成红、绿、黑、黄、蓝、白等不同的颜色加以区别。一般红色表示停止按钮，绿色表示启动按钮。

(3) 控制按钮的基本结构

按钮的种类非常多，常用按钮的外形如图 6-15 所示。

控制按钮主要由按钮帽、复位弹簧、触点、接线柱和外壳等组成，其结构如图 6-16 所示。

图 6-15 控制按钮的外形图

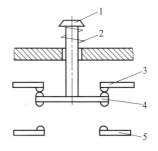

图 6-16 控制按钮的结构图
1—按钮帽；2—复位弹簧；3—常闭静触点；
4—动触点；5—常开静触点

(4) 控制按钮的选择

① 应根据使用场合和具体用途选择按钮的类型。例如，控制台柜面板上的按钮一般可用开启式的；若需显示工作状态，则用带指示灯式的；在重要场所，为防止无关人员误操作，一般用钥匙式的；在有腐蚀的场所一般用防腐式的。

② 应根据工作状态指示和工作情况的要求选择按钮和指示灯的颜色。如停止或分断用红色；启动或接通用绿色；应急或干预用黄色。

③ 应根据控制回路的需要选择按钮的数量。例如，需要作"正（向前）""反（向后）"及"停"三种控制处，可用三只按钮，并装在同一按钮盒内；只需作"启动"及"停止"控制时，则用两只按钮，并装在同一按钮盒内。

④ 对于通电时间较长的控制设备，不宜选用带指示灯的按钮。

(5) 控制按钮的安装

① 按钮安装在面板上时，应布局合理，排列整齐。可根据生产机械或机床启动、工作的先后顺序，从上到下或从左到右依次排列。如果它们有几种工作状态（如上、下，前、后，左、右，松、紧等），应使每一组相反状态的按钮安装在一起。

② 按钮应安装牢固，接线应正确。通常红色按钮作停止用，绿色或黑色表示启动或通电。

③ 安装按钮时，最好多加一个紧固圈，在接线螺钉处加套绝缘塑料管。

④ 安装按钮的按钮板或盒，若是采用金属材料制成的，应与机械总接地母线相连，悬挂式按钮应有专用接地线。

(6) 控制按钮的使用与维护

① 使用前，应检查按钮帽弹性是否正常，动作是否自如，触点接触是否良好。

② 应经常检查按钮，及时清除它上面的尘垢，必要时采取密封措施。因为触点间距较小，所以应经常保持触点清洁。

③ 若发现按钮接触不良，应查明原因；若发现触点表面有损伤或尘垢，应及时修复或清除。

④ 用于高温场合的按钮，因塑料受热易老化变形，而导致按钮松动，为防止因接线螺钉相碰而发生短路故障，应根据情况在安装时，增设紧固圈或给接线螺钉套上绝缘管。

⑤ 带指示灯的按钮，一般不宜用于通电时间较长的场合，以免塑料件受热变形，造成更换灯泡困难，若欲使用，可降低灯泡电压，以延长使用寿命。

● 6.7.3　行程开关的选用与维护

(1) 行程开关的用途

在生产机械中，常需要控制某些运动部件的行程，或运动一定行程使其停止，或在一定行程内自动返回或自动循环。这种控制机械行程的方式叫"行程控制"或"限位控制"。

行程开关又叫限位开关，是实现行程控制的小电流（5A 以下）主令电器，其作用与控制按钮相同，只是其触点的动作不是靠手按动，而是利用机械运动部件的碰撞使触点动作，即将机械信号转换为电信号，通过控制其他电器来控制运动部件的行程大小、运动方向或进行限位保护。

(2) 行程开关的分类

行程开关按用途不同可分为两类：

① 一般用途行程开关（即常用的行程开关）。它主要用于机床、自动生产线及其他生产机械的限位和程序控制。

② 起重设备用行程开关。它主要用于限制起重机及各种冶金辅助设备的行程。

(3) 行程开关的基本结构

行程开关的种类很多，常用行程开关的外形如图 6-17 所示。直动式（又称按钮式）行程开关结构原理图如图 6-18 所示；旋转式行程开关结构原理图如图 6-19 所示，它主要由滚轮、杠杆、转轴、凸轮、撞块、调节螺钉、微动开关和复位弹簧等部件组成。

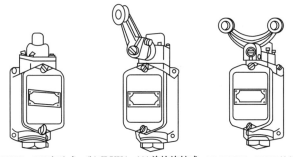

(a) JLXK1-311直动式　(b) JLXK1-111单轮旋转式　(c) JLXK1-211双轮旋转式

图 6-17　JLXK1 系列行程开关

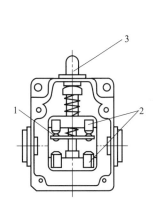

图 6-18　直动式行程开关的结构

1—动触点；2—静触点；3—推杆

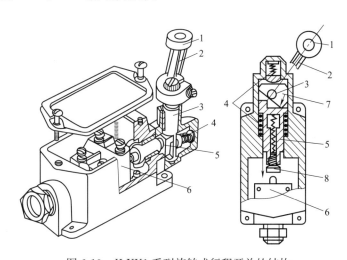

图 6-19　JLXK1 系列旋转式行程开关的结构

1—滚轮；2—杠杆；3—转轴；4—复位弹簧；

5—撞块；6—微动开关；7—凸轮；8—调节螺钉

(4) 行程开关的选择

① 根据使用场合和控制对象来确定行程开关的种类。当生产机械运动速度不是太快时，通常选用一般用途的行程开关；而当生产机械行程通过的路径不宜装设直动式行程开关时，应选用凸轮轴转动式的行程开关；而在工作效率很高、对可靠性及精度要求也很高时，应选用接近开关。

② 根据使用环境条件，选择开启式或保护式等防护形式。

③ 根据控制电路的电压和电流选择系列。

④ 根据生产机械的运动特征，选择行程开关的结构形式（即操作方式）。

(5) 行程开关的安装、使用与维护

① 行程开关应紧固在安装板和机械设备上，不得有晃动现象。

② 行程开关安装时，应注意滚轮的方向，不能接反。与挡铁碰撞的位置应符合控制电路的要求，并确保能与挡铁可靠碰撞。

③ 检查行程开关的安装使用环境。若环境恶劣，应选用防护式的，否则易发生误动作和短路故障。

④ 应经常检查行程开关的动作是否灵活或可靠，螺钉有无松动现象，发现故障要及时排除。

⑤ 应定期清理行程开关的触点，清除油垢或尘垢，及时更换磨损的零部件，以免发生误动作而引起事故的发生。

⑥ 行程开关在使用过程中，触点经过一定次数的接通和分断后，表面会有烧损或发黑现象，这并不影响使用。若烧损比较严重，影响开关性能，应予以更换。

◉ 6.7.4 接近开关的选用与维护

(1) 接近开关的用途

接近开关是一种非接触式检测装置，也就是当某一物体接近它到一定的区域内，它的信号机构就发出"动作"信号的开关。当检测物体接近它的工作面达到一定距离时，不论检测体是运动的还是静止的，接近开关都会自动地发出物体接近而"动作"的信号，而不像机械式行程开关那样需施以机械力，因此，接近开关又称为无接触行程开关。

接近开关是理想的电子开关量传感器。当金属检测体接近开关的区域时，开关能无接触、无压力、无火花、迅速发出电气命令，准确反映出运动机构的位置和行程，若用于一般的行程控制，其定位精度、操作频率、使用寿命、安装调整的方便性和对恶劣环境的适应能力，是一般机械式行程开关所不能相比的。

接近开关可以代替有触点行程开关来完成行程控制和限位保护，还可用于高频计数、测速、液位控制、零件尺寸检测、加工程序的自动衔接等的非接触式开关。由于它具有非接触式触发、动作速度快、可在不同的检测距离内动作、发出的信号稳定无脉动、工作稳定可靠、寿命长、重复定位精度高以及能适应恶劣的工作环境等特点，所以在机床、纺织、印刷、塑料等工业生产中应用广泛。

(2) 接近开关的分类

① 涡流式接近开关　涡流式接近开关也称为电感式接近开关。它是利用导电物体在接近这个能产生电磁场的接近开关时，使物体内部产生涡流。这个涡流反作用到接近开关，使开关内部电路参数发生变化，由此识别出有无导电物体移近，进而控制开关的通或断。这种接近开关所能检测的物体必须是导电体。

② 电容式接近开关　电容式接近开关的测量头通常是构成电容器的一个极板，而另一个极板是开关的外壳。这个外壳在测量过程中通常是接地或与设备的机壳相连接的。当有物体移向接近开关时，不论它是否为导体，由于它的接近，总要使电容的介电常数发生变化，从而使电容量发生变化，使得和测量头相连的电路状态也随之发生变化，由此便可控制开关的接通和断开。这种接近开关检测的对象，不限于导体，可以是绝缘的液体或粉状物等。

③ 霍尔接近开关　霍尔元件是一种磁敏元件。利用霍尔元件做成的开关，叫做霍尔开关。当磁性物体移近霍尔开关时，开关检测面上的霍尔元件因产生霍尔效应而使开关内部电

路状态发生变化，由此识别附近是否有磁性物体存在，进而控制开关的通或断。这种接近开关的检测对象必须是磁性物体。

④ 光电式接近开关 利用光电效应做成的开关叫光电开关。将发光器件与光电器件按一定方向装在同一个检测头内。当有反光面（被检测物体）接近时，光敏器件接收到反射光后便有信号输出，由此便可"感知"有物体接近。

⑤ 热释电式接近开关 用能感知温度变化的元件做成的开关叫热释电式接近开关。这种开关是将热释电器件安装在开关的检测面上，当有与环境温度不同的物体接近时，热释电器件的输出便发生变化，由此可检测出有物体接近。

⑥ 超声波接近开关 利用多普勒效应可制成超声波接近开关、微波接近开关等。当有物体移近时，接近开关收到的反射信号会产生多普勒频移，由此可以识别出有无物体接近。

图 6-20 接近开关的外形图

(3) 接近开关的基本结构

接近开关的种类很多，常用接近开关的外形如图 6-20 所示。接近开关由接近信号辨识机构、检波、鉴幅和输出电路等部分组成。图 6-21 是晶体管停振型接近开关的框图。

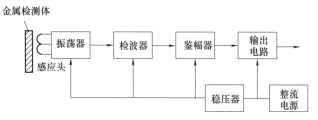

图 6-21 晶体管停振型接近开关的框图

(4) 接近开关的选择

① 接近开关较行程开关价格高，因此仅用于工作频率高、可靠性及精度要求均较高的场合。

② 按有关距离要求选择型号、规格。

③ 按输出要求是有触点还是无触点以及触点数量，选择合适的输出形式。

(5) 接近开关的安装、使用与维护

① 接近开关应按产品使用说明书的规定正确安装，注意引线的极性、规定的额定工作电压范围和开关的额定工作电流极限值。

② 对于非埋入式接近开关，应在空间留有一非阻尼区（即按规定使开关在空间偏离铁磁性或金属物一定距离）。接线时，应按引出线颜色辨别引出线的极性和输出形式。

③ 在调整动作距离时，应使运动部件（被测工件）离开检测面轴向距离在驱动距离之内，例如，对于 LJ5 系列接近开关的驱动距离为约定动作距离的 0~80%。

第**7**章

常用电气控制电路

》》 7.1 电气控制电路基础

○ 7.1.1 电气设备常用基本文字符号

电气设备常用基本文字符号如表 7-1 所示。

表 7-1 电气设备常用基本文字符号

名称	文字符号	名称	文字符号
分离元件放大器	A	电动机	M
晶体管放大器	AD	直流电动机	MD
集成电路放大器	AJ	交流电动机	MA
电容器	C	电流表	PA
双(单)稳态元件	D	电压表	PV
热继电器	FR	电阻器	R
熔断器	FU	控制开关	SA
旋转发电机	G	选择开关	SA
同步发电机	GS	按钮开关	SB
异步发电机	GA	行程开关	SQ
蓄电池	GB	隔离开关	QS
接触器	KM	单极开关	Q
继电器	KA	刀开关	Q
时间继电器	KT	电流互感器	TA
电压互感器	TV	电力变压器	TM
电磁铁	YA	信号灯	HL
电磁阀	YV	发电机	G
电磁吸盘	YH	直流发电机	GD
接插器	X	交流发电机	GA
照明灯	EL	半导体器件	V
电抗器	L		

◯ 7.1.2 电气设备常用辅助文字符号

电气设备常用辅助文字符号如表 7-2 所示。

表 7-2 电气设备常用辅助文字符号

名称	文字符号	名称	文字符号
交流	AC	加速	ACC
自动	A AUT	附加	ADD
		可调	ADJ
制动	B BRK	快速	F
		反馈	FB
向后	BW	正、向前	FW
控制	C	输入	IN
延时(延迟)	D	断开	OFF
数字	D	闭合	ON
直流	DC	输出	OUT
接地	E	启动	ST

◯ 7.1.3 常用电气图形符号

常用电气图形符号如表 7-3 所示。

表 7-3 电气系统图、电路图常用图形符号及其他符号

名称	图形符号	名称	图形符号	
直流	— 或 ===	导线对地绝缘击穿		
交流	∿	导线的连接		
交直流		导线的多线连接		
接地一般符号				
无噪声接地(抗干扰接地)		导线的不连接		
保护接地		接通的连接片		
接机壳或接底板		断开的连接片		
等电位		电阻器一般符号	优选形	其他形
故障		电容器一般符号		
闪烁、击穿		极性电容器		
导线间绝缘击穿		半导体二极管一般符号		
导线对机壳绝缘击穿		光电二极管		

名称	图形符号	名称	图形符号
电压调整二极管（稳压管）		有中心抽头的单相变压器	
晶体闸流管（阴极侧受控）			
PNP 型半导体三极管		三相变压器星形-有中性点引出线的星形连接	
NPN 型半导体三极管			
绕组和电感线圈		三相变压器有中性点引出线的 Y-△连接	
电机一般符号	符号内的星号必须用下述字母代替： C—同步变流机 G—发电机 GS—同步发电机 M—电动机 MG—能作为发电机或电动机使用的电机 MS—同步电动机 SM—伺服电机 TG—测速发电机 TM—力矩电动机 IS—感应同步器		
		电流互感器脉冲变压器	或
		动合（常开）触点	
三相笼型异步电动机		动断（常闭）触点	
三相绕线转子异步电动机		先断后合的转换触点	
串励直流电动机		中间断开的双向触点	
他励直流电动机		（当操作器件被吸合时）延时闭合的动合触点	
并励直流电动机		（当操作器件被释放时）延时断开的动合触点	
复励直流电动机		（当操作器件被释放时）延时闭合的动断触点	
铁芯带间隙的铁芯		（当操作器件被吸合时）延时断开的动断触点	
单相变压器电压互感器		延时闭合和延时断开的动合触点	

续表

名称	图形符号	名称	图形符号
延时闭合和延时断开的动断触点		灯	⊗
带动合触点的按钮	E-\	电抗器	或
带动断触点的按钮	E-/	荧光灯启动器	
带动合和动断触点的按钮	E-/	转速继电器	[n] -\
位置开关的动合触点		压力继电器	[p] -\
位置开关的动断触点		温度继电器	[θ] -\ 或 [t] -\
热继电器的触点		液位继电器	
接触器的动合触点		火花间隙	
接触器的动断触点		避雷器	
三极开关	或	熔断器	
三极高压断路器		跌开式熔断器	
三极高压隔离开关		熔断器式开关	
三极高压负荷开关		熔断器式隔离开关	
继电器线圈	或	熔断器式负荷开关	
热继电器的驱动器件			

续表

名称	图形符号	名称	图形符号
示波器		受话器	
热电偶		电铃	或
电喇叭		蜂鸣器	或
扬声器		原电池或 蓄电池	

7.1.4 阅读电气原理图的方法步骤

阅读电气原理图的步骤一般是从电源进线起，先看主电路电动机、电器的接线情况，然后再查看控制电路，通过对控制电路的分析，深入了解主电路的控制程序。

(1) 电气原理图中主电路的阅读

① 先看供电电源部分　首先查看主电路的供电情况，是由母线汇流排或配电柜供电，还是由发电机组供电，并弄清电源的种类，是交流还是直流；其次弄清供电电压的等级。

② 看用电设备　用电设备指带动生产机械运转的电动机，或耗能发热的电弧炉等电气设备。要弄清它们的类别、用途、型号、接线方式等。

③ 看对用电设备的控制方式　如有的采用闸刀开关直接控制；有的采用各种启动器控制；有的采用接触器、继电器控制。应弄清并分析各种控制电器的作用和功能等。

(2) 电气原理图中控制电路的阅读

① 先看控制电路的供电电源　弄清电源是交流还是直流；其次弄清电源电压的等级。

② 看控制电路的组成和功能　控制电路一般由几个支路（回路）组成，有的在一条支路中还有几条独立的小支路（小回路）。弄清各支路对主电路的控制功能，并分析主电路的动作程序。例如当某一支路（或分支路）形成闭合通路并有电流流过时，主电路中的相应开关、触点的动作情况及电气元件的动作情况。

③ 看各支路和元件之间的并联情况　由于各分支路之间和一个支路中的元件，一般是相互关联或互相制约的，所以，分析它们之间的联系，可进一步深入了解控制电路对主电路的控制程序。

④ 注意电路中有哪些保护环节，某些电路可以结合接线图来分析。

电气原理图是按原始状态绘制的，这时，线圈未通电、开关未闭合、按钮未按下，但看图时不能按原始状态分析，而应选择某一状态分析。

7.1.5 电气控制电路的一般设计方法

一般设计法（又称经验设计法）是根据生产工艺要求，利用各种典型的电路环节，直接设计控制电路的方法。这种设计方法比较简单，但要求设计人员必须熟悉大量的控制线路。在设计过程中往往还要经过多次反复地修改、试验，才能使线路符合设计的要求。即使这样，所得出的方案也不一定是最佳方案。

一般设计法没有固定模式，通常先用一些典型线路环节拼凑起来实现某些基本要求，然后根据生产工艺要求逐步完善其功能，并加以适当的联锁与保护环节。由于是靠经验进行设计的，灵活性很大。

用一般方法设计控制电路时，应注意以下几个原则：

① 应最大限度地实现生产机械和工艺对电气控制电路的要求。

② 在满足生产要求的前提下，控制线路应力求简单、经济。

a. 尽量先用标准的、常用的或经过实际考验过的电路和环节。

b. 尽量缩短连接导线的数量和长度。特别要注意电气柜、操作点和限位开关之间的连接线，如图 7-1 所示。图 7-1（a）所示的接线是不合理的，因为按钮在操作台上，而接触器在电气柜内，这样接线就需要由电气柜二次引出连接线到操作台上的按钮上。因此，一般都将启动按钮和停止按钮直接连接，如图 7-1（b）所示，这样可以减少一次引出线。

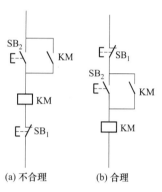

c. 尽量缩减电器的数量、采用标准件，并尽可能选用相同型号。

d. 应减少不必要的触点，以便得到最简化的线路。

e. 控制线路在工作时，除必要的电器必须通电外，其余的尽量不通电以节约电能。以三相异步电动机串电阻降压启

图 7-1　电器连接图

动控制电路［图 7-2（a）为其主电路］为例，如图 7-2（b）所示，在电动机启动后接触器 KM_1 和时间继电器 KT 就失去了作用。若接成图 7-2（c）所示的电路时，就可以在启动后切除 KM_1 和 KT 的电源。

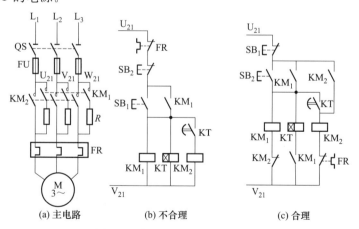

图 7-2　减少通电电器的控制电路

③ 保证控制线路的可靠性和安全性。

a. 尽量选用机械和电气寿命长、结构坚实、动作可靠、抗干扰性能好的电气元件。

b. 正确连接电器的触点。同一电器的动合和动断辅助触点靠得很近，如果分别接在电源的不同相上，如图 7-3（a）所示，由于限位开关 S 的动合触点与动断触点不是等电位，当

触点断开产生电弧时，很可能在两触点间形成飞弧而造成电源短路。如果按图 7-3（b）接线，由于两触点电位相同，就不会造成飞弧。

c. 在频繁操作的可逆电路中，正、反转接触器之间不仅要有电气联锁，而且要有机械联锁。

d. 在电路中采用小容量继电器的触点来控制大容量接触器的线圈时，要计算继电器触点断开和接通容量是否足够。如果继电器触点容量不够，须加小容量接触器或中间继电器。

e. 正确连接电器的线圈。在交流控制电路中，不能串联接入两个电器的线圈，如图 7-4 所示。即使外加电压是两个线圈额定电压之和，也是不允许的。因为交流电路中，每个线圈上所分配到的电压与线圈阻抗成正比，两个电器动作总是有先有后，不可能同时吸合。假如交流接触器 KM_1 先吸合，由于 KM_1 的磁路闭合，线圈的电感显著增加，因而在该线圈上的电压降也相应增大，从而使另一个接触器 KM_2 的线圈电压达不到动作电压。因此，当两个电器需要同时动作时，其线圈应该并联连接。

f. 在控制电路中，应避免出现寄生电路。在控制电路的动作过程中，那种意外接通的电路称为寄生电路（或称假回路）。例如，图 7-5 所示是一个具有指示灯和热保护的正反向控制电路。在正常工作时，能完成正反向启动、停止和信号指示。但当热继电器 FR 动作时，电路中就出现了寄生电路，如图 7-5 中虚线所示，使正转接触器 KM_1 不能释放，不能起到保护作用。因此，在控制电路中应避免出现寄生电路。

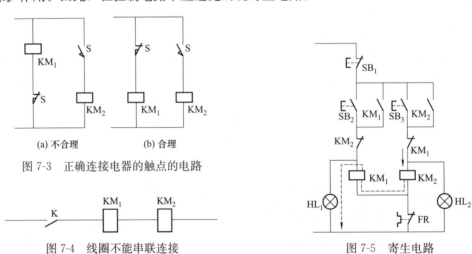

图 7-3　正确连接电器的触点的电路

图 7-4　线圈不能串联连接

图 7-5　寄生电路

g. 应具有完善的保护环节，以避免因误操作而发生事故。完善的保护环节包括过载、短路、过流、过压、欠压、失压等保护环节，有时还应设有合闸、断开、事故等必需的指示信号。

④ 应尽量使操作和维修方便。

》》 7.2　电动机常用控制电路

● 7.2.1　三相异步电动机单方向启动、停止控制电路

三相异步电动机单方向启动、停止电气控制电路如图 7-6 所示。该电路能实现对电动机

启动、停止的自动控制、远距离控制、频繁操作，并具有必要的保护，如短路、过载、失压等保护。

启动电动机时，合上刀开关 QS，按下启动按钮 SB$_2$，接触器 KM 吸引线圈得电，其三副常开（动合）主触点闭合，电动机启动，与 SB$_2$ 并联的接触器常开（动合）辅助触点 KM 也同时闭合，起自锁（自保持）作用。这样，当松开 SB$_2$ 时，接触器吸引线圈 KM 通过其辅助触点可以继续保持通电，维持其吸合状态，电动机继续运转。这个辅助触点通常称为自锁触点。

使电动机停转时，按下停止按钮 SB$_1$，接触器 KM 的吸引线圈失电而释放，其常开（动合）触点断开，电动机停止运转。

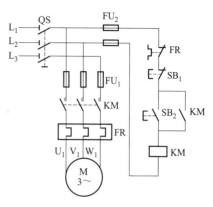

图 7-6　三相异步电动机单方向启动、停止控制电路

7.2.2　电动机的电气联锁控制电路

一台生产机械有较多的运动部件，这些部件根据实际需要应有互相配合、互相制约、先后顺序等各种要求。这些要求若用电气控制来实现，就称为电气联锁。常用的电气联锁控制有以下几种：

① 互相制约。互相制约联锁控制又称互锁控制。例如当拖动生产机械的两台电动机同时工作会造成事故时，要使用互锁控制；又如许多生产机械常常要求电动机能正反向工作，对于三相异步电动机，可借助正反向接触器改变定子绕组相序来实现，而正反向工作时也需要互锁控制，否则，当误操作同时使正反向接触器线圈得电时，将会造成短路故障。

互锁控制线路构成的原则：将两个不能同时工作的接触器 KM$_1$ 和 KM$_2$ 各自的动断触点相互交换地串接在彼此的线圈回路中，如图 7-7 所示。

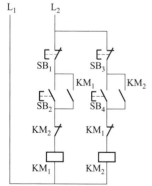

图 7-7　互锁控制电路

② 按先决条件制约。在生产机械中，要求必须满足一定先决条件才允许开动某一电动机或执行元件时（即要求各运动部件之间能够实现按顺序工作时），就应采用按先决条件制约的联锁控制线路（又称按顺序工作的联锁控制线路）。例如车床主轴转动时要求油泵先给齿轮箱供油润滑，即要求保证润滑泵电动机启动后主拖动电动机才允许启动。

这种按先决条件制约的联锁控制线路构成的原则如下：

a. 要求接触器 KM$_1$ 动作后，才允许接触器 KM$_2$ 动作时，则需将接触器 KM$_1$ 的动合触点串联在接触器 KM$_2$ 的线圈电路中，如图 7-8（a）、（b）所示。

b. 要求接触器 KM$_1$ 动作后，不允许接触器 KM$_2$ 动作时，则需将接触器 KM$_1$ 的动断触点串联在接触器 KM$_2$ 的线圈电路中，如图 7-8（c）所示。

③ 选择制约。某些生产机械要求既能够正常启动、停止，又能够实现调整时的点动工作时（即需要在工作状态和点动状态两者间进行选择时），须采用选择联锁控制线路。其常用的实现方式有以下两种：

a. 用复合按钮实现选择联锁，如图7-9（a）所示。

b. 用继电器实现选择联锁，如图7-9（b）所示。

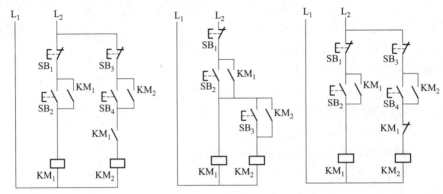

(a) KM₁动作后，才允许KM₂动作时 (b) KM₁动作后，才允许KM₂动作时 (c) KM₁动作后，不允许KM₂动作时

图 7-8   按先决条件制约的联锁控制电路

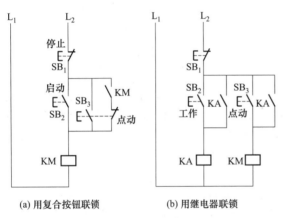

(a) 用复合按钮联锁   (b) 用继电器联锁

图 7-9   选择制约的联锁控制电路

工程上通常还采用机械互锁，进一步保证正反转接触器不可能同时通电，提高可靠性。

7.2.3 两台三相异步电动机的互锁控制电路

当拖动生产机械的两台电动机同时工作会造成事故时，应采用互锁控制电路，图7-10是两台电动机互锁控制电路的原理图。将接触器 KM₁ 的动断辅助触点串接在接触器 KM₂ 的线圈回路中，而将接触器 KM₂ 的动断辅助触点串接在接触器 KM₁ 的线圈回路中即可。

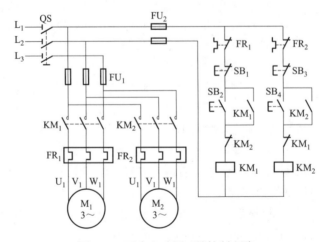

图 7-10   两台电动机互锁控制电路

◎ 7.2.4 用接触器互锁的三相异步电动机正反转控制电路

许多生产机械常常要求具有上下、左右、前后等相反方向的运动，这就要求电动机可以正反转控制（又称可逆控制）。对于三相异步电动机，可借助正反转接触器将接至电动机的三相电源进线中的任意两相对调，达到反转的目的。而正反转控制时需要一种互锁关系，否则，当误操作同时使正反转接触器线圈得电时，将会造成短路故障。

图 7-11 是用接触器辅助触点作互锁（又称联锁）保护的正反转控制电路的原理图。图中采用两个接触器，当正转接触器 KM_1 的三副主触点闭合时，三相电源的相序按 L_1、L_2、L_3 接入电动机。而当反转接触器 KM_2 的三副主触点闭合时，三相电源的相序按 L_3、L_2、L_1 接入电动机，电动机即反转。

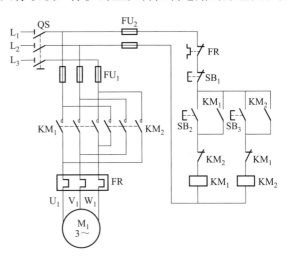

图 7-11　用接触器联锁的正反转控制电路

控制线路中接触器 KM_1 和 KM_2 不能同时通电，否则它们的主触点就会同时闭合，将造成 L_1 和 L_3 两相电源短路。为此在接触器 KM_1 和 KM_2 各自的线圈回路中互相串联对方的一副动断辅助触点 KM_2 和 KM_1，以保证接触器 KM_1 和 KM_2 的线圈不会同时通电。这两副动断辅助触点在电路中起互锁（或联锁）作用。

当按下启动按钮 SB_2 时，正转接触器的线圈 KM_1 得电，正转接触器 KM_1 吸合，使其动合辅助触点 KM_1 闭合自锁，其三副主触点 KM_1 闭合使电动机正向运转，而其动断辅助触点 KM_1 断开，则切断了反转接触器 KM_2 的线圈的电路。这时如果按下反转启动按钮 SB_3，线圈 KM_2 也不能得电，反转接触器 KM_2 就不能吸合，可以避免造成电源短路故障。欲使正向旋转的电动机改变其旋转方向，必须先按下停止按钮 SB_1，待电动机停下后再按下反转按钮 SB_3，电动机就会反向运转。

这种控制电路的缺点是操作不方便，因为要改变电动机的转向时，必须先按停止按钮。

◎ 7.2.5 用按钮互锁的三相异步电动机正反转控制电路

图 7-12 是用按钮作互锁（又称联锁）保护的正反转控制电路的原理图。该电路的动作原理与用接触器互锁的正反转控制电路基本相似。但是，由于采用了复合按钮，当按下反转按钮 SB_3 时，首先使串接在正转控制电路中的反转按钮 SB_3 的动断触点断开，正转接触器 KM_1 的线圈断电，接触器 KM_1 释放，其三副主触点断开，电动机断电；接着反转按钮 SB_3 的动合触点闭合，使反转接触器 KM_2 的线圈得电，接触器 KM_2 吸合，其三副主触点闭合，电动机反向运转。同理，由反转运行转换成正转运行时，也无需按下停止按钮 SB_1，而直接按下正转按钮 SB_2 即可。

这种控制电路的优点是操作方便。但是，当已断电的接触器释放的速度太慢，而操作按钮的速度又太快，且刚通电的接触器吸合的速度也较快时，即已断电的接触器还未释放，而刚通电的接触器却已吸合时，则会产生短路故障。因此，单用按钮互锁的正反转控制电路还不太安全可靠。

○ 7.2.6 用按钮和接触器复合互锁的三相异步电动机正反转控制电路

用按钮、接触器复合互锁的正反转控制电路的原理图如图 7-13 所示。该电路的动作原理与上述正反转控制电路基本相似。这种控制电路的优点是操作方便，而且安全可靠。

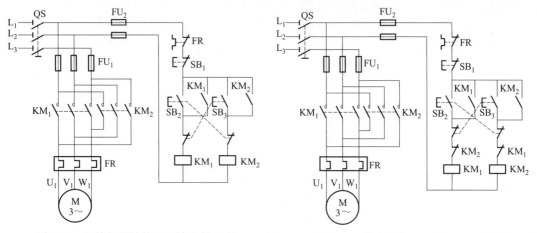

图 7-12 用按钮联锁的正反转控制电路　　图 7-13 用按钮、接触器复合联锁的正反转控制电路

○ 7.2.7 采用点动按钮的电动机点动与连续运行控制电路

某些生产机械常常要求既能够连续运行，又能够实现点动控制运行，以满足一些特殊工艺的要求。点动与连续运行的主要区别在于是否接入自锁触点，点动控制加入自锁后就可以连续运行。采用点动按钮联锁的三相异步电动机点动与连续运行的控制电路的原理图如图 7-14 所示。

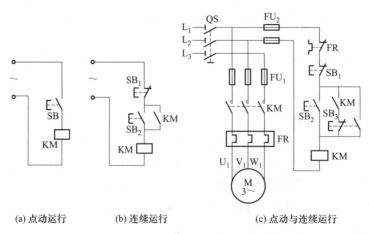

(a) 点动运行　　　　(b) 连续运行　　　　(c) 点动与连续运行

图 7-14 采用点动按钮联锁的点动与连续运行控制电路

图 7-14（c）所示的电路是将点动按钮 SB_3 的动断触点作为联锁触点串联在接触器 KM 的自锁触点电路中。当正常工作时，按下启动按钮 SB_2，接触器 KM 得电并自保。当点动工作时，按下点动按钮 SB_3，其动合触点闭合，接触器 KM 通电。但是，由于按钮 SB_3 的动断触点已将接触器 KM 的自锁电路切断，手一离开按钮，接触器 KM 就失电，从而实现了点动控制。

值得注意的是，在图 7-14（c）所示电路中，若接触器 KM 的释放时间大于按钮 SB_3 的恢复时间，则点动结束，按钮 SB_3 的动断触点复位时，接触器 KM 的动合触点尚未断开，将会使接触器 KM 的自锁电路继续通电，电路就将无法正常实现点动控制。

7.2.8 采用中间继电器的电动机点动与连续运行控制电路

采用中间连电器 KA 联锁的点动与连续运行的控制电路的原理图如图 7-15 所示。当正常工作时，按下按钮 SB_2，中间继电器 KA 得电，其动合触点闭合，使接触器 KM 得电并自锁（自保）。当点动工作时，按下点动按钮 SB_3，接触器 KM 得电，由于接触器 KM 不能自锁（自保），从而能可靠地实现点动控制。

7.2.9 电动机的多地点操作控制电路

在实际生活和生产现场中，通常需要在两地或两地以上的地点进行控制操作。因为用一组按钮可以在一处进行控制，所以，要在多地点进行控制，就应该有多组按钮。这多组按钮的接线原则是：在接触器 KM 的线圈回路中，将所有启动按钮的动合触点并联，而将各停止按钮的动断触点串联。图 7-16 是实现两地操作的控制电路。根据上述原则，可以推广于更多地点的控制。

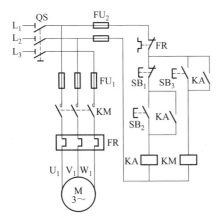

图 7-15 采用中间继电器联锁的
点动与连续运行控制电路

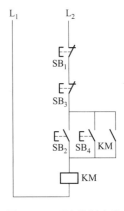

图 7-16 两地控制电路

7.2.10 多台电动机的顺序控制电路

在装有多台电动机的生产机械上，各电动机所起的作用不同，有时需要按一定的顺序启动才能保证操作过程的合理和工作的安全可靠。例如，机械加工车床要求油泵先给齿轮箱供油润滑，即要求油泵电动机必须先启动，待主轴润滑正常后，主轴电动机才允许启动。这种顺序关系反映在控制电路上，称为顺序控制。

图 7-17 所示是两台电动机 M_1 和 M_2 的顺序控制电路的原理图。图 7-17（a）中所示控制电路的特点是，将接触器 KM_1 的一副动合辅助触点串联在接触器 KM_2 线圈的控制线路中。这就保证了只有当接触器 KM_1 接通，电动机 M_1 启动后，电动机 M_2 才能启动，而且，如果由于某种原因（如过载或失压等）使接触器 KM_1 失电释放而导致电动机 M_1 停止时，电动机 M_2 也立即停止，即可以保证电动机 M_2 和 M_1 同时停止。另外，该控制电路还可以实现单独停止电动机 M_2。

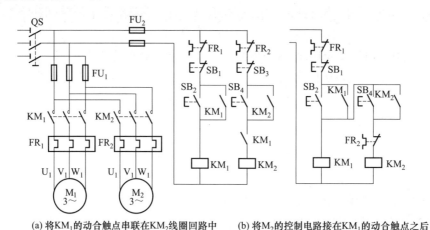

(a) 将 KM_1 的动合触点串联在 KM_2 线圈回路中　　(b) 将 M_2 的控制电路接在 KM_1 的动合触点之后

图 7-17　两台电动机的顺序控制电路

图 7-17（b）中所示控制电路的特点是，电动机 M_2 的控制电路接在接触器 KM_1 的动合辅助触点之后，其顺序控制作用与图 7-17（a）相同，而且还可以节省一副动合辅助触点 KM_1。

◉ 7.2.11　行程控制电路

行程控制就是用运动部件上的挡铁碰撞行程开关而使其触点动作，以接通或断开电路来控制机械行程。

行程开关（又称限位开关）可以完成行程控制或限位保护。例如，在行程的两个终端处各安装一个行程开关，并将这两个行程开关的动断触点串接在控制电路中，就可以达到行程控制或限位保护。

行程控制或限位保护在摇臂钻床、万能铣床、桥式起重机及各种其他生产机械中经常被采用。

图 7-18（a）所示为小车限位控制电路的原理图，他是行程控制的一个典型实例。该电路的工作原理如下：先合上电源开关 QS；然后按下向前按钮 SB_2，接触器 KM_1 因线圈得电而吸合并自锁，电动机正转，小车向前运行；当小车运行到终端位置时，小车上的挡铁碰撞行程开关 SQ_1，使 SQ_1 的动断触点断开，接触器 KM_1 因线圈失电而释放，电动机断电，小车停止前进。此时即使再按下向前按钮 SB_2，接触器 KM_1 的线圈也不会得电，保证了小车

不会超过行程开关 SQ$_1$ 所在位置。

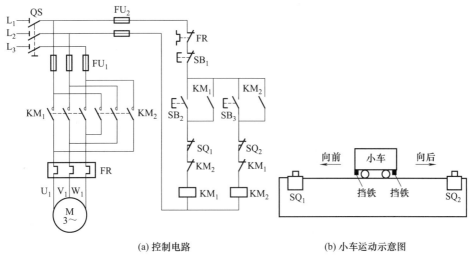

(a) 控制电路　　　(b) 小车运动示意图

图 7-18　行程控制电路

当按下向后按钮 SB$_3$ 时，接触器 KM$_2$ 因线圈得电而吸合并自锁，电动机反转，小车向后运行，行程开关 SQ$_1$ 复位，触点闭合。当小车运行到另一终端位置时，行程开关 SQ$_2$ 的动断触点被撞开，接触器 KM$_2$ 因线圈失电而释放，电动机断电，小车停止运行。

○ 7.2.12　自动往复循环控制电路

有些生产机械，要求工作台在一定距离内能自动往复，不断循环，以使工件能连续加工。其对电动机的基本要求仍然是启动、停止和反向控制，所不同的是当工作台运动到一定位置时，能自动地改变电动机工作状态。常用的自动往复循环控制电路如图 7-19 所示。

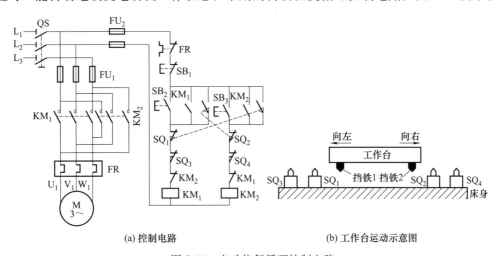

(a) 控制电路　　　(b) 工作台运动示意图

图 7-19　自动往复循环控制电路

先合上电源开关 QS，然后按下启动按钮 SB$_2$，接触器 KM$_1$ 因线圈得电而吸合并自锁，电动机正转启动，通过机械传动装置拖动工作台向左移动，当工作台移动到一定位置时，挡铁 1 碰撞行程开关 SQ$_1$，使其动断触点断开，接触器 KM$_1$ 因线圈断电而释放，电动机停止，与此同时行程开关 SQ_1 的动合触点闭合，接触器 KM_2 因线圈得电而吸合并自锁，电动机反转，拖动工作台向右移动。同时，行程开关 SQ_1 复位，为下次正转做准备。当工作台向右移动到一定位置时，挡铁 2 碰撞行程开关 SQ_2，使其动断触点断开，接触器 KM_2 因线圈断电而释放，电动机停止，与此同时行程开关 SQ_2 的动合触点闭合，使接触器 KM_1 线圈又得电，电动机又开始正转，拖动工作台向左移动。如此周而复始，使工作台在预定的行程内自动往复移动。

工作台的行程可通过移动挡铁（或行程开关 SQ_1 和 SQ_2）的位置来调节，以适应加工零件的不同要求。行程开关 SQ_3 和 SQ_4 用来作限位保护，安装在工作台往复运动的极限位置上，以防止行程开关 SQ_1 和 SQ_2 失灵，工作台继续运动不停止而造成事故。

带有点动的自动往复循环控制电路如图 7-20 所示，它是在图 7-19 中加入了点动按钮 SB_4 和 SB_5，以供点动调整工作台位置时使用，其工作原理与图 7-19 基本相同。

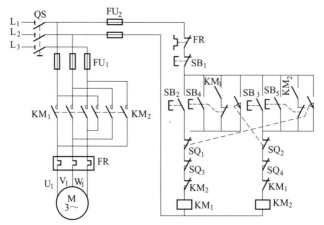

图 7-20　带有点动的自动往复循环控制电路

〇 7.2.13　无进给切削的自动循环控制电路

为了提高加工精度，有的生产机械对自动往复循环还提出了一些特殊要求。以钻孔加工过程自动化为例，钻削加工时刀架的自动循环如图 7-21 所示。其具体要求是：刀架能自动地由位置 1 移动到位置 2 进行钻削加工；刀架到达位置 2 时不再进给，但钻头继续旋转，进行无进给切削以提高工件加工精度，短暂时间后刀架再自动退回位置 1。

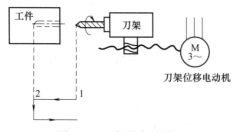

图 7-21　刀架的自动循环

无进给切削的自动循环控制电路如图 7-22 所示。这里采用行程开关 SQ_1 和 SQ_2 分别作为测量刀架运动到位置 1 和 2 的测量元件，由它们给出的控制信号通过接触器控制刀架位移电动机。按下进给按钮 SB_2，正向接触器 KM_1 因线圈得电而吸合并自锁，刀架位移电动机正转，刀架进给，当刀架到达位置 2 时，挡铁碰撞行程开关 SQ_2，其动断触点断开，正转接触器 KM_1 因线圈断电而释放，刀架位移电动机停止工作，刀架不再进给，但钻头继续旋转（其拖动电动机在图 7-22 中未绘出）进行无进给切削。与此同时，行程开关 SQ_2 的动合触点闭合，接通时间继电器 KT 的线圈，开始计算无进给切削时间。到达预定无进给切削时间后，时间继电器 KT 延时闭合的动合触点闭合，使反转接触器 KM$_2$ 因线圈得电而吸合并自锁，刀架位移电动机反转，于是刀架开始返回。当刀架退回到位置 1 时，挡铁碰撞行程开关 SQ$_1$，其动断触点断开，反转继电器 KM$_2$ 因线圈断电而释放，刀架位移电动机停止，刀架自动停止运动。

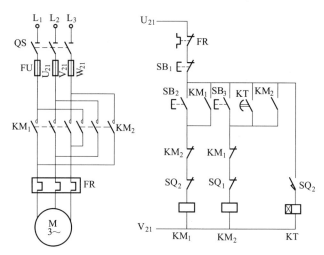

图 7-22   无进给切削的自动循环控制电路

第 8 章

低压架空线路

<<<

>>> 8.1　认识低压架空线路

◯ 8.1.1　低压架空线路的组成

　　低压架空线路的结构如图 8-1 所示，主要由导线、电杆、横担、绝缘子、金具、拉线和电杆基础等组成。为了安全，有些架空线路还设有防雷保护设施（如避雷线）及接地装置。

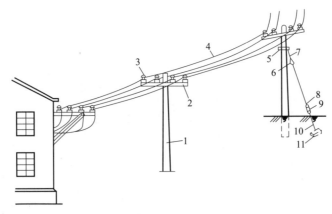

图 8-1　低压架空线路的结构

1—电杆；2—横担；3—绝缘子；4—导线；5—拉线抱箍；6—拉线绝缘子；7—拉线
上把；8—拉线腰把；9—花篮螺栓；10—拉线底把；11—拉线底盘

◯ 8.1.2　低压架空线路各部分的作用

　　① 导线：它是架空线路的主体，负责传输电能。
　　② 电杆：它是架空线路最基本的元件之一，其作用主要是支撑导线、横担、绝缘子和

金具等，使导线与地面及其他设施（如建筑物、桥梁、管道及其他线路等）之间能够保持应有的安全距离（常称限距）。

③ 绝缘子：绝缘子俗称瓷瓶。它的作用是固定或支持导线，并使导线与导线之间或与横担、电杆及大地之间相互绝缘。

④ 横担：它是电杆上部用来安装绝缘子以固定导线的部件，其作用是使每根导线保持一定的距离，防止风吹摇摆而造成相间短路。

⑤ 金具：架空线路上用的金属部件，统称为金具，其作用是连接和固定导线、绝缘子、横担和拉线等，也用于保护导线和绝缘子。

⑥ 拉线：它是为了平衡电杆各方面的作用力，防止电杆倾倒而设置的。拉线应具有足够的机械强度，并要求确实拉紧。

⑦ 电杆基础：其作用是将电杆固定在地面上，保证电杆不歪斜、下沉和倾覆。

8.1.3 对低压架空线路的基本要求

① 低压架空线路应尽量沿道路平行敷设，避免通过起重机械频繁活动地区和各种露天堆场，还应尽量减少与其他设备的交叉和跨越建筑物。

② 向重要负荷供电的双电源线路，不应同杆架设；架设低压线路不同回路导线时，应使动力线在上，照明线在下，路灯照明回路应架设在最下层。为了维修方便，直线横担不宜超过四层，各层横担间要满足最小距离的要求。

③ 低压线路的导线，一般采用水平排列，其次序为：面向负荷从左侧起，导线排列相序为 L_1、N、L_2、L_3，其线间距离不应小于规定数值。

④ 为保证架空线路的安全运行，架空线路在不同地区通过时，导线对地面、水面、道路、建筑物以及其他设施应保持一定的距离。

⑤ 两相邻电杆之间的距离（俗称档距）应根据所用导线规格和具体环境条件等因素来确定。

》》》 8.2 电杆

8.2.1 电杆的类型与特点

(1) 按材质分类

电杆按其材质分为木电杆、钢筋混凝土电杆和金属电杆三种。

(2) 按在线路中的作用分类

电杆按在线路中的作用可分为直线杆、耐张杆、转角杆、终端杆、分支杆和跨越杆六种，如图 8-2 所示。

① 直线杆：直线杆又称中间杆，位于线路的直线段上，仅作支持导线、绝缘子和金具用。在正常情况下，能承受线路侧面的风力，但不承受顺线路方向的拉力。直线杆是架空线路使用最多的电杆，大约占全部电杆的 80%。

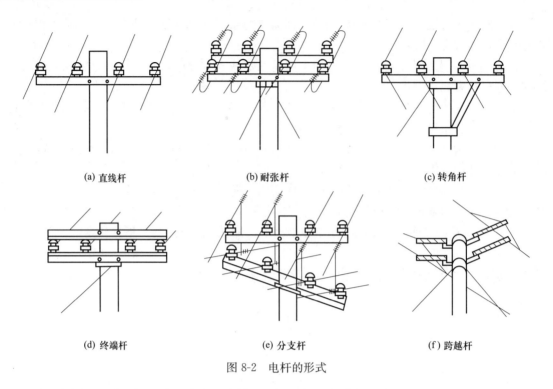

(a) 直线杆　　　　　　(b) 耐张杆　　　　　　(c) 转角杆

(d) 终端杆　　　　　　(e) 分支杆　　　　　　(f) 跨越杆

图 8-2　电杆的形式

② 耐张杆：耐张杆又称承力杆和锚杆。为了防止线路某处断线，造成整个线路的电杆顺线路方向倾倒，必须设置耐张杆。耐张杆位于线路直线段上几个直线杆之间或有特殊要求的地方，耐张杆在正常情况下承受的荷重和直线杆相同，但有时还要承受临档导线拉力差所引起的顺线路方向的拉力。通常在耐张杆的前后各装一根拉线，用来平衡这种拉力。

两个耐张杆之间的距离称为耐张段，或者说在耐张段的两端安装耐张杆。

③ 终端杆：终端杆实际上是安装在线路起点和终点的耐张杆。终端杆只有一侧有导线，为了平衡单方向导线的拉力，一般在导线的对面应装有拉线。

④ 转角杆：转角杆用在线路改变方向的地方，通过转角杆可以实现线路转弯。转角杆的构造应根据转角的大小来确定。转角不大时（在 30°以内），应在导线合成拉力的相反方向装一根拉线，来平衡两根导线的拉力；转角较大时，应采用两根拉线各平衡一侧导线的拉力。

⑤ 分支杆：分支杆位于干线向外分支线的地方，是线路分接支线时的支持点。分支杆要承受干线和支线两部分的力。

⑥ 跨越杆：跨越位于线路与河流、公路、铁路或其他线路的交叉处，是线路通过上述地区的支持点。由于跨距大，跨越杆通常比一般电杆高，受力也大。

◎ 8.2.2　电杆的埋设深度

电杆埋设深度，应根据电杆长度、承受力的大小和土质情况来确定。一般 15m 及以下的电杆，埋设深度约为电杆长度的 1/6，但最浅不应小于 1.5m；变台杆不应小于 2m；在土质较软、流沙、地下水位较高的地带，电杆基础还应做加固处理。

一般电杆埋设深度可参考表 8-1 中的数值。

表 8-1 电杆埋设深度 m

杆高	5.0	6.0	7.0	8.0	9.0	10.0	11.0	12.0	13.0	15.0
木杆埋深	1.0	1.1	1.2	1.4	1.5	1.7	1.8	1.9	2.0	—
混凝土杆埋深	—	—	1.2	1.4	1.5	1.7	1.8	2.0	2.2	2.5

》》8.3 横担

8.3.1 横担的类型与特点

① 横担按材料可分为木横担（已很少用）、铁横担和瓷横担三种。

a. 木横担：木横担一般由坚固的硬木制成，加工容易，成本也低，但需进行防腐处理。按形状可分为圆横担和方横担。

b. 铁横担：铁横担又称角钢横担，由角钢制成，如图 8-3 所示。因其坚固耐用、制造容易，故目前被广泛使用。低压架空线路多用镀锌角钢（铁）横担。

c. 瓷横担：瓷横担具有良好的绝缘性能，可用来代替悬式或针式绝缘子和木、铁横担。瓷横担多用于高压线路。

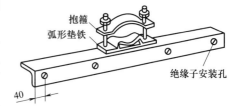

图 8-3 角钢横担

② 横担按用途可分为直线横担、转角横担和耐张横担。

a. 直线横担：只考虑在正常未断线情况下，承受导线的垂直荷重和水平荷重。

b. 耐张横担：承受导线垂直和水平荷重外，还将承受导线的拉力差。

c. 转角横担：除承受导线的垂直和水平荷重外，还将承受较大的单侧导线拉力。

表 8-2 低压四线横担断面尺寸选择表 mm

档距		50m 及以下											
杆型		直线杆				小于45°转角杆、耐张杆				终端杆、大于45°转角杆			
导线覆冰		0	5	10	15	0	5	10	15	0	5	10	15
导线型号	LJ-16	L50×5				2×L50×5				2×L63×6			
	LJ-25												
	LJ-35					2×L63×6							
	LJ-50												
	LJ-70												
	LJ-95												
	LJ-120	L63×6				2×L75×8				2×L75×8①			
	LJ-150												
	LJ-185			L75×8									

① 带斜撑的横担。

◎ 8.3.2　横担的选用

　　横担的长短取决于线路电压的高低，档距大小，安装方式和使用地点。直线杆的横担一般应安装在负荷侧；转角杆、终端杆、分支杆以及受导线张力不平衡的地方，横担应安装在张力的反方向侧；多层横担安装在同一侧。低压架空线路的横担，直线杆应装于受电侧，90°转角杆及终端杆，应装于拉线侧。根据横担的受力情况，对直线杆或15°以下的转角杆采用单横担，而转角在15°以上的转角杆、耐张杆、终端杆、分支杆皆采用双横担。表8-2是根据档距、杆型、覆冰厚度和导线型号选择铁横担的断面尺寸。

≫ 8.4　绝缘子

◎ 8.4.1　绝缘子的类型

　　绝缘子一般用电瓷材料与金属固定件组合制成。绝缘子按工作电压可分为高压绝缘子和低压绝缘子；按用途可分为电器绝缘子、装置绝缘子和线路绝缘子；按导线固定方式和绝缘子受力情况可分为针式绝缘子、蝶式绝缘子（俗称茶台）、悬式绝缘子、拉线绝缘子及瓷横担等。常用绝缘子的外形如图8-4所示。

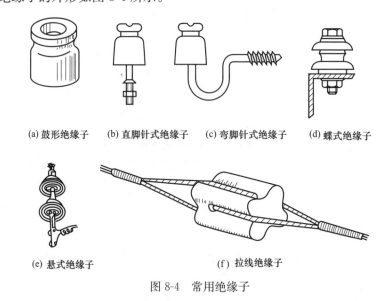

(a) 鼓形绝缘子　　(b) 直脚针式绝缘子　　(c) 弯脚针式绝缘子　　(d) 蝶式绝缘子

(e) 悬式绝缘子　　　　　　　　(f) 拉线绝缘子

图 8-4　常用绝缘子

◎ 8.4.2　绝缘子的外观检查

　　① 检查绝缘子的型号、规格、安装尺寸是否符合要求，安装是否适当，绝缘子的电压等级不得低于线路的额定电压。

　　② 绝缘子的瓷件和铁件的组合应结合紧密，无歪斜、松动现象，铁件镀锌良好。

③ 绝缘子磁釉表面应光滑，无裂纹、掉渣、缺釉、斑点、烧痕、气泡等缺陷。

>>> 8.5 拉线

8.5.1 拉线的类型与应用场合

在架空线路中，根据用途和作用的不同，拉线可分为不同的形式，如图 8-5 所示。

① 普通拉线：普通拉线用于终端杆、转角杆、分支杆等处。拉线与电杆的夹角一般为 45°，如受地形限制，可适当减小，但不应小于 30°；也可适当增大，但不应大于 60°。

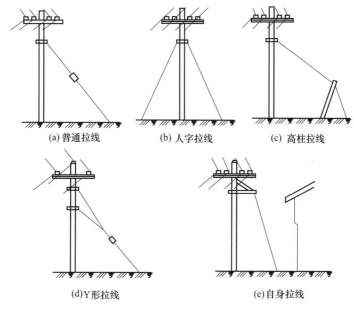

图 8-5 常用拉线的形式

② 人字拉线：人字拉线多用于中间直线杆。当装设于线路垂直方向两侧时，可加强电杆及线路抵抗侧向风力、防倾倒的能力，当装设于顺线路方向的两侧时，可平衡由于相邻档距内导线断线或电杆倾倒而意外产生的单向拉力，以限制断线、倒杆的事故范围。有时在需特别加强的电杆上，还同时装设上述两组人字拉线，称为十字拉线。

③ 高柱拉线：高柱拉线又称水平拉线，一般用于不能装设普通拉线的场合，如拉线需跨越道路或避开某些障碍物等。

④ Y 形拉线：Y 形拉线又称 V 形拉线，主要适用于电杆较高、横担较多、架设有多条线路而使受力点比较分散的地方，如跨越河流、铁路或建筑物等处的电杆。

⑤ 自身拉线：自身拉线又称弓形拉线，适用于环境狭窄，不能装设普通拉线的地方。

8.5.2 拉线的组成

普通拉线的结构主要由上把、腰把（又称中把）、底把（又称下把）等三部分组成。上把与电杆上的拉线抱箍相连或直接固定在电杆上。腰把起连接上把和底把的作用，并通过拉线绝缘子与上把加以绝缘。通过花篮螺钉（花篮螺栓）可以调整拉线的拉紧力。拉线绝缘子距地面的高度不应小于 2.5m，以免在地面活动的人触及上把。底把的下端固定在拉线底盘（又称地锚）上，上端露出地面 0.5m 左右。拉线底盘一般用混凝土或石块制成，尺寸规格不宜小于 100mm×300mm×800mm，埋设深度为 1.5m 左右。

拉线一般由直径为 4mm 的镀锌铁丝（8 号线）绞合而成。上把一般为 3 股，当电杆上有两条横担或导线截面积超过 25mm^2 时，上把一般为 5 股。腰把股数一般与上把相同。底把一般应比上把和腰把多两股。如果使用直径为 3.2mm 的 10 号线，拉线的股数应比上述多两股。拉线在地下部分应固定在混凝土拉线底盘上，也可固定在长 1.2m 和直径 150mm 左右的地埋木或石条上。埋深一般为 1.2～1.5m，拉线的安装位置一般应高出地面 2.5m。拉线在地面以下的一段可采用混凝土包裹，以防腐蚀。

》》 8.6　金具

金具是用来安装导线、横担、绝缘子和拉线的，又称铁件。利用圆形抱箍可以把拉线固定在电杆上，利用花篮螺栓可以调节拉线的拉紧力，利用横担垫铁和横担抱箍可以把横担安装在电杆上。支撑扁铁从下面支撑横担后，可以防止横担歪斜，支撑扁铁的下端需要固定在带凸抱箍上。木横担安装在木电杆上，需要用穿心螺栓拧紧。各种金具都应该镀锌或涂漆，防止生锈。常用低压金具如图 8-6 所示。

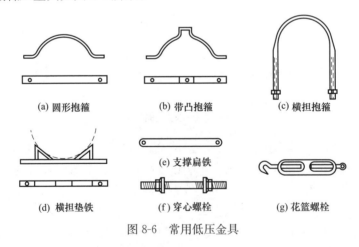

(a) 圆形抱箍　　(b) 带凸抱箍　　(c) 横担抱箍

(d) 横担垫铁　　(e) 支撑扁铁　　(f) 穿心螺栓　　(g) 花篮螺栓

图 8-6　常用低压金具

》》 8.7　常用架空导线

○ 8.7.1　常用架空导线的类型

低压架空线路所用的导线分为裸导线和绝缘导线两种。按导线的结构可分为单股导线、多股导线等；按导线的材料又分为铜导线、铝导线、钢芯铝导线等。

① 裸导线：裸导线主要用于郊外，有硬铜绞线、硬铝绞线和钢芯铝绞线。铜绞线的型号为 TJ，铝绞线的型号为 LJ，钢芯铝绞线的型号为 LGJ，其中：T 表示铜线，L 表示铝线，G 表示钢芯，J 表示多股绞合线。由于铜线造价高，目前主要用铝绞线。钢芯铝绞线主要用于高压架空线路。

② 绝缘导线：绝缘线是在裸线外面加一层绝缘层，绝缘材料主要有聚氯乙烯塑料和橡胶。塑料绝缘导线简称塑料线，型号有 BV 和 BLV 型。B 表示布线用导线（布置线路用导线），V 表示塑料绝缘，L 表示铝导线（没有 L 为铜导线）。

橡胶绝缘导线简称橡皮线，型号为 BX、BLX、BXF 和 BLXF 几种，X 表示橡胶绝缘，F 表示氯丁橡胶绝缘，氯丁橡胶绝缘比较耐老化而且不易燃烧。

8.7.2 常用架空导线的选择

① 低压架空线路一般都采用裸绞线，只有接近民用建筑的接户线和街道狭窄、建筑物稠密、架空高度较低等场合才选用绝缘导线。架空线路不应使用单股导线或已断股的绞线。

② 应保证有足够的机械强度。架空导线本身有一定的重量，在运行中还要受到风雨、冰雪等外力的作用，因此必须具有一定的机械强度。为了避免发生断线事故，架空导线的截面积一般不宜小于 $16mm^2$。

③ 导线允许的载流量应能满足负载的要求。导线的实际负载电流应小于导线的允许载流量。

④ 线路的电压损失不宜过大。由于导线具有一定的电阻，电流通过导线时会产生电压损失。导线越细、越长，负载电流越大，电压损失就越大，线路末端的电压就越低，甚至不能满足用电设备的电压要求。因此，一般应保证线路的电压损失不超过 5%。

⑤ 380V 三相架空线路裸铝导线截面积选择可参考表 8-3。

表 8-3 380V 三相架空线路裸铝导线截面积选择参考表

送电距离/km	0.2	0.3	0.4	0.5	0.6	0.7	0.8	0.9	1.0
输送容量/kW	裸铝导线截面积/mm²								
6	16	16	16	16	25	25	35	35	35
8	16	16	16	25	35	35	50	50	50
10	16	16	25	35	50	50	50	70	70
15	16	25	35	50	70	70	95		
20	25	35	50	70	95				
25	35	50	70	95					
30	50	70	95						
40	50	95							
50	70								
60	95								

注：本表按 2A/kW，功率因数为 0.80，线间距离为 0.6m 计算，电压降不超过额定值的 5%。

8.8 低压架空线路的施工

低压架空线路的施工是根据低压线路的设计来完成架设导线，达到送电的目的。线路施工包括挖杆坑、组装电杆、立杆、架线、打拉线等。

◎ 8.8.1 电杆的定位

(1) 确定架空线路路径时应遵循的原则

① 应综合考虑运行、施工、交通条件和路径长度等因素。尽可能不占或少占农田，要求路径最短，尽量走近路，走直路，避免曲折迂回，减少交叉跨越，以降低基建成本。

② 应尽量沿道路平行架设，以便于施工维护；应尽量避免通过铁路或汽车起重机频繁活动的地区和各种露天堆放场。

③ 应尽量减少与其他设施的交叉和跨越建筑物；不能避免时，应符合规程规定的各种交叉跨越的要求。

④ 尽可能避开易被车辆碰撞的场所，可能发生洪水冲刷的地方，易受腐蚀污染的地方，地下有电缆线路、水管、暗沟、煤气管等处所；禁止从易燃、易爆的危险品堆放点上方通过。

(2) 杆位和杆型的确定

路径确定后，应当测定杆位。常用的测量工具有测杆和测绳及测量仪。测量时，首先要确定首端电杆和终端电杆的位置，并且打好标桩作为挖坑和立杆的依据。必须有转角时，需确定转角杆的位置，这样首端杆、转角杆、终端杆就把整条线路划分成几个直线段。然后测量直线段距离，根据规程规定来确定档距，集镇和村庄为 $40\sim50m$，田间为 $50\sim70m$。当直线段距离达到 1km 时，应设置耐张段。遇到跨越时，如果线路从跨越物上方通过，电杆应靠近被跨越物。新架线路在被跨越物下方时，交叉点应尽量放在新架线路的档距中间，以便得到较大的跨越距离。

电杆位置确定后，杆型也就随之确定。跨越铁路、公路、通航河流、重要通信线时，跨越杆应是耐张杆或打拉线的加强直线杆。导线选择的内容主要是确定导线型号和导线的截面积。架空线路，一般都采用裸铝钢绞线，而不采用裸铜绞线。截面积选择的原则是，应符合基本建设投资小、运行经济以及技术合理的原则。导线截面积选择过大，会增加有色金属的消耗量，显著地增加线路的建设费用，导线截面积选择过小，会导致电压损失过大、电能损失过多，影响线路的经济性、可靠性。

(3) 电杆的定位方法

低压架空线路电杆的定位，应根据设计图查看道路、河流、树木、管道和建筑物等的分布情况，确定线路如何跨越障碍物，拟定大致的方位，然后确定线路的起点、转角点和终点的电杆位置，再确定中间杆的位置。常用定位方法有交点定位法、目测定位法和测量定位法。

① 交点定位法：电杆的位置可按路边的距离和线路的走向及总长度，确定电杆档距和杆位。

为便于高、低压线路及路灯共杆架设及建筑物进线方便，高、低压线路宜沿道路平行架设，电杆距路边为 $0.5\sim1m$。电杆的档距（即两根相邻电杆之间的距离）要适当选择，电杆档距选择得越大，电杆的数量就越少，但是档距如果太大，电杆就越高，以使导线与地面保持足够的距离，保证安全。如果不加高电杆，那就需要把电线拉得紧一些，而当导线被拉得过紧时，由于风吹等原因，又容易断线，所以线路的档距不能太大。

② 目测定位法：目测定位是根据三点一线的原理进行定位的。目测定位法一般需要 2～3 人，定位时先在线路段两端插上花杆，然后其中 1 人观察和指挥，另 1 人在线路段中间补插花杆。也可采用拉线的方法确定中间杆位置。这种方法只适用于 2～3 档的杆位确定。

③ 测量定位法：一般在地面不平整、地下设施较多的大型企业实施。在施工后做竣工图，用仪器测量，采用绝对标高测定杆的埋设深度及坐标位置。此种方法精度较高，效果好，有条件的单位可以使用。

8.8.2 挖杆坑

(1) 电杆基坑的形式

架空电杆的基坑主要有两种形式，即圆形坑（又称圆杆坑）和梯形坑。其中，梯形坑又可分为三阶杆坑和两阶杆坑。圆形坑一般用于不带卡盘和底盘的电杆；梯形坑一般用于杆身较高、较重及带有卡盘的电杆。

① 圆形杆坑　圆形杆坑的截面形式如图 8-7 所示，其具体尺寸应符合下列规定：

$$b = 基础底面 + (0.2 \sim 0.4)(m)$$
$$B = b + 0.4h + 0.6(m)$$

式中　h——电杆的埋入深度，见表 8-1。

② 三阶杆坑　三阶杆坑的截面形式如图 8-8（a）所示，其具体尺寸应符合下列规定：

$$B = 1.2h \qquad\qquad b = 基础底面 + (0.2 \sim 0.4)(m)$$
$$c = 0.35h \qquad\qquad d = 0.2h$$
$$e = 0.3h \qquad\qquad f = 0.3h \qquad\qquad g = 0.4h$$

③ 二阶杆坑　二阶杆坑的截面形式如图 8-8（b）所示，其具体尺寸应符合下列规定：

$$B = 1.2h \qquad\qquad b = 基础底面 + (0.2 \sim 0.4)(m)$$
$$c = 0.07h \qquad\qquad d = 0.2h$$
$$e = 0.3h \qquad\qquad g = 0.7h$$

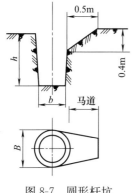
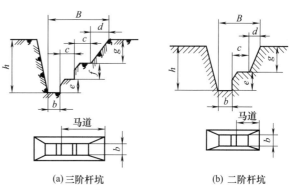

图 8-7　圆形杆坑　　　　　　　　　图 8-8　梯形杆坑

(2) 挖坑时的安全注意事项

目前，人工挖坑仍是比较普遍的施工方法，使用的工具一般为铁锹、镐等。当坑深小于1.8m 时，可一次挖成；当深度大于 1.8m 时，可采用阶梯形，上部先挖成较大的圆形或长方形，以便于立足，再继续挖下部的坑。在地下水位较高或容易塌土的场合施工时，最好当天挖坑，当天立杆。

挖坑时的安全注意事项如下：

① 挖坑前，应与地下管道、电缆等主管单位联系，注意坑位有无地下设施，并采取必要的防护措施。

② 所用工具应坚固，并经常注意检查，以免发生事故。

③ 当坑深超过 1.5m 时，坑内工作人员必须戴安全帽；当坑底面积超过 $1.5m^2$ 时，允许两人同时工作，但不得面对面或挨得太近。

④ 严禁在坑内休息。

⑤ 挖坑时，坑边不得堆放重物，以防坑壁垮塌。工、器具禁止放在坑壁，以免掉落伤人。

⑥ 在道路及居民区等行人通过地区施工时，应设置围栏或坑盖，夜间应装设红色信号灯，以防行人跌入坑内。

(3) 杆坑位置的检查

杆坑挖完后，勘察设计时标志电杆位置的标桩已不复存在，这时为了检查杆坑的位置是否准确，采用的方法一般是在杆坑的中心立一根长标杆，使其与前后辅助标桩上的标杆成一直线，同时与两侧辅助标桩上的标杆成一直线，即被检查坑杆中心所立长标杆在两条直线的交点上，杆坑的位置就是准确的。

(4) 杆坑深度的检查

不论是圆形坑还是方形坑，坑底均应基本保持平整，以便能准确地检查坑深；对带坡度的拉线坑的检查，应以坑中心为准。

杆坑深度检查一般以坑四周平均高度为基准，可用直尺直接测得杆坑深度，杆坑深度允许误差一般为 ±50mm。当杆坑超深值在 100～300mm 时，可用填土夯实方法处理；当杆坑超深值在 300mm 以上时，其超深部分应用铺石灌浆方法处理。

拉线坑超深后，如对拉线盘安装位置和方向有影响，可做填土夯实处理；若无影响，一般不做处理。

◯ 8.8.3　电杆基础的加固

电杆基础是指电杆埋入地下的部分，电杆的根部为基础的一部分，基础的主要部件和电杆是一个整体。基础的主要部件包括底盘、卡盘和拉线盘等。底盘是装设在电杆根部的预制构件，其作用是增大电杆根部与地面的接触面积，抵抗电杆承受的压力，防止电杆下沉。卡盘是安装在电杆根部侧向的预制构件，其作用是增大电杆根部与地面侧向的接触面积，防止电杆倾覆。拉线盘是装设在拉线根部的预制构件，其作用是当拉线受拉力时，拉线盘可抵抗上拔力，保持电杆稳定。一般情况下，不带拉线的电杆装设底盘、卡盘，带拉线的电杆装设底盘、拉线盘。

直线杆通常受到线路两侧风力的影响，但又不可能在每档电杆左右都安装拉线，所以一般采用如图 8-9 所示的方法来加固杆基，即先在电杆根部四周填埋一层深 300～400mm 的乱石，在石缝中填足泥土捣实，然后再覆盖一层 100～200mm 厚的泥土并夯实，直至与地面齐平。

对于装有变压器和开关等设备的承重杆、跨越杆、耐张杆、转角杆、分支杆和终端杆等，或在土质过于松软的地段，可采用在杆基安装底盘的方法来减小电杆底部对土壤的压强。底盘一般用石板或混凝土制成方形或圆形，底盘的形状和安装方法如图8-10所示。

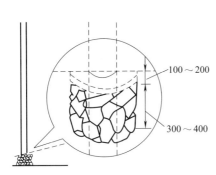

图8-9 直线杆基的一般加固法

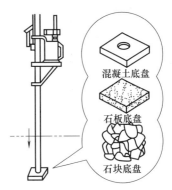

图8-10 底盘的安装

8.8.4 组装电杆

组装电杆时，安装横担有两种方法：一是在地面上将横担、金具全部组装在电杆上，然后整体立杆，杆立好以后，再调整横担的方向。另一种方法是先立杆，后组装横担，要求从电杆的最上端开始，由上向下组装。

(1) 单横担的安装

单横担在架空线路中应用最广，一般的直线杆、分支杆、轻型转角杆和终端杆都用单横担。单横担的安装方法如图8-11所示。安装时，用U形抱箍从电杆背部抱起杆身，穿过M形抱铁和横担的两孔，用螺母拧紧固定。

(2) 双横担的安装

双横担一般用于耐张杆、重型终端杆和受力较大的转角杆上。双横担的安装方法如图8-12所示。

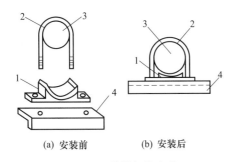

图8-11 单横担的安装

1—M形抱铁；2—U形抱箍；3—电杆；4—角钢横担

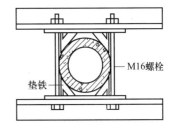

图8-12 双横担的安装

(3) 横担安装时的注意事项

① 横担的上沿，一般应装在离杆顶100mm处，并应水平安装，其倾斜度不得大于1%。

② 在直线段内，每档电杆上的横担应相互平行。

③ 安装横担时，应分次交替地拧紧两侧螺母，使两个固定螺栓承力相等。

④ 各部位的连接应紧固，受力螺栓应加弹簧垫或带双螺母，其外露长度不应小于 5 个螺距，但不得大于 30mm。

(4) 绝缘子的安装

① 绝缘子的额定电压应符合线路电压等级要求。

② 安装前应把绝缘子表面的灰垢、附着物及不应有的涂料擦拭干净，经过检查试验合格后，再进行安装。要求安装牢固、连接可靠、防止积水。

③ 绝缘子的表面应清洁。安装前应检查其有无损坏，并用 2500V 兆欧表测试其绝缘电阻，其值不应低于 300MΩ。

④ 紧固横担和绝缘子等各部分的螺栓直径应大于 16mm，绝缘子与横担之间应垫一层薄橡皮，以防紧固螺栓时压碎绝缘子。

⑤ 螺栓应由上向下插入绝缘子中心孔，螺母要拧在横担下方，螺栓两端均需垫垫圈。螺母要拧紧，但不能压碎绝缘子。

⑥ 针式绝缘子应与横担垂直，顶部的导线槽应顺线路方向。针式绝缘子不得平装或倒装。

⑦ 蝶式绝缘子采用两片两孔铁拉板安装在横担上。两片两孔铁拉板一端的两孔中间穿螺栓固定蝶式绝缘子，另一端用螺栓固定在横担上。蝶式绝缘子使用的穿钉、拉板必须外观无损伤，镀锌良好，机械强度符合设计要求。

⑧ 绝缘子裙边与带电部位的间隙不应小于 50mm。

○ 8.8.5 立杆

(1) 立杆前的准备

首先应对参加立杆的人员进行合理分工，详细交代工作任务、操作方法及安全注意事项。每个参加施工的人员必须听从施工负责人的统一指挥。当立杆工作量特别大时，为加快施工进度，可采用流水作业的方法，将施工人员分成三个小组，即准备小组、立杆小组和整杆小组。准备小组负责立杆前的现场布置；立杆小组负责按要求将电杆立至规定的位置，将四面（或三面）临时拉绳扎结固定；整杆小组负责调整电杆垂直至符合要求，埋设卡盘，填土夯实。

施工人员按分工做好所需材料和工具的准备工作，所用的设备和工具，如抱杆、撑杆、绞磨、钢丝绳、麻绳、铁锹、木杠等，必须具有足够的强度，而且达到操作灵活、使用方便的要求。要严密进行现场布置，起吊设备安放位置要恰当，如抱杆、绞磨、地锚的位置及打入地下的深度等。经过全面检查，确认完全符合要求后，才能进行立杆工作。

(2) 常用的立杆方法

立杆的方法很多，常用的有汽车吊立杆、三脚架立杆、人字抱杆立杆和架杆立杆等。立杆的要求是一正二稳三安全，即电杆立好后不能斜，稳就是电杆立好后要稳定。

① 汽车起重机立杆　这种立杆方法既安全，效率又高，是城镇干道旁电杆的常用立杆方法。立杆前，将电杆运到坑边，电杆重心不能距坑中心太远。立杆时，将汽车起重机开到

距杆坑适当位置处加以稳固。然后从电杆的根部量起在电杆的 2/3 处，拴一根起吊钢丝绳，绳的两端先插好绳套，制作后的钢丝绳长度一般为 1.2m。将起吊钢丝绳绕电杆一周，使 A 扣从 B 扣内穿出并锁紧电杆，再把 A 扣端挂在汽车起重机的吊钩上，如图 8-13（a）所示。再用一条直径为 13mm、长度适当的麻绳穿过 B 扣，结成拴中扣作为带绳。

准备工作做好后，可由负责人指挥将电杆吊起，当电杆顶部离开地面 0.5m 高度时，应停止起吊，对各处绑扎的绳扣等进行一次安全检查，确认无问题后，挂好调整绳，再继续起吊。

调整绳是拴在电杆顶部 500mm 处，做调整电杆垂直度用的，另外，再系一根脱落绳，以方便解除调整绳，如图 8-13（b）所示。

继续起吊时，坑边站两人负责电杆根部进坑，另外，由三人各拉一根调整绳，站成以杆基坑为中心的三角形，如图 8-14 所示。当吊车将电杆吊离地面约 200mm 时，坑边人员慢慢地把电杆移至基础坑，并使电杆根部放在底盘中心处。然后，利用吊车的扒杆和调整绳对电杆进行调整，电杆调整好后，可填土夯实。

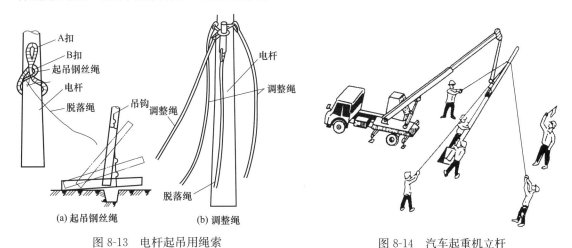

图 8-13 电杆起吊用绳索　　　　　图 8-14 汽车起重机立杆

② 固定式人字抱杆立杆　固定式人字抱杆立杆，是一种简易的立杆方法，主要依靠绞磨和抱杆上的滑轮和钢丝绳等工具进行起吊作业，如图 8-15 所示。

如果起吊工具没有绞磨，在有电力供应的地方，也可采用电力卷扬机。

立杆前先把电杆放在电杆基础上，使电杆的中部，对正电杆基坑中心，并且将电杆根部位于基坑马道一侧。把抱杆两脚张开到抱杆长度的 2/3 的宽度，顺着电杆放置于地面上，沿放置电杆方向距杆坑前后 15～20m 处的地方，分别打入地锚，作绑扎晃绳用。

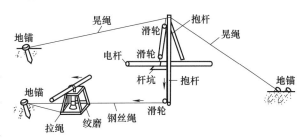

图 8-15 固定式人字抱杆立杆

固定好绞磨，用起吊钢丝绳在绞磨盘上缠绕 4～5 圈，将起吊钢丝绳一端拉起，穿过三个滑轮，并把下端滑轮吊钩挂在由电杆根部量起 1/2～1/3 杆长处的起吊钢丝绳的绳套上。

先用人工立起抱杆，拉紧两条抱杆的晃绳（钢丝绳），使抱杆立直，特别注意应将抱杆左右方向立直，不应倾斜。在抱杆根部地面上可挖两个浅坑，并可各放一块 3～5mm 厚的钢板，用于防止杆根下陷和抱杆根部发生滑移。

准备工作做好后，即可推动绞磨，起吊电杆。要由一人拉紧钢丝绳的一端，随着绞磨的旋转用力拉绳，不可放松，以免发生事故。当电杆距地面 0.5m 时，检查绳扣及各部位是否牢固，确认无问题后，在杆顶部 500mm 处拴好调整绳和脱落绳，再继续起吊。当起吊到一定高度时，把电杆根部对准电杆基坑，反向转动绞磨，直至电杆根部落入底盘的中心，再填土夯实。

● 8.8.6 拉线的制作与安装

拉线施工包括做拉线鼻子、埋设底把、连接等工作。

(1) 拉线鼻子的制作

拉线和抱箍或拉线各段之间常常需要用拉线鼻子连接。做拉线鼻子以前，应先把镀锌铁线拉直，按需要的股数和长度剪断，然后排齐，各股受力均匀，不要有死弯，并且用细线绑扎、防止松股。做拉线鼻子的步骤如图 8-16 所示。

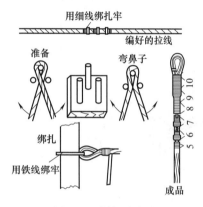

图 8-16　做拉线鼻子
(注：数字为圈数)

做拉线鼻子时一般用拉线本身各股，一次一次地缠绕。在折回散开的拉线中先抽出一股，在合并部位用手钳用力紧密缠绕 10 圈后，再抽出第二股，将第一股压在下面留出 15mm 左右将多余部分剪断并把它弯回压在第二股的缠绕圈下，用第二股按同一方向用力紧绕 9 圈。这样以此类推，将缠绕圈数逐渐减少。一直降到缠绕 5 圈为止。如果拉线股数较少，降不到 5 圈也可以终止。

也可用另外的铁线去绑扎拉线鼻子。将拉线弯成鼻子后，用直径 3.2mm 的铁线绑扎 200～400mm 长（把绑线本身也缠进去，以便拧小辫），然后把绑线端部两根线拧成小辫，防止绑线松开。

(2) 拉线把制作

① 上把制作　上把的结构形式如图 8-17（a）所示，其中用于卡紧钢丝的钢线卡子必须用三副以上，每两幅卡子之间应相隔 150mm。上把的安装顺序如图 8-17（b）所示。

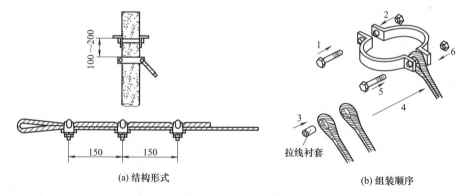

(a) 结构形式　　　　　　　　　(b) 组装顺序

图 8-17　上把制作

② 中把制作　中把的做法与上把相同。中把与上把之间用拉线绝缘子隔离，如图 8-18
所示。

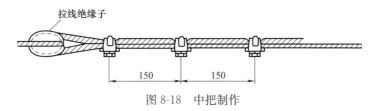

图 8-18　中把制作

③ 底把（下把）制作　底把可以选择花篮螺栓的结构形式，也可以使用 U 形、T 形及
楔形线夹制作底把，如图 8-19 所示。由于花篮螺栓离地面较近，为防止人为弄松，制作完
成后应用直径为 4mm 镀锌铁丝绑扎定位。

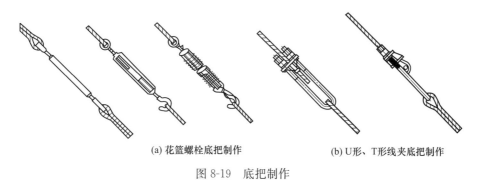

(a) 花篮螺栓底把制作　　　　　　　(b) U形、T形线夹底把制作

图 8-19　底把制作

(3) 拉线盘的制作

拉线盘的材质多为钢筋混凝土，其拉线环已预埋。拉线盘的引出拉线可选用圆钢制作，
其直径要求大于 12mm。拉线盘连接制作如图 8-20 所示。

紧拉线时，应把上把的末端穿入下把
鼻子内，用紧线器夹住上把，将上把的 1～
2 股铁线穿在紧线器轴内，然后转动紧线器
手柄，把拉线逐渐拉紧，直到紧好为止。

(4) 安装拉线的注意事项

① 拉线与电杆的夹角不宜小于 45°，当
受到地形限制时也不应小于 30°。

② 终端杆的拉线及耐张杆的承力拉线
应与线路方向对正，防风拉线应与线路方
向垂直。

③ 拉线穿过公路时，对路面中心的垂
直距离应不小于 6m。

④ 采用 U 形、T 形及楔形线夹固定拉
线时，应在线扣上涂润滑剂，线夹舌板与

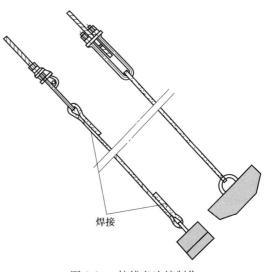

焊接

图 8-20　拉线盘连接制作

拉线接触应紧密，受力后无滑动现象，线夹的凸肚应在线尾侧，安装时不得损伤导线；拉线
弯曲部分不应有明显松股，拉线断头处与拉线主线应有可靠固定，尾线回头后与本线应绑扎

牢固。线夹处露出的拉线尾线长度为300～500mm，线夹螺杆应露扣，并应有不小于1/2螺杆螺纹长度可供调紧，调紧后其双螺母应并紧。若用花篮螺栓，则应封固。

⑤ 当一根电线杆装设多条拉线时，拉线不应有过松、过紧及受力不均匀等现象。

⑥ 拉线底把应采用拉线棒，其直径应不小于16mm，拉线棒与拉线盘的连接应可靠。

● 8.8.7 放线、挂线与紧线

(1) 放线

放线就是把导线沿电杆两侧放好准备把导线挂在横担上。放线的方法有两种：一种是以一个耐张段为一个单元，把线路所需导线全部放出，置于电杆根部的地面，然后按档把全耐张段导线同时吊上电杆；另一种方法是一边放出导线，一边逐档吊线上杆。在放线过程中，若导线需要对接，一般应在地面先用压接钳进行压接，再架线上杆。

导线应通过放线盘来放线，线盘架放线方法如图8-21所示，放线时有一人照管线盘放线，2～3人拉线出盘；中途还应有人照管，防止导线在地上擦伤。

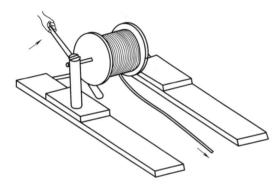

图8-21　线盘架放线方法

放线时应注意以下事项：

① 放线时，要一根一根地放，速度要均匀，不要使导线出现磨损、断股和死弯。当出现磨损和断股时，应及时做出标志，以便处理。

② 最好在电杆或横担上挂铝或木制的开口滑轮，把导线放在槽内，这样既省力又不磨损导线。用手放线时，应正放几圈反放几圈，不要使导线出现死弯。

③ 放线需跨越带电导线时，应将带电导线停电后再施工；若停电困难，可在跨越处搭设跨越架。

④ 放线通过公路时，要有专人观看车辆，以免发生危险。

(2) 挂线

导线放完后，就可以挂线（吊线上杆）了。吊线上杆一般采用绳吊，具体操作方法如图8-22所示。吊线时，一般每档电杆上都需要有人操作，地面上一人指挥，3～5人作配合，杆上人员用绳子把导线吊上去，放在放线滑轮里。不要把导线放在横担上，以免紧线时擦伤。

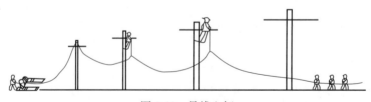

图8-22　吊线上杆

对于细导线可由两人拿着挑线杆（在普通竹竿上装一个钩子）把导线挑起递给杆上人

员，由杆上人员放在横担上或针式绝缘子顶部线沟中。

(3) 紧线

紧线一般在每个耐张段上进行。紧线时，先在线路一端的耐张杆上把导线牢固绑在蝶式

绝缘子上，然后在线路另一端的耐张杆上用人
力进行紧线，如图 8-23 所示。也可先用人力把
导线收紧到一定程度，再用紧线器紧线。为防
止横担扭转，可同时紧两侧的线。导线的收紧
程度，应根据现场的气温、电杆的档距、导线
的型号来确定。导线的弧垂可用如图 8-24 所示
的方法测得：在观测档距两头的电杆上，按要
求的弧垂，从导线在横担或绝缘子上的位置向
下量出从弧垂表中查得的弧垂数值，并按这个
数值在两头电杆上各绑一块横板。在杆上的人
员沿横板观察对面电杆上的横板，并指挥工作
人员紧线。当导线收紧的最低点与两块横板成
为一条直线时，停止紧线。当导线为新铝线

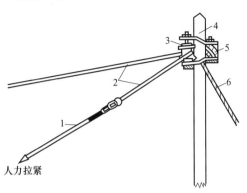

图 8-23　紧线
1—大绳；2—导线；3—蝶式绝缘子；
4—电杆；5—横担；6—拉线

时，应比弧垂表中规定的弧垂数值多紧 15％～20％，因新线受到拉力时会伸长。

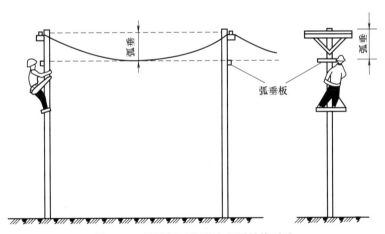

图 8-24　用平行四边形法观测导线弧垂

○ 8.8.8　导线的连接

导线的连接应符合下列要求：
① 不同金属、不同规格、不同绞向的导线严禁在一个档距内连接；
② 在一个档距内，每根导线不应超过一个接头；接头距导线的固定点不应小于 0.5m。
导线的接头，应符合下列要求：
① 钢芯铝绞线、铝绞线在档距内的接头，宜采用钳压或爆压（采用爆压连接，须注意
接头处不能有断股）。
② 铜绞线与铝绞线连接时，宜采用铜铝过渡线夹、铜铝过渡线。

③ 铝绞线、铜绞线的跳线连接，宜采用钳压、线夹连接或搭接。

④ 对于单股铜导线和多股铜绞线还可以采用缠绕法（又称缠接法），拉线也可以采用这种方法。

导线连接时，其接头处的机械强度不应低于原导线强度的 95％；接头处的电阻不应超过同长度导线电阻的 1.2 倍。

导线连接的质量好坏，直接影响导线的机械强度和电气性能，所以必须严格按照连接方法，认真仔细做好接头。

(1) 单股线缠绕法

单股线的缠绕法（又称绑接法）适用于单股直径 2.6～5.0mm 的裸铜线。缠绕前先把两线头拉直，除去表面铜锈，用一根比连接部位长的裸铜绑线（又称辅助线）衬在两根导线的连接部位，用另一根铜绑线，在需要连接的导线部位紧密地缠绕。缠绕后，将绑线两端与底衬绑线两端分别绞合拧紧，再将连接导线的两端反压在缠绕圈上即可。操作方法见图 8-25，绑扎长度应符合表 8-4 的规定。铜导线在做完接头后，对接头部位都要进行涮锡处理。

表 8-4　绑扎长度值

导线截面积/mm^2	绑扎长度/mm	导线截面积/mm^2	绑扎长度/mm
35 及以下	＞150	70	＞250
60	＞200		

(2) 多股线交叉缠绕法

多股线交叉缠绕法适用于 35mm^2 以下的铜导线。多股铜芯绞合线的交叉缠绕法（又称缠接法）如下：

① 将连接导线的线头（约线芯直径的 15 倍左右长）绞合层，按股线分散开并拉直。

② 把中间线芯剪掉一半，用砂布将每根导线外层擦干净。

③ 将两个导线头按股相互交叉对插，用手钳整理，使股线间紧密合拢，见图 8-26（a）。

④ 取导线本体的单股或双股，分别由中间向两边紧密地缠绕，每绕完一股（将余下线尾压住）再取一股继续缠绕，见图 8-26（b），直至股线绕完为止。

⑤ 最后一股缠完后拧成小辫。缠绕时应缠紧并排列整齐，见图 8-26（c）。

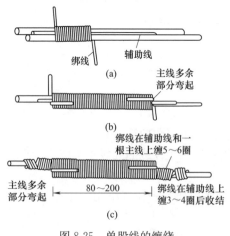

图 8-25　单股线的缠绕

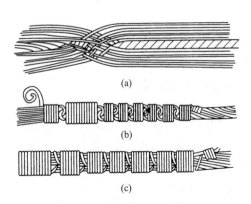

图 8-26　多股线交叉缠绕法

接头部位缠绕长度一般为 60～120mm（导线截面积≤50mm²）或不少于导线直径的 10 倍。多股线交叉缠绕的长度和绑线直径见表 8-5。

表 8-5 多股线交叉缠绕的接头长度和绑线直径

导线直径或截面积	接头长度/mm	绑线直径/mm	中间绑线长度/mm
ϕ2.6～3.2mm	80	1.6	—
ϕ4.0～5.0mm	120	2.0	—
16mm²	200	2.0	50
25mm²	250	2.0	50
35mm²	300	2.3	50
50mm²	500	2.3	50

(3) 钳压接法

导线连接部分、连接管内壁均须用汽油清洗干净，导线清洗长度为连接管的 1.25 倍，涂以中性凡士林油再用细钢丝刷擦刷。如凡士林油已沾污则应抹去，重新涂上后再擦刷，然后带凡士林油进行压接。

钳接后，导线端头露出管口长度不应小于 20mm。钳接管端头的压坑应位于导线端部一侧，其压接顺序如图 8-27 所示。连接管压接时各部位的尺寸见表 8-6。

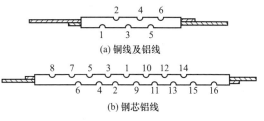

图 8-27 导线压接顺序图

表 8-6 连接管压接时各部位的尺寸 mm

导线型号	从一端直至压坑中心		压坑间距	压坑数	压坑深度	压接管全长
	上面	下面				
LGJ-35	84.6	27.5	38	14	5.5	340±5
LGJ-50	94.5	31.5	38	16	6.1	420±5
LGJ-70	107	29	52	16	6.2	500±5
LGJ-95	127.5	40.5	53	20	7.2	690±5
LJ-16	34	20	28	6	4.9	110±5
LJ-25	36	20	32	6	5.3	120±5
LJ-35	43	25	36	6	6.4	140±5
LJ-50	45	25	40	8	6.9	190±5
LJ-70	50	50	44	8	7.1	210±5
LJ-95	56	56	48	10	7.2	280±5

压接完毕后，连接管有下列情况之一者，应切断重接：
① 管身弯曲度超过管长的 3%时；
② 发现连接管有裂纹时；
③ 连接管的电阻大于等于导线的电阻时。

8.8.9 导线在绝缘子上的绑扎方法

在低压架空线路上，一般都有绝缘子作为导线的支持物。直线杆上的导线与绝缘子的贴靠方向应一致；转角杆上的导线，必须贴靠在绝缘子外侧。导线在绝缘子上的固定，均采用绑扎方法，裸铝绞线因质地过软，而绑扎线较硬，且绑扎时用力较大，故在绑扎前需在铝绞线上包缠一层保护层（如铝包带），包缠长度以两端各伸出绑扎处 10～30mm 为准。

(1) 蝶形绝缘子上导线的绑扎

绑扎前，先在导线绑扎处包缠 150mm 长的铝带，包缠时，铝带每圈排列必须整齐、紧密和平服。

① 导线在蝶形绝缘子直线支持点上的绑扎方法

a. 把导线紧贴在绝缘子颈部嵌线槽内，并使扎线一端留出足够在嵌线槽中绕一圈和在导线上绕 10 圈的长度，并且使扎线与导线成×状相交。蝶形绝缘子直线支持点的绑扎方法，如图 8-28（a）所示。

b. 把扎线从导线右下侧绕嵌线槽背后至导线左边下侧，按逆时针方向围绕正面嵌线槽，从导线右边上侧绕出，如图 8-28（b）所示。

c. 接着将扎线贴紧并围绕绝缘子嵌线槽背后至导线左边下侧，在贴近绝缘子处开始，将扎线在导线上紧缠 10 圈后剪除余端，如图 8-28（c）所示。

d. 把扎线的另一端围绕嵌线槽背后至导线右边下侧，也在贴近绝缘子处开始，将扎线在导线上紧缠 10 圈后剪除余端，如图 8-28（d）所示。

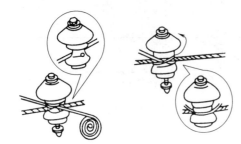

(a) 扎线与导线成×状相交　　(b) 扎线缠绕在绝缘子上

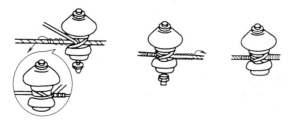

(c) 扎线缠紧导线　　(d) 缠绕扎线另一端　　(e) 绑扎完毕

图 8-28　导线在蝶形绝缘子直线支持点上的绑扎方法

② 导线在蝶形绝缘子始端和终端支持点上的绑扎方法

a. 把导线末端先在绝缘子嵌线槽内围绕一圈，如图 8-29（a）所示。

b. 接着把导线末端压着第一圈后再绕第二圈，如图 8-29（b）所示。

c. 把扎线短的一端嵌入两导线末端并合处的凹缝中，扎线长的一端在贴近绝缘子处，按顺时针方向把两导线紧紧地缠扎在一起，如图 8-29（c）所示。

d. 把扎线的长端在导线上缠绕到 100mm 长后，与扎线短端用钢丝嵌紧绞 6 圈，后剪去余端，并使它贴紧在两导线的夹缝中，如图 8-29（d）所示。

(2) 针式绝缘子上导线的绑扎

① 导线在针式绝缘子的顶部的绑扎方法　架空线路直线杆针式绝缘子上绑扎时常采用顶绑法，如图 8-30 所示。绑扎时，首先在导线绑扎处绑铝带 150mm。所用铝带宽为 10mm，厚度为 1mm。绑线的材料应与导线材料相同，其直径应在 2.6～3mm 范围内。把绑线绕成卷，在一端留出一个长为 250mm 的短头。

② 导线在针式绝缘子颈部的绑扎方法　转角杆针式绝缘子上的绑扎采用侧绑法，导线应放在绝缘子颈部外侧，如图 8-31 所示。若由于绝缘子顶槽太浅，直线杆也可以用这种绑扎方法。在导线绑扎处同样要绑以铝带。绑线最后要到绝缘子颈部内侧中间，与绑线短头扭

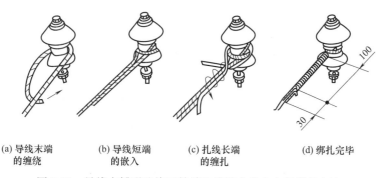

(a) 导线末端　　　(b) 导线短端　　　(c) 扎线长端　　　(d) 绑扎完毕
　　的缠绕　　　　　　的嵌入　　　　　　的缠扎

图 8-29　导线在蝶形绝缘子始端和终端支持点上的绑扎方法

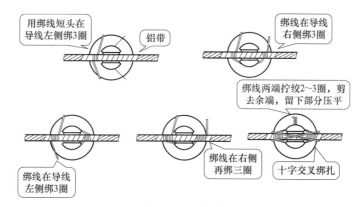

图 8-30　顶绑法

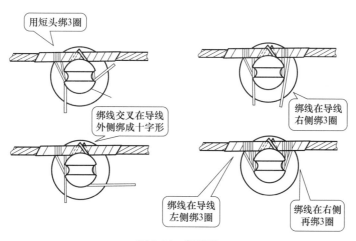

图 8-31　侧绑法

绞成 2～3 圈的麻花线，减去余端后压平。

○ 8. 8. 10　架空线路档距与导线弧垂的选择

（1）架空线路档距的选择
档距是指相邻两电杆之间的水平距离。

档距与电杆高度之间相互影响。如加大档距，则可以减少线路电杆的数量，但弧垂增加。为满足导线对地距离的要求，就必须增加电杆的高度。反之，将档距减少，就可减小电杆的高度。因此，档距应根据导线对地的距离、电杆的高度以及地形的特点等因素来确定。

380/220V 低压架空线路常用档距可参考表 8-7。

表 8-7　380/220V 低压架空线路常用档距

导线水平间距/mm	300			400	
档距/m	25	30	40	50	60
适用范围	①城镇闹市街道 ②城镇、农村居民点 ③乡镇企业内部		①城镇非闹市区 ②城镇工厂区 ③居民点外围	①城镇工厂区 ②居民点外围 ③田间	

(2) 架空线路导线弧垂的选择

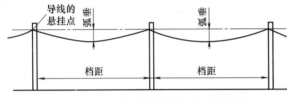

图 8-32　架空线路的档距与弧垂示意图

在两根电杆之间，导线悬挂点与导线最低点之间的垂直距离称为导线的弧垂（又称弧度），如图 8-32 所示。

导线弧垂的大小不仅与导线的截面积有关，而且与当地的气候条件、风速、温度以及导线架设的档距有关。

弧垂不宜太长，以防止导线在受风力而摆动时发生相间短路，或者因过分靠近旁边的树木或建筑物，而发生对地短路；弧垂也不宜太小，否则导线内张力太大，会使电杆倾斜或导线本身断裂。此外，还要考虑到导线热胀冷缩等因素，冬季施工弧垂调小些，夏季施工弧垂调大些。同一档距内，导线的材料和弧垂必须相同，以防被风吹动时发生相间短路，烧伤或烧断导线。

◉ 8.8.11　架空线对地和跨越物的最小距离的规定

在最大弧垂和最大风偏时，架空线对地和跨越物的最小距离数值见表 8-8。

表 8-8　架空线对地和跨越物的最小距离

线路经过地区或跨越项目			最小距离/m
地面	市区、厂区、城镇		6.0
	乡、村、集镇		5.0
	自然村、田野、交通困难地区		4.0
道路	公路、小铁路、拖拉机跑道		6.0
	至铁路轨顶	公用	7.5
		非公用	6.0
	电车道	至路面	9.0
		至承力索或接触线	3.0
通航河流	常年洪水位		6.0
	航船桅杆		1.0
不能通航及不能浮运的河及湖	冬季至冰面		5.0
	至最高水位		3.0
管索道	在管道上面通过		1.5
	在管道下面通过		1.5
	在索道上、下面通过		1.5

续表

线路经过地区或跨越项目		最小距离/m
房屋建筑①	垂直	2.5
	水平、最凸出部分	1.0
树木②	垂直	1.0
	水平	1.0
通信广播线	交叉跨越(电力线必须在上方)	1.0
	水平接近通信线③	倒杆距离
电力线	垂直交叉 0.5kV 以下	1.0
	垂直交叉 6~10kV	2.0
	垂直交叉 35~110kV	3.0
	垂直交叉 154~220kV	4.0
	水平接近 0.5kV 以下	2.5
	水平接近 6~10kV	2.5
	水平接近 35~110kV	5.0
	水平接近 154~220kV	7.0

① 架空线严禁跨越易燃建筑的屋顶。
② 导线对树木的距离,应考虑修剪周期内树木的生长高度。
③ 在路径受限制地区,1kV 以下最小 1m,1~10kV 最小 2m。

8.8.12 架空线路竣工时应检查的内容

架空线路竣工检查的内容如下:
① 电杆有无损伤、裂纹、弯曲和变形。
② 横担是否水平,角度是否符合要求。
③ 导线是否牢固地绑在绝缘子上,导线对地面或其他交叉跨越设施的距离是否符合要求,弧垂是否合适。
④ 转角杆、分支杆、耐张杆等的跳线是否绑好,与导线、拉线的距离是否符合要求。
⑤ 拉线是否符合要求。
⑥ 螺母是否拧紧,电杆、横担上有无遗留的工具。
⑦ 测量线路的绝缘电阻是否符合要求。

8.8.13 架空线路的巡视检查

进行架空线路巡视检查是为了掌握架空线路的运行情况,及时发现问题,防止事故的发生。同时,经过巡视检查提供线路检修的详细内容。因此,对于在巡视中发现的问题,应详细地记录其地点和杆号。

(1) 巡视的种类

① 定期性巡视 定期性巡视一般是 1~2 个月进行一次。定期性巡视是巡线人员日常工作的主要内容之一,通过定期巡视,可以及时了解和掌握线路元件、配电设备的运行情况以及沿线的环境状况等。

② 特殊性巡视 当气候异常变化或沿线地区受到自然灾害将严重影响线路供电安全时,

需要立即进行特殊巡视。特殊巡视可以及时发现线路的缺陷。如重雾或大雪时巡视，可以及时发现绝缘子放电以及导线接头发热等故障；雷雨过后巡视，可以及时发现线路设施有无损坏和防雷保护装置的动作情况。

③ 夜间巡视　夜间巡视的主要目的是检查导线连接和绝缘子的缺陷。因为夜间可以发现在白天巡视中无法发现的缺陷，如电晕（由于绝缘子严重脏污，造成的绝缘子表面闪络前的表面放电现象）和导线接触部位发红现象（由于导线接触不良，当通过负荷电流时，导线接触部位的温度上升很高，导致接头发红），在夜间都可以看出。

夜间巡视应在线路负荷最大，而且没有月光的时刻进行，每次巡线人数不得少于两人，并应沿线路外侧进行巡视，以免误碰到掉落地面的断线而发生触电事故。

④ 故障性巡视　故障性巡视是在线路发生故障、开关掉闸后（无论是否重合良好或有无接地现象），运行人员应沿线路进行巡视，查找故障地点及故障内容。对于线路较长、分布较广的线路，可采取分段巡查的办法，以便尽快发现故障点。

(2) 巡视的内容

架空线路巡视检查的主要内容如下：

① 检查电杆有无倾斜、变形、腐朽或损坏，察看电杆基础是否完好。

② 检查拉线有无松弛、破损现象，拉线金具及拉线桩是否完好。

③ 检查电杆金具和绝缘子支持物是否牢固，有无焊缝开裂；螺钉、螺母有无丢失和松动；横担有无倾斜现象。

④ 检查线路是否与树枝或其他物体相接触，导线上是否悬挂有树枝、瓜藤、风筝等杂物。

⑤ 检查导线的接头是否完好，有无过热发红、氧化或断脱现象。

⑥ 检查导线是否在绝缘子上绑扎良好。

⑦ 检查绝缘子有无破损、放电或严重污染等现象。

⑧ 检查沿线路的地面有无易燃、易爆或强腐蚀性物体堆放。

⑨ 检查沿线路附近有无可能影响线路安全运行的危险建筑物或新建的违章建筑物。

⑩ 检查接地装置是否完好，特别是雷雨季节前应对避雷器的接地装置进行重点检查。

⑪ 检查是否有其他危及线路安全的异常情况。

⑫ 检查拉线是否完好，以及拉线是否松弛、螺钉是否锈蚀等。

(3) 架空线路巡视检查的注意事项

① 巡视过程中，无论线路是否停电，均应视为带电，巡线时应走上风侧。

② 单人巡线时，不可做登杆工作，以防无人监护而造成触电。

③ 巡线中发现线路断线，应设法防止他人靠近，在断线周围 8m 以内不准进入。应找专人看守，并设法迅速处理。

④ 夜间巡视时，应准备照明用具，巡线员应在线路两侧行走，以防断线或倒杆危及人身安全。

⑤ 对于检查中发现的问题，应在专用的运行维护记录中做好记载。

⑥ 对能当场处理的问题应当立即进行处理，对重大的异常现象应及时报告主管部门迅速处理。

>>> 8.9 低压接户线与进户线

8.9.1 低压线进户方式

从低压架空线路的电杆上引至用户室外第一个支持点的一段架空导线称为接户线。从用户户外第一个支持点至用户户内第一个支持点之间的导线称为进户线。常用的低压线进户方式如图 8-33 所示。

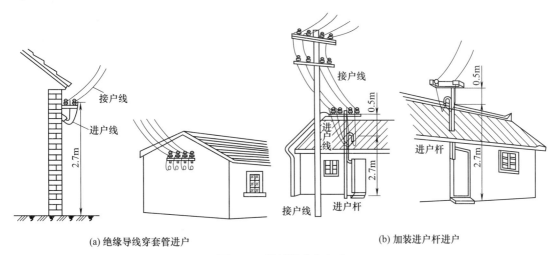

(a) 绝缘导线穿套管进户　　　　　　　　(b) 加装进户杆进户

图 8-33　低压线进户方式

8.9.2 低压接户线的敷设

① 接户线的档距不宜超过 25m。超过 25m 时，应在档距中间加装辅助电杆。接户线的对地距离一般不小于 2.7m，以保证安全。

② 接户线应从接户杆上引接，不得从档距中间悬空连接。接户杆顶的安装形式如图 8-34所示。

③ 接户线安装施工中，低压接户线的线间距离，以及接户线的最小截面积，必须同时符合表 8-9 和表 8-10 中的有关规定。

表 8-9　低压接户线允许的最小线间距离

敷设方式	档距/m	最小距离/m
由杆上引下	25 及以下	0.15
	25 以上	0.20
沿墙敷设	6 及以下	0.10
	6 以上	0.15

④ 接户线安装施工时，经常会遇到必须跨越街道、胡同（里弄）、巷及建筑物，以及与其他线路发生交叉等情况，为保证安全可靠地供电，其距离必须符合表 8-11 中所列的有关规定。

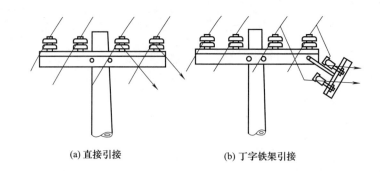

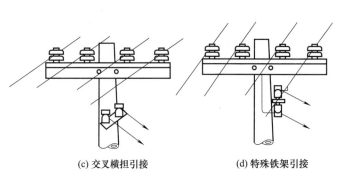

图 8-34　接户杆杆顶的安装形式

表 8-10　低压接户线的最小允许截面积

敷设方式	档距/m	最小截面积/mm²	
		铜线	铝线
自由杆上引下	10 及以下	2.5	6.0
	10~25	4.0	10.0
沿墙敷设	6 及以下	2.5	4.0

表 8-11　低压接户线跨越交叉的最小距离

序号	接户线跨越交叉的对象		最小距离/m
1	跨越通车的街道		6
2	跨越通车困难的街道、人行道		3.5
3	跨越胡同(里弄)、巷		3①
4	跨越阳台、平台、工业建筑屋顶		2.5
5	与弱电线路的交叉距离	接户线在上方时	0.6②
		接户线在下方时	0.3②
6	离开屋面		0.6
7	与下方窗户的垂直距离		0.3
8	与上方窗户或阳台的垂直距离		0.8
9	与窗户或阳台的水平距离		0.75
10	与墙壁或构架的水平距离		0.05

① 住宅区跨越场地宽度在 3m 以上 8m 以下时，则高度一般应不低于 4.5m。
② 如不能满足要求，应采取隔离措施。

● 8.9.3　低压进户线的敷设

① 进户线应采用绝缘良好的铜芯或铝芯绝缘导线，并且不应有接头。铜芯线的最小截

面积不宜小于 1.5mm²，铝芯线的最小截面积不宜小于 2.5mm²。

② 进户线穿墙时，应套上瓷管、钢管、塑料管等保护套管，如图 8-35 所示。

③ 进户线在安装时应有足够的长度，户内一端一般接总熔断器，如图 8-36（a）所示。户外一端与接户线连接后一般应保持 200mm 的弛度，如图 8-36（b）所示。户外一端进户线不应小于 800mm。

④ 进户线的长度超过 1m 时，应用绝缘子在导线中间加以固定。套管露出墙壁部分应不小于 10mm，在户外的一端应稍低，并做成方向朝下的防水弯头。

为了防止进户线在套管内绝缘破坏而造成相间短路，每根进户线外部最好套上软塑料管，并在进户线防水弯处最低点剪一个小孔，以防存水。

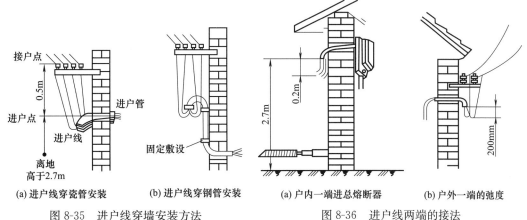

(a) 进户线穿瓷管安装　　(b) 进户线穿钢管安装

图 8-35　进户线穿墙安装方法

(a) 户内一端进总熔断器　　(b) 户外一端的弛度

图 8-36　进户线两端的接法

第 **9** 章

室内配电线路

>>> 9.1 认识室内配电线路

9.1.1 室内配电线路的种类

室内配电线路是指敷设在建筑物内，接到用电器具的供电线路和控制线路。室内配线分为明配线和暗配线两种。导线沿墙壁、天花板、房梁以及柱子等明敷设的配线，称为明配线；导线穿入管中并埋设在墙壁内、地坪内或装设在顶棚内的配线，称为暗配线。

按配线方式的不同室内配线可分为瓷夹板配线、塑料夹板配线、绝缘子配线、槽板配线、钢管配线、塑料管配线、钢索配线等。

9.1.2 常用室内配电线路适用的场合

① 瓷夹板配线，适用于负荷较小的干燥场所，如办公室、住宅内照明的明配线。
② 鼓形绝缘子配线，适用于负荷较大的干燥或潮湿场所。
③ 针式绝缘子配线，适用于负荷较大、线路较长而且受拉力较大的干燥或潮湿场所。
④ 槽板配线，适用于负荷较小、要求美观的干燥场所。
⑤ 金属管配线，适用于导线易受损伤、易发生火灾的场所，有明管配线和暗管配线两种。
⑥ 塑料管配线，适用于潮湿或有腐蚀性的场所，有明管配线和暗管配线两种。
⑦ 钢索配线，适用于屋架较高、跨度较大的大型厂房，多数应用在照明线上，用于固定导线和灯具。

9.1.3 室内配电线路应满足的技术要求

室内配线不仅要求安全可靠，而且要使线路布置合理、整齐美观、安装牢固，其一般技术要求如下。

① 导线的额定电压应不小于线路的工作电压；导线的绝缘应符合线路的安装方式和敷设的环境条件；导线的截面积应能满足电气性能和力学性能的要求。

② 配线时应尽量避免导线接头。导线必须接头时，接头应采用压接或焊接。导线连接和分支处不应受机械力的作用。穿管敷设导线，在任何情况下都不能有接头，必要时尽量将接头放在接线盒的接线柱上。

③ 在建筑物内配线要保持水平或垂直。水平敷设的导线，距地面不应小于 2.5m；垂直敷设的导线，距地面不应小于 1.8m。否则，应装设预防机械损伤的装置加以保护，以防漏电伤人。

④ 导线穿过墙壁时，应加套管保护，管内两端出线口伸出墙面的距离应不小于 10mm。在天花板上走线时，可采用金属软管，但应固定稳妥。

⑤ 配线的位置应尽可能避开热源和便于检查、维修。

⑥ 弱电线不能与大功率电力线平行，更不能穿在同一管内。如因环境所限，必须平行走线时，则应远离 50cm 以上。

⑦ 报警控制箱的交流电源应单独走线，不能与信号线和低压直流电源线穿在同一管内。

⑧ 为了确保用电安全，室内电气管线和配电设备与其他管道、设备间的最小距离不得小于表 9-1 所规定的数值；否则，应采取其他保护措施。

表 9-1　室内电气管线和配电设备与其他管道、设备间的最小距离　　　　　　m

类别	管线及设备名称	管内导线	明敷绝缘导线	裸母线	配电设备
平行	煤气管	0.1	1.0	1.0	1.5
	乙炔管	0.1	1.0	2.0	3.0
	氧气管	0.1	0.5	1.0	1.5
	蒸气管	1.0/0.5	1.0/0.5	1.0	0.5
	暖水管	0.3/0.2	0.3/0.2	1.0	0.1
	通风管	—	0.1	1.0	0.1
	上、下水管	—	0.1	1.0	0.1
	压缩气管	—	0.1	1.0	0.1
	工艺设备	—	—	1.5	—
交叉	煤气管	0.1	0.3	0.5	
	乙炔管	0.1	0.5	0.5	
	氧气管	0.1	0.3	0.5	
	蒸气管	0.3	0.3	0.5	
	暖水管	0.1	0.1	0.5	
	通风管	—	0.1	0.5	
	上、下水管	—	0.1	0.5	
	压缩气管	—	0.1	0.5	
	工艺设备	—	—	1.5	

注：表中有两个数据者，第一个数值为电气管线敷设在其他管道之上的距离；第二个数值为电气管线敷设在其他管道下面的距离。

◯ 9.1.4　室内配线的施工步骤

室内配线无论采用什么配线方式，其施工步骤基本相同。通常包括以下工序：

① 根据施工图确定配电箱、灯具、插座、开关、接线盒等设备预埋件的位置。

② 确定导线敷设的路径，穿墙、穿楼板的位置。

③ 配合土建施工，预埋好管线或配线固定材料、接线盒（包括开关盒、插座盒等）及

木砖等预埋件。在线管弯头较多、穿线难度较大的场所，应预先在线管中穿好牵引铁丝。

④ 安装固定导线的元件。

⑤ 按照施工工艺要求，敷设导线。

⑥ 连接导线、包缠绝缘，检查线路的安装质量。

⑦ 完成开关、插座、灯具及用电设备的接线。

⑧ 进行绝缘测试、通电试验及全面验收。

≫ 9.2 导线的连接

9.2.1 导线接头应满足的基本要求

在配线过程中，因出现线路分支或导线太短，经常需要将一根导线与另一根导线连接。在各种配线方式中，导线的连接除了针式绝缘子、鼓形绝缘子、蝶形绝缘子配线可在布线中间处理外，其余均需在接线盒、开关盒或灯头盒内等处理。导线的连接质量对安装的线路能否安全可靠运行影响很大。常用的导线连接方法有绞接、绑接、焊接、压接和螺栓连接等，其基本要求如下：

① 剥削导线绝缘层时，无论用电工刀或剥线钳，都不得损伤线芯。

② 接头应牢固可靠，其机械强度不小于同截面导线的 80%。

③ 连接电阻要小。

④ 绝缘要良好。

9.2.2 单芯铜线的连接方法

根据导线截面积的不同，单芯铜导线的连接常采用绞接法和绑接法。

(1) 绞接法

绞接法适用于 $4mm^2$ 及以下的小截面积单芯铜线直线连接和分线（支）连接。绞接时，先将两线相互交叉，同时将两线芯互绞 2～3 圈后，再扳直与连接线成 90°，将导线两端分别在另一线芯上紧密地缠绕 5 圈，余线割弃，使端部紧贴导线，如图 9-1 (a) 所示。

双线芯连接时，两个连接处应错开一定距离，如图 9-1 (b) 所示。

单芯丁字分线连接时，将导线的线芯与干线交叉，一般先打结或粗卷 1～2 圈以防松脱，然后再密绕 5 圈，如图 9-1 (c)、(d) 所示。

单芯线十字分线绞接方法如图 9-1 (e)、(f) 所示。

(2) 绑接法

绑接法又称缠卷法，分为加辅助线和不加辅助线两种，一般适用于 $6mm^2$ 及以上的单芯线的直线连接和分线连接。

连接时，先将两线头用钳子适当弯起，然后并在一起。加辅助线（填一根同径芯线）后，一般用一根 $1.5mm^2$ 的裸铜线作绑线，从中间开始缠绑，缠绑长度约为导线直径的 10 倍。两头再分别在一线芯上缠绕 5 圈，余下线头与辅助线绞合 2 圈，剪去多余部分。较细的

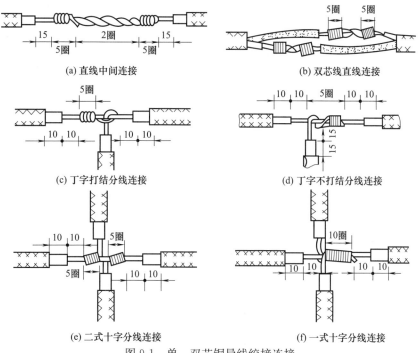

(a) 直线中间连接　　　　　　　　(b) 双芯线直线连接

(c) 丁字打结分线连接　　　　　　(d) 丁字不打结分线连接

(e) 二式十字分线连接　　　　　　(f) 一式十字分线连接

图9-1　单、双芯铜导线绞接连接

导线可不用辅助线。加辅助线示意图及直线连接如图9-2（a）、（b）所示。

单芯丁字分线连接时，先将分支导线折成90°紧靠干线，其公卷长度也为导线直径的10倍，再单绕5圈，如图9-2（c）所示。

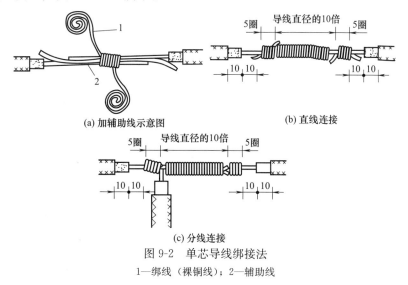

(a) 加辅助线示意图　　　　　　　(b) 直线连接

(c) 分线连接

图9-2　单芯导线绑接法

1—绑线（裸铜线）；2—辅助线

9.2.3　多芯铜线的连接方法

(1) 多芯铜导线的直线连接

连接时，先剥取导线两端绝缘层，将导线线芯顺次解开，成30°伞状，把中心线剪短一股,将导线逐根拉直,用细砂纸清除氧化膜,再把各张开的线端顺序交叉插进去成为一体。选择合适的缠绕长度,把张开的各线端合拢,取任意两股同时缠绕 5~6 圈后,另换两股缠绕,把原有的两股压住或剪断,再缠绕 5~6 圈后,又换两股缠绕,如此下去,直至缠至导线解开点,剪去余下线芯,并用钳子敲平线头。另一侧也同样缠绕,如图 9-3(a)所示。

(2) 多芯铜导线的分线连接

连接时,先剥开导线绝缘层,将分线端头松开折成 90°并靠紧干线,在绑线端部相应长度处弯成半圆形。再将绑线短端弯成与半圆形成 90°与分接线靠紧,用长端缠绕。当长度达到接合处导线直径的 5 倍时,再将两端部绞捻 2 圈,剪去余线,如图 9-3(b)所示。

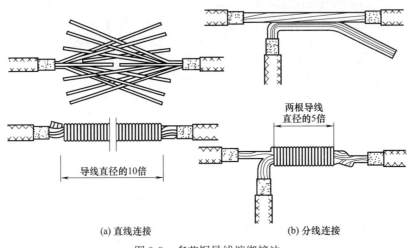

(a) 直线连接   (b) 分线连接

图 9-3 多芯铜导线缠绑接法

◯ 9.2.4 铝芯导线的压接

(1) 铝芯导线用压接管压接

接线前,先选好合适的压接管,清除线头表面和压接管内壁上的氧化层和污物,涂上凡士林,如图 9-4(a)所示。将两根线的线头相对插入并穿出压接管,使两线端各自伸出压接管 25~30mm,如图 9-4(b)所示。用压接钳压接,如图 9-4(c)所示。如果压接钢芯铝绞线,则应在两根芯线之间垫上一层铝质垫片。压接钳在压接管上的压坑数目,室内线头通常为 4 个,室外通常为 6 个,如图 9-4(d)所示。

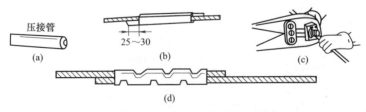

图 9-4 铝芯导线用压接管压接

(2) 铝芯导线用并沟线夹螺栓压接

连接前,先用钢丝刷除去导线线头和并沟线夹线槽内壁上的氧化层和污物,涂上凡士

林，然后将导线卡入线槽，旋紧螺栓，使并
沟线夹紧紧夹住线头而完成连接。为防止螺
栓松动，压紧螺栓上应套以弹簧垫圈，如图
9-5所示。

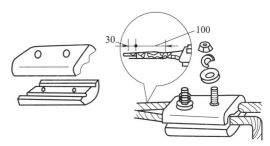

图9-5 铝芯导线用并沟线夹螺栓压接

9.2.5 多股铝芯线与接线端子的连接

多股铝芯线与接线端子连接，可根据导
线截面积选用相应规格的铝接线端子，采用压接或气焊的方法进行连接。

压接前，先剥出导线端部的绝缘，剥出长度一般为接线端子内孔深度再加5mm。然后
除去接线端子内壁和导线表面的氧化膜，涂以凡士林，将线芯插入接线端子内进行压接。先
划好相应的标记，开始压接靠近导线绝缘的一个坑，后压另一个坑，压坑深度以上下模接触
为宜，压坑在端子的相对位置如图9-6及表9-2所示。压好后，用锉刀锉去压坑边缘因被压
而翘起的棱角，并用砂布打光，再用沾有汽油的抹布擦净即可。

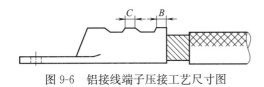

图9-6 铝接线端子压接工艺尺寸图

表9-2 铝接线端子压接尺寸表　　　mm

导线截面积/mm²	16	25	35	50	70	95	120	150	185	240
C	3	3	5	5	5	5	5	5	5	6
B	3	3	3	3	3	3	4	4	5	5

9.2.6 单芯绝缘导线在接线盒内的连接

(1) 单芯铜导线

连接时，先将连接线端相并合，在距绝缘层15mm处用其中的一根芯线在其连接线端
缠绕2圈，然后留下适当长度余线剪断折回并压紧，以防线端部扎破所包扎的绝缘层，如图
9-7（a）所示。

三根及以上单芯铜导线连接时，可采用单芯线并接方法进行连接。先将连接线端相并
合，在距绝缘层15mm处用其中的一根线芯，在其连接线端缠绕5圈剪断，然后把余下的
线头折回压在缠绕线上，最后包扎好绝缘层，如图9-7（b）所示。

注意，在进行导线下料时，应计算好每根短线的长度，其中用来缠绕的线应长于其他

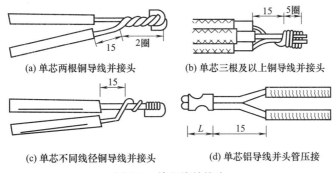

(a) 单芯两根铜导线并接头　　　　(b) 单芯三根及以上铜导线并接头

(c) 单芯不同线径铜导线并接头　　　(d) 单芯铝导线并头管压接

图9-7 单芯线并接头

线，一般不能用盒内的相线去缠绕并接的导线，这样将会导致盒内导线留头过短。

（2）异径单芯铜导线

不同直径的导线连接时先将细线在粗线上距绝缘层 15mm 处交叉，并将线端部向粗线端缠绕 5 圈，再将粗线端头折回，压在细线上，如图 9-7（c）所示。注意，如果细导线为软线，则应先进行挂锡处理。

（3）单芯铝导线

在室内配线工程中，对于 10mm² 及以下的单芯铝导线的连接，主要采用铝套管进行局部压接。压接前，先根据导线截面积和连接线根数选用合适的压接管。再将要连接的两根导线的线芯表面及铝套管内壁氧化膜清除，然后最好涂上一层中性凡士林油膏，使其与空气隔绝不再氧化。压接时，先把线芯插入适合线径的铝管内，用端头压接钳将铝管线芯压实两处，如图 9-7（d）所示。

单芯铝导线端头除用压接管并头连接外，还可采用电阻焊的方法将导线并头连接。单芯铝导线端头熔焊时，其连接长度应根据导线截面积大小确定。

◎ 9.2.7　多芯绝缘导线在接线盒内的连接

（1）铜绞线

铜绞线一般采用并接的方法进行连接。并接时，先将绞线破开顺直并合拢，用多芯导线分支连接缠绕法弯制绑线，在合拢线上缠绕。其缠绕长度（尺寸 A）应为两根导线直径的 5 倍，如图 9-8（a）所示。

（2）铝绞线

多股铝绞线一般采用气焊焊接的方法进行连接，如图 9-8（b）所示。焊接前，一般在靠近导线绝缘层的部位缠以浸过水的石棉绳，以避免焊接时烧坏绝缘层。焊接时，火焰的焰心应离焊接点 2～3mm，当加热至熔点时，即可加入铝焊粉（焊药）。借助焊粉的填充和搅动，使端面的铝芯融合并连接起来。然后焊枪逐渐向外端移动，直至焊完。

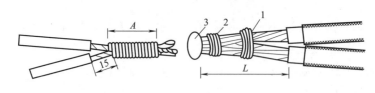

(a) 多股铜绞线并接头　　　　　　(b) 多股铝绞线气焊接头

图 9-8　多股绞线的并接头

1—石棉绳；2—绑线；3—气焊；

A—缠绕长度；L—长度（由导线截面积确定）

◎ 9.2.8　导线与接线桩的连接

在各种用电器和电气设备上，均设有接线桩（又称接线柱）供连接导线使用。常用的接线桩有平压式、针孔式和瓦形接线桩等。

(1) 导线与平压式接线桩的连接

导线与平压式接线桩的连接，可根据线芯的规格，采用相应的连接方法。对于截面积在 $10mm^2$ 及以下的单股铜导线，可直接与器具的接线端子连接。先把线头弯成羊角圈，羊角圈弯曲的方向应与螺钉拧紧的方向一致（一般为顺时针），且圈的大小及根部的长度要适当。接线时，羊角圈上面依次垫上一个弹簧垫和一个平垫，再将螺钉旋紧即可，如图 9-9 所示。

$2.5mm^2$ 及以下的多股铜软线与器具的接线桩连接时，先将软线芯做成羊角圈，挂锡后再与接线桩固定。注意，导线与平压式接线桩连接时，导线线芯根部无绝缘层的长度不要太长，根据导线粗细以 $1 \sim 3mm$ 为宜。

图 9-9　单股导线与平压式接线桩的连接

(2) 导线与针孔式接线桩的连接

导线与针孔式接线桩连接时，如果单股芯线与接线桩插线孔大小适宜，则只要把线芯插入针孔，旋紧螺钉即可。如果单股线芯较细，则应把线芯折成两根，再插入针孔进行固定，如图 9-10 所示。

图 9-10　单股导线与针孔式接线桩的连接

如果采用的是多股细丝的软线，必须先将导线绞紧，再插入针孔进行固定，如图 9-11 所示。如果导线较细，可用一根导线在待接导线外部绑扎，也可在导线上面均匀地搪上一层锡后再连接；如果导线过粗，插不进针孔，可将线头剪断几股，再将导线绞紧，然后插入针孔。

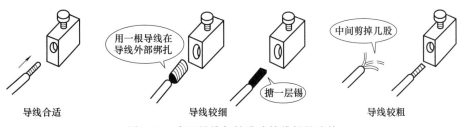

图 9-11　多股导线与针孔式接线桩的连接

(3) 导线与瓦形接线桩的连接

瓦形接线桩的垫圈为瓦形。为了不使导线从瓦形接线桩内滑出，压接前，应先将已除去氧化层和污物的线头弯成 U 形，如图 9-12 所示，再卡入瓦形接线桩压接。如果需要把两个线头接入一个瓦形接线桩内，则应使两个弯成 U 形的线头相重合，再卡入接线桩内进行压接。

注意，导线与针孔式接线桩连接时，应使螺钉顶压牢固且不伤线芯。如果用两

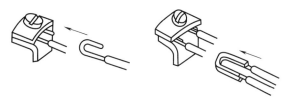

(a) 一个线头连接方法　　(b) 两个线头连接方法

图 9-12　单股芯线与瓦形接线桩的连接

个螺钉顶压，则线芯必须插到底，保证两个螺钉都能压住线芯。且要先拧紧前端螺钉，再拧紧另一个螺钉。

9.2.9 导线连接后绝缘带的包缠

(1) 导线直线连接后的包缠

绝缘带的包缠一般采用斜叠法，使每圈压叠带宽的半幅。包缠时，先将黄蜡带从导线左边完整的绝缘层上开始包缠，包缠两倍带宽后方可进入无绝缘层的芯线部分，如图 9-13（a）所示。另外，黄蜡带与导线应保持约 45°的倾斜角，每圈压叠带宽的 1/2，如图 9-13（b）所示。

包缠一层黄蜡带后，将黑胶布接在黄蜡带的尾端，按另一斜叠方向包缠一层黑胶布，也要每圈压叠带宽的 1/2，如图 9-13（c）、（d）所示。绝缘带的终了端一般还要再反向包缠 2～3 圈，以防松散。

注意事项：

① 用于 380V 线路上的导线恢复绝缘时，应先包缠 1～2 层黄蜡带，然后再包缠一层黑胶布。

② 用于 220V 线路上的导线恢复绝缘时，应先包缠一层黄蜡带，然后再包缠一层黑胶布；也可只包缠两层黑胶布。

③ 包缠时，要用力拉紧，使之包缠紧密坚实，不能过疏，更不允许露出芯线，以免造成触电或短路事故。

④ 绝缘带不用时，不可放在温度较高的场所，以免失效。

(2) 导线分支连接后的包缠

导线分支连接后的包缠方法如图 9-14 所示，在主线距离切口两倍带宽处开始起头。先用自黏性橡胶带缠包，便于密封防止进水。包扎到分支处时，用手顶住左边接头的直角处，使胶带贴紧弯角处的导线，并使胶带尽量向右倾斜缠绕。当缠绕右侧时，用手顶住右边接头直角处，胶带向左缠与下边的胶带成×状，然后向右开始在支线上缠绕。方法类同直线，应重叠 1/2 带宽。

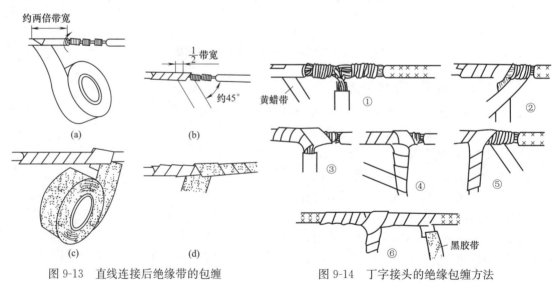

图 9-13　直线连接后绝缘带的包缠　　　图 9-14　丁字接头的绝缘包缠方法

在支线上包缠好绝缘，回到主干线接头处。贴紧接头直角处再向导线右侧包扎绝缘。包扎至主线的另一端后，再按上述方法包缠黑胶布即可。

》》 9.3 瓷夹板配线

○ 9.3.1 瓷夹板的种类

瓷夹板配线是指将导线放入瓷夹板槽内，再用木螺钉或膨胀螺钉将瓷夹板与墙体或建筑物的构架固定的方法。瓷夹板配线具有结构简单、布线费用少、安装维修方便等特点，但导线完全暴露在空间，容易遭受损坏，且不美观。因此在内线安装中，已逐渐被护套线所取代，但在干燥且用电量较小的场所仍在采用。

瓷夹板按槽数可分为单线式、双线式和三线式3种，常用的瓷夹板多为双线式和三线式，其外形如图9-15所示。

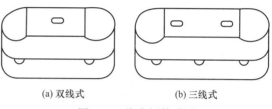

(a) 双线式　　　(b) 三线式

图 9-15　瓷夹板外形图

○ 9.3.2 瓷夹板配线的方法与注意事项

① 瓷夹板配线时，铜导线的线芯截面积不应小于$1mm^2$，铝导线的线芯截面积不应小于$1.5mm^2$，导线的线芯最大截面积不得大于$6mm^2$。

② 在敷设线路之前，应先进行定位划线，确定照明灯具、开关、插座等的安装位置以及线路走径。

③ 瓷夹板线路的各种间距应符合表9-3所示的要求。

表 9-3　瓷夹板线路的间距要求

瓷夹板间距/m	导线对敷设面最小距离/mm	导线对地面最小距离/m	
		水平敷设	垂直敷设
≤0.6	5	2	1.3

④ 导线在墙面上转弯时，应在转弯处装两副瓷夹板，如图9-16（a）所示。

⑤ 两条支路的4根导线相互交叉时，应在交叉处分装4副瓷夹板，在下面的两根导线应各套一根瓷管或硬塑料管，管的两端需靠紧瓷夹板，如图9-16（b）所示。

⑥ 导线分路时，应在连接处分装3副瓷夹板，当有一根支路导线跨过干线时，应加瓷管，瓷管的一端要紧靠瓷夹板，另一端靠住导线的连接处，如图9-16（c）所示。

⑦ 导线进入圆木前，应装一副瓷夹板，如图9-16（c）所示。

⑧ 当导线与热力管道交叉时，应采取图9-16（d）所示的方法施工。

⑨ 导线在不同平面上转弯时，转角的前后也应各装一副瓷夹板，如图9-16（e）所示。

⑩ 三条导线平行时，若采用双线瓷夹板，每一支持点应装两副瓷夹板，如图9-16（f）所示。

⑪ 在瓷夹板和槽板布线的连接处，应装一副瓷夹板，如图9-16（g）所示。

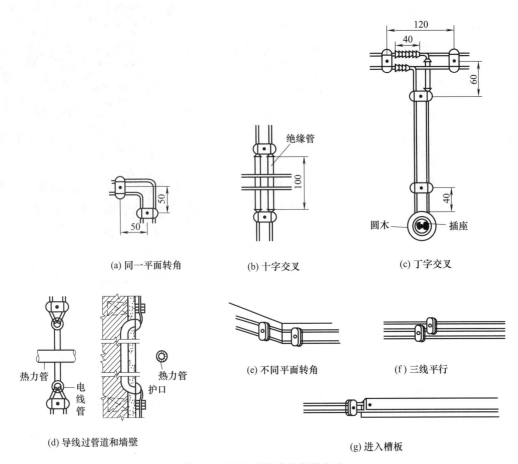

(a) 同一平面转角　　　　(b) 十字交叉　　　　(c) 丁字交叉

(d) 导线过管道和墙壁　　　　　　(e) 不同平面转角　　　　(f) 三线平行

(g) 进入槽板

图 9-16　瓷夹板线路的安装方法

≫≫ 9.4　绝缘子配线

◯ 9.4.1　绝缘子的种类

绝缘子配线又称瓷瓶配线，它是利用绝缘子、瓷柱来固定和支持导线的一种配线方式。因绝缘子较高、机械强度较大，它与瓷夹板（或塑料夹板）布线方式相比，可使导线与墙面距离增大，故可用于比较潮湿的场所，如地下室、浴室及户外。

绝缘子配线所用的绝缘子有鼓形绝缘子、蝶形绝缘子、直脚针式绝缘子、弯脚针式绝缘子等，常用绝缘子如第 8 章中图 8-4 所示。施工时，可根据用途和导线的规格选用。

◯ 9.4.2　绝缘子的固定

① 在木结构墙上固定绝缘子　在木结构墙上只能固定鼓形绝缘子，可用木螺钉直接拧

入，如图 9-17（a）所示。

② 在砖墙上固定绝缘子 在砖墙上，可利用预埋的木榫和木螺钉来固定鼓形绝缘子，如图 9-17（b）所示。

③ 在混凝土墙上固定绝缘子 在混凝土墙上，可用缠有铁丝的木螺钉和膨胀螺栓来固定鼓形绝缘子，或用预埋的支架和螺栓来固定鼓形绝缘子、蝶形绝缘子和针式绝缘子，也可用环氧树脂粘接剂来固定绝缘子，如图 9-17（c）所示。

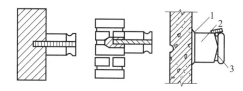

(a) 木结构上　　(b) 砖墙上　　(c) 环氧树脂固定

图 9-17　绝缘子的固定

1—粘接剂；2—绝缘子；3—绑扎线

④ 用预埋的支架和螺栓来固定鼓形绝缘子、蝶形绝缘子和针式绝缘子等，如图 9-18 所示。此外也可用缠有铁丝的木螺钉和膨胀螺栓来固定鼓形绝缘子。

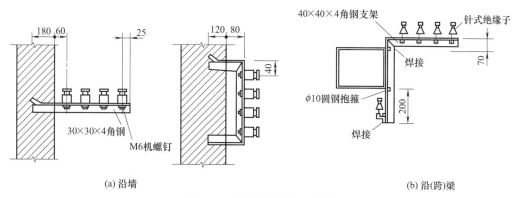

(a) 沿墙　　　　　　　　　　　　　　　(b) 沿(跨)梁

图 9-18　绝缘子在支架上安装

9.4.3　导线在绝缘子上的绑扎

(1) 导线绑扎方法

在绝缘子上敷设导线，应从一端开始，先将一端的导线绑扎在绝缘子的颈部，如果导线弯曲，应事先调直，然后将导线的另一端收紧，并绑扎固定在绝缘子的颈部，最后把中间导线也绑扎在绝缘子的颈部，如图 9-19 所示。

绑扎线宜采用绝缘线，对于橡皮绝缘导线，一般采用纱包铁芯绑扎线；对于塑料导线，一般采用相同颜色的聚氯乙烯线。绑扎线的选择可参考表 9-4。

表 9-4　绑扎线直径的选择

导线截面积/mm²	绑扎线直径/mm			绑扎卷数	
	纱包铁芯线	铜芯线	铝芯线	公卷数	单卷数
1.5～6	0.8	1.0	2.0	10	5
10～35	0.89	1.4	2.0	12	5
50～70	1.2	2.0	2.6	16	5
95～120	1.24	2.6	3.0	20	5

(2) 终端导线的绑扎

导线的终端可绑回头线，如图 9-20 所示。绑扎线的线径和绑

图 9-19　导线的绑扎方法

扎卷数见表 9-4。

(3) 直线段导线的绑扎

鼓形绝缘子和蝶形绝缘子配线的直线绑扎方法，可根据导线的截面积的大小来决定。导线截面积在 6mm² 及以下的采用单花绑法，其绑扎方法及绑扎步骤如图 9-21 所示；导线截面积在 10mm² 及以上的采用双花绑法，其绑扎方法及绑扎步骤如图 9-22 所示。

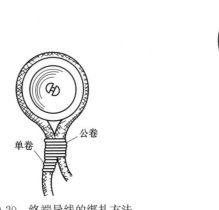

图 9-20 终端导线的绑扎方法

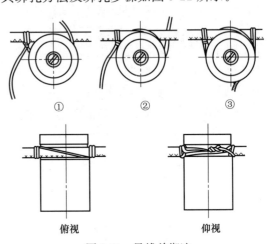

图 9-21 导线单绑法

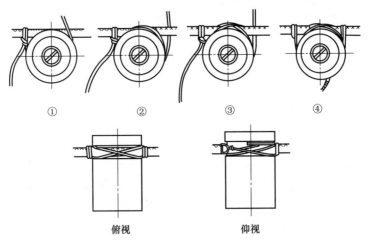

图 9-22 导线双绑法

平行的两根导线应放在两个绝缘子的同侧，如图 9-23（a）所示，或放在两个绝缘子的外侧，如图 9-23（b）所示，不能放在两个绝缘子的内侧，如图 9-23（c）所示。

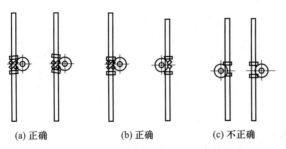

图 9-23 平行导线在绝缘子上的绑扎位置

9.4.4 绝缘子配线方法与注意事项

① 敷设导线时应做到横平竖直。水平敷设时，导线离地距离不小于 2.5m；

垂直敷设时，不低于 1.8m。

② 在建筑物绝缘子侧面或斜面配线时，应将导线绑扎在绝缘子上方，如图 9-24 所示。

③ 导线在同一平面内有曲折时，要将绝缘子装设在导线曲折角的内侧，如图 9-25 所示。

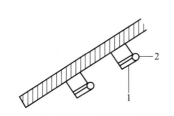

图 9-24　绝缘子在侧面或斜面时的导线绑扎
1—绝缘子；2—绝缘导线

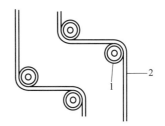

图 9-25　绝缘子在同一平面的转角做法
1—绝缘子；2—绝缘导线

④ 导线在不同的平面内有曲折时，在凸角的两面上应装设两个绝缘子。

⑤ 导线分支时，必须在分支点处设置绝缘子，用以支持导线；导线互相交叉时，应在距建筑物附近的导线上套瓷管保护，如图 9-26 所示。

⑥ 平行的两根导线，应放在两绝缘子的同一侧或两绝缘子的外侧，不能放在两绝缘子的内侧。

⑦ 绝缘子沿墙壁垂直排列敷设时，导线弛度不得大于 5mm；沿屋架或水平支架敷设时，导线弛度不得大于 10mm。

⑧ 在隐蔽的吊棚内，不允许用绝缘子配线。导线穿墙和在不同平面的转角安装，可参照图 9-27 的做法进行。

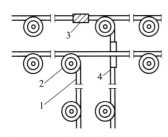

图 9-26　绝缘子配线的分支做法
1—导线；2—绝缘子；3—接头包胶布；4—绝缘管

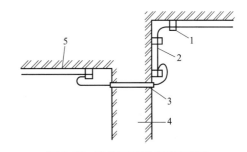

图 9-27　绝缘子配线穿墙和转角
1—绝缘子；2—导线；3—穿墙套管；4—墙壁；5—顶棚

⑨ 导线固定点的间距应符合表 9-5 的规定，并要求排列整齐，间距要对称均匀。

表 9-5　室内配线线间和导线固定点的间距

配线方式	导线截面积/mm²	固定点间最大允许距离/mm	导线间最小允许距离/mm
鼓形绝缘子配线	1～4	1500	70
	6～10	2000	70
	16～25	3000	100
蝶形绝缘子配线	4～10	2500	70
	16～25	3000	100
	35～70	6000	150
	95～120	6000	150

>>> 9.5　槽板配线

● 9.5.1　槽板的种类

　　槽板配线是把绝缘导线敷设在槽板的线槽内，上面用盖板把导线盖住的配线方式。槽板分为木制和塑料两种形式。槽板的规格有两线式和三线式等。槽板配线比瓷夹板配线整齐、美观，也比钢管配线价格便宜，一般适用于用电负荷较小、导线较细的办公室、生活间等干燥的房屋内；但槽板配线不应设在顶棚和墙壁内，也不应穿越顶棚和墙壁。目前，槽板配线的使用范围在不断减少，正在逐步被塑料护套线所取代。

　　常用塑料线槽的外形如图 9-28 所示，常用塑料线槽附件如图 9-29 所示，塑料线槽明敷设示意图如图 9-30 所示。

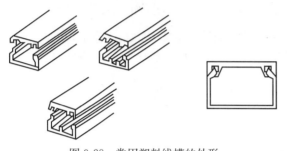

图 9-28　常用塑料线槽的外形

阳角　　阴角　　直转角　　平转角

平三通　　左三通　　右三通　　顶三通

连接头　　终端头　　盒插口

接线盒及其盖板　　灯头盒及其盖板

图 9-29　常用塑料线槽附件

● 9.5.2　槽板配线的方法步骤

　　① 固定槽底板：先在安装槽板的木榫固定点上用铁钉依次固定槽底板，且铁钉应钉在底板中间的木脊上。两块底板相连时，应将端口锯平或锯成 45°斜面，使宽窄槽对准，如图 9-31 所示。

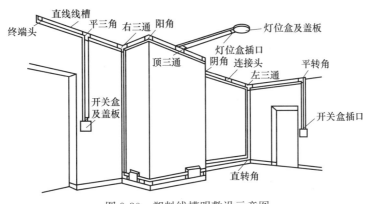

图 9-30　塑料线槽明敷设示意图

② 敷设导线：槽底板固定好后，就可在槽内敷设导线了。导线敷设到灯具、开关及插座等处时，一般要留出 100mm 出线头，以便连接。

③ 固定盖板：固定盖板应与敷设导线同步进行，即边敷设导线边将盖板固定在底板上。固定盖板可用铁钉直接钉在底板的木脊上，钉子要直，以免钉在导线上。钉与钉之间的距离不应大于 300mm，最末一根钉离槽板端部约为 15mm，最大不超过 40mm。盖板连接时，应锯成 45°角的斜面，盖板接口与底板接口应错开，其间距应大于 20mm。

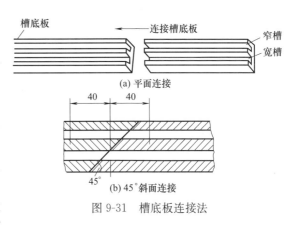

图 9-31　槽底板连接法

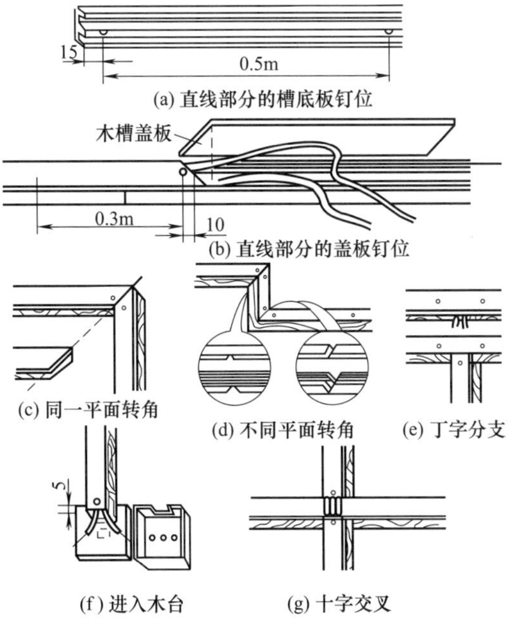

图 9-32　槽板配线的安装方法

9.5.3　槽板配线的具体要求

槽板配线的具体要求如下：

① 槽板所敷设的导线应采用绝缘导线。每槽内只允许敷设一根导线，而且不准有接头。

② 铜导线的线芯截面积应不小于 $0.5mm^2$，铝导线的线芯截面积应不小于 $1.5mm^2$，导线线芯的最大截面积不宜大于 $10mm^2$。

③ 线槽底板固定必须牢固，且横平竖直，无扭曲变形。固定点间的直线距离不大于 500mm，起点、终点、转角等处固定点的间距不大于 50mm，如图 9-32（a）和（b）所示。

④ 槽板线路穿越墙壁时，导线必须穿保

护套管。

⑤ 槽板下沿或端口离地面的最低距离为 0.15m；线路在穿越楼板时，穿越楼板段及离地板 0.15m 以下部分的导线，应穿钢管或硬塑料管加以保护。

⑥ 导线转弯时，应把槽底板、盖板的端口锯成 45°角，并一横一竖地拼成直角，在拼缝两边的底、盖上分别钉上铁钉，如图 9-32 (c) 所示。塑料槽板配线也可用角接头。

⑦ 导线在不同平面上转弯时，应根据转弯的方向把槽底板、盖板都锯成 ∧ 形或 ∨ 形（不可锯断，应留出 1mm 厚的连接处），浸水（塑料管可加热）后弯接，如图 9-32 （d）所示。

⑧ 导线在进行丁字形分支连接时，应在横装的槽底板的下边开一条凹槽，把导线引出，嵌入竖装的槽底板两条槽中。然后在凹槽两边的底、盖板及拼接处各钉上一根铁钉，如图 9-32 （e）所示。当然塑料槽板配线也可采用平三通。

⑨ 敷设有导线的槽板进入木台时，应伸入木台约 5mm。靠近木台的底、盖板上也应钉上铁钉，如图 9-32 （f）所示。

⑩ 两条线路的 4 根导线相互交叉时，应把上面一条线路的槽底板、盖板都锯断，用两根瓷管或硬塑料管穿套两根导线，再跨越另一条线路的槽板。断口两边的底、盖板上也要钉上铁钉，如图 9-32 （g）所示。

⟫⟫ 9.6　塑料护套线配线

◯ 9.6.1　塑料护套线的特点与种类

塑料护套线是一种具有塑料保护层的双芯或多芯绝缘导线，具有防潮、耐酸和耐腐蚀、线路造价较低、安装方便等优点，可以直接敷设在空心板、墙壁以及其他建筑物表面，可用铝线卡（俗称钢精扎头）或塑料钢钉线卡作为导线的支持物。塑料护套线主要用于居住和办公等建筑物内的电气照明及日用电器插座线路的明敷线路和敷设在空心楼板板孔内的暗敷设线路，但由于塑料护套线的截面积较小，大容量电路不宜采用。

工程中常用的塑料护套线有 BVV 型铜芯聚氯乙烯绝缘聚氯乙烯护套圆型电缆（电线）、BLVV 型铝芯聚氯乙烯绝缘聚氯乙烯护套圆型电缆（电线）、BVVB 型铜芯聚氯乙烯绝缘聚氯乙烯护套平型电缆（电线）及 BLVVB 型铝芯聚氯乙烯绝缘聚氯乙烯护套平型电缆（电线）等。

◯ 9.6.2　塑料护套线的定位和固定

(1) 划线定位

塑料护套线的敷设应横平竖直。首先，根据设计要求，按线路走向，用粉线沿建筑物表面，由始至终划出线路的中心线。同时，标明照明器具、穿墙套管及导线分支点的位置，以及接近电气器具旁的支持点和线路转角处导线支持点的位置。

塑料护套线支持点的位置，应根据电气器具的位置及导线截面积的大小来确定。塑料护套线布线在终端、转弯中点，电气器具或接线盒的边缘固定点的距离为50～100mm；直线部位的导线中间固定点的距离为150～200mm，均匀分布。两根护套线敷设遇到十字交叉时，交叉口的四方均应设有固定点。

(2) 导线固定

塑料护套线一般应采用专用的铝线卡（又称金属扎片或钢精扎头）或塑料钢钉线卡进行固定。按固定方式的不同，铝线卡又分为钉装式和粘接式两种，如图9-33所示。用铝线卡固定护套线，应在铝线卡固定牢固后再敷设护套线；而用塑料钢钉线卡固定护套线，则应边敷设护套线边进行固定。铝线卡的型号应根据导线型号及数量来选择。

① 钉装固定铝线卡　铝线卡应根据建筑物的具体情况选择。塑料护套线在木结构、已预埋好的木砖或木钉的建筑物表面敷设时，可用钉子直接将铝线卡钉牢，作为护套线的支持物；在抹有灰层的墙面上敷设时，可用鞋钉直接固定铝线卡；在混凝土结构或砖墙上敷设，可将铝线卡直接钉入建筑物混凝土结构或砖墙上。

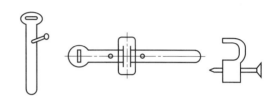

(a) 铝片线卡钉子固定　(b) 铝片线卡粘接固定　(c) 塑料钢钉线卡

图 9-33　铝片线卡和塑料钢钉线卡

在固定铝线卡时，应使钉帽与铝线卡一样平，以免划伤线皮。固定铝线卡时，也可采用冲击钻打孔，埋设木钉或塑料胀管到预定位置，作为护套线的固定点。

② 粘接固定铝线卡　粘接法固定铝线卡，一般适用于比较干燥的室内，应粘接在未抹灰或未刷油的建筑物表面上。护套线在混凝土梁或未抹灰的楼板上敷设时，应用钢丝刷先将建筑物粘接面的粉刷层刷净，再用环氧树脂将铝线卡粘接在选定的位置。

由于粘接法施工比较麻烦，应用不太普遍。

③ 塑料钢钉固定　塑料钢钉线卡是固定塑料护套线的较好支持件，且施工方法简单，特别适用于在混凝土或砖墙上固定护套线。在施工时，先将塑料护套线两端固定收紧，再在线路上确定的位置直接钉牢塑料线卡上的钢钉即可。

9.6.3　塑料护套线的敷设

① 护套线敷设之前，应把有弯曲的部分用干净布裹捏后来回勒直、勒平，使之平直无曲，如图9-34所示。

② 为了固定牢靠、连接美观，护套线经过勒直和勒平处理后，在敷设时还应把护套线尽可能地收紧，把收紧后的导线夹入另一端的瓷夹板等临时位置上，再按顺序逐一用铝片线卡夹持。长距离的直线部分，可在直线部分两端的

临时瓷夹

图 9-34　护套线的勒直方法

建筑物面上，临时各装一副瓷夹板作支持点，然后收紧导线，再逐一夹上铝片线卡，如图9-35（a）所示。短距离的直线部分或转角部分，可戴上纱手套后用手顺向按捺，使导线挺

直平复后夹上铝线卡，如图 9-35（b）所示。

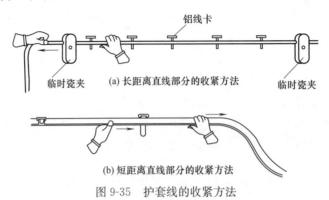

图 9-35 护套线的收紧方法

③ 夹持铝线卡时，应注意护套线必须置于线卡钉位或粘接位的中心，在扳起铝线卡首尾的同时，应用手指顶住支持点附近的护套线。铝线卡的夹持方法如图 9-36 所示。另外，在夹持铝线卡时应注意检查，若有偏斜，应用小锤轻敲线卡进行校正。

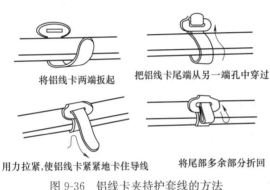

图 9-36 铝线卡夹持护套线的方法

④ 护套线在转角部位和进入电气器具、木（塑料）台或接线盒前以及穿墙处等部位时，如出现弯曲和扭曲，应顺弯按压，待导线平直后，再夹上铝线卡或塑料钢钉线卡。

⑤ 多根护套线成排平行或垂直敷设时，应上下或左右紧密排列，间距一致，不得有明显空隙。所敷设的线路应横平竖直，不应松弛、扭绞和曲折，平直度和垂直度不应大于 5mm。

⑥ 塑料护套线需要改变方向而进行转弯敷设时，弯曲后的导线应保持平直。为了防止护套线开裂，且敷设时易使导线平直，护套线在同一平面上转弯时，弯曲半径应不小于护套线宽度的 3 倍；在不同平面转弯时，弯曲半径应不小于护套线厚度的 3 倍。

⑦ 护套线跨越建筑物变形缝时，导线两端应固定牢固，中间变形缝处要留有适当余量，以防导线受到损伤。

⑧ 塑料护套线也可穿管敷设，其技术要求与线管配线相同。

◉ 9.6.4 塑料护套线配线的方法与注意事项

① 塑料护套线不可在线路上直接连接，应通过接线盒或借用其他电器的接线柱等进行连接。

② 在直线电路上，一般应每隔 200mm 用一个铝线卡夹住护套线，如图 9-37（a）所示。

③ 塑料护套线转弯时，转弯的半径要大一些，以免损伤导线。转弯处要用两个铝线卡夹住，如图 9-37（b）所示。

④ 两根护套线相互交叉时，交叉处应用 4 个铝线卡夹住，如图 9-37（c）所示。护套线应尽量避免交叉。

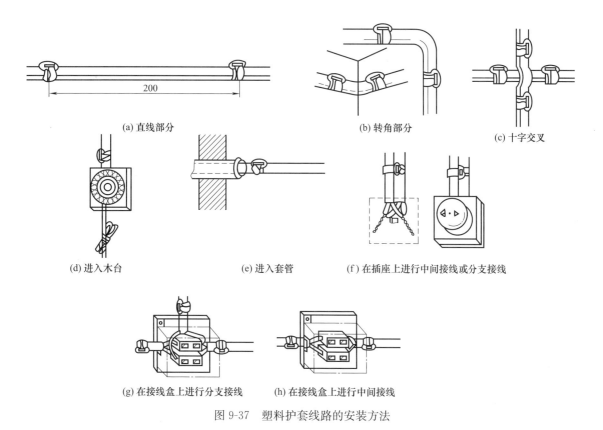

(a) 直线部分　　　(b) 转角部分　　　(c) 十字交叉
(d) 进入木台　　　(e) 进入套管　　　(f) 在插座上进行中间接线或分支接线
(g) 在接线盒上进行分支接线　　　(h) 在接线盒上进行中间接线
图 9-37　塑料护套线路的安装方法

⑤ 塑料护套线进入木台或套管前，应固定一个铝线卡，如图 9-37（d）、（e）所示。

⑥ 塑料护套线接头的连接通常采用图 9-37（f）～（h）所示的方法进行。

⑦ 塑料护套线进行穿管敷设时，板孔内穿线前，应将板孔内的积水和杂物清除干净。板孔内所穿入的塑料护套线，不得损伤绝缘层，并便于更换导线，导线接头应设在接线盒内。

⑧ 环境温度低于−15℃时，不得敷设塑料护套线，以防塑料发脆造成断裂，影响施工质量。

》》 9.7　线管配线

○ 9.7.1　线管配线的特点与种类

把绝缘导线穿在管内配线称为线管配线。线管配线适用于潮湿、易腐蚀、易遭受机械损伤和重要的照明场所，具有安全可靠、整洁美观、可防止机械损伤以及发生火灾的危险性较小等优点。但这种配线方式用的材料较多，安装和维修不便，工程造价较高。

线管配线一般分为明配和暗配两种。明配是把线管敷设在墙壁、桁梁等表面明露处，要求配线横平竖直、整齐美观；暗配是把线管敷设在墙壁、楼板内等处，要求管路短、弯头少、以便于穿线。

用于穿导线的常用线管主要有水煤气管、薄钢管、金属软管、塑料管和瓷管五种。

① 水煤气管适用于比较潮湿场所的明配及地下埋设。

② 薄壁管又称为电线管，这种管子的壁厚较薄，适用于比较干燥的场所敷设。

③ 塑料管分为硬质塑料管和半硬塑料管两种。

硬质塑料管又分为硬质聚氯乙烯管和硬质 PVC 管，主要适用于存在酸碱等腐蚀介质的场所，但不得在高温及易受机械损伤的场所敷设。

半硬塑料管又分为难燃平滑塑料管和难燃聚氯乙烯波纹管两种。它主要适用于一般居住和办公建筑的电气照明工程中。但由于其材质柔软，承受外力能力较低，一般只能用于暗配的场所。

④ 金属软管又称蛇皮管，主要用于活动的地点。

⑤ 瓷管可分为直瓷管、弯头瓷管和包头瓷管三种。在导线穿过墙壁、楼板及导线交叉敷设时，它能起到保护作用。

◎ 9.7.2　线管的选择

线管配线的主要操作工艺包括线管的选择、落料、弯管、锯管、套螺纹、线管连接、线管的接地、线管的固定、线管的穿线等。

选择线管时，应首先根据敷设环境确定线管的类型，然后再根据穿管导线的截面积和根数来确定线管的规格。

(1) 根据敷设环境确定线管的类型

① 在潮湿和有腐蚀性气体的场所内明敷或暗敷，一般采用管壁较厚的水煤气管。

② 在干燥的场所内明敷或暗敷，一般采用管壁较薄的电线管。

③ 在腐蚀性较大的场所内明敷或暗敷，一般采用硬塑料管。

④ 金属软管一般用作钢管和设备的过渡连接。

(2) 根据穿管导线的截面积和根数来确定线管的规格

线管管径的选择，一般要求穿管导线的总截面积（包括绝缘层）不应超过线管内截面积的 40%。

◎ 9.7.3　线管加工的方法步骤

(1) 线管落料

线管落料前，应检查线管质量，有裂缝、瘪陷及管内有锋口杂物等均不得使用。另外，两个接线盒之间应为一个线段，根据线路弯曲、转角情况来确定用几根线管接成一个线段和弯曲部位，一个线段内应尽量减少管口的连接接口。

(2) 弯管

① 钢管的弯曲　线路敷设改变方向时，需要将线管弯曲，这会给穿线和线路维护带来不便。因此，施工中要尽量减少弯头，管子的弯曲角度一般应大于 90°，如图 9-38 所示。明管敷设时，管子的曲率半径 $R \geqslant 4d$；暗管敷设时，管子的曲率半径 $R \geqslant 6d$。另外，弯管时

注意不要把管子弯瘪，弯曲处不应存在折皱、凹穴和裂缝。弯曲有缝管时，应将接缝处放在弯曲的侧边，作为中间层，这样，可使焊缝在弯曲变形时既不延长又不缩短，焊缝处就不易裂开。

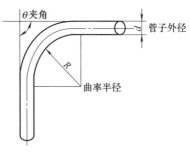

图 9-38　线管的弯度

钢管的弯曲有冷煨和热煨两种方法。冷煨一般使用弯管器或弯管机。

a. 用弯管器弯管时，先将钢管需要弯曲部位的前段放在弯管器内，然后用脚踩住管子，手扳弯管器手柄逐渐加力，使管子略有弯曲，再逐点移动弯管器，使管子弯成所需的弯曲半径。注意一次弯曲的弧度不可过大，否则可能会弯裂或弯瘪线管。

b. 用弯管机弯管时，先将已划好线的管子放入弯管机的模具内，使管子的起弯点对准弯管机的起弯点，然后拧紧夹具进行弯管。当弯曲角度大于所需角度 1°～2°时，停止弯曲，将弯管机退回起弯点，用样板测量弯曲半径和弯曲角度。注意，弯管的半径一定要与弯管模具配合紧贴，否则线管容易产生凹瘪现象。

c. 用火加热弯管时，为防止线管弯瘪，弯管前，管内一般要灌满干燥的砂子。在装填砂子时，要边装边敲打管子，使其填实，然后在管子两端塞上木塞。在烘炉或焦炭等火上加热时，管子应慢慢转动，使管子的加热部位均匀受热。然后放到胎具上弯曲成形，成形后再用冷水冷却，最后倒出砂子。

② 硬质塑料管的弯曲　硬质塑料管的弯曲有冷弯和热煨两种方法。

a. 冷弯法：冷弯法一般适用于硬质 PVC 管在常温下的弯曲。冷弯时，先将相应的弯管弹簧插入管内需弯曲处，用手握住该部位，两手逐渐使劲，弯出所需的弯曲半径和弯曲角度，最后抽出管内弹簧。为了减小弯管回弹的影响，以得到所需的弯曲角度，弯管时一般需要多弯一些。

当将线管端部弯成鸭脖弯或 90°时，由于端部太短，用手冷弯管有一定困难。这时，可在端部管口处套一个内径略大于塑料管外径的钢管进行弯曲。

b. 热煨法：用热煨法弯曲塑料管时，应先将塑料管在电炉或喷灯等热源上进行加热。加热时，应掌握好加热温度和加热长度，要一边前后移动，一边转动，注意不得将管子烤伤、变色。当塑料管加热到柔软状态时，将其放到模具上弯曲成形，并浇水使其冷却硬化，如图 9-39 所示。

塑料管弯曲后所成的角度一般应大于 90°，弯曲半径应不小于塑料管外径的 6 倍；埋于混凝土楼板内或地下时，弯曲半径应不小于塑料管外径的 10 倍。为了穿线方便、穿线时不损坏导线绝缘及维修方便，管子的弯曲部位不得存在折皱、凹穴和裂缝。

(3) 锯管

塑料管一般采用钢锯条切断。切割时，要一次锯到底，并保证切口整齐。

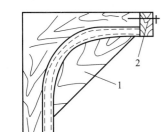

图 9-39　自制弯管模具

1—木模具或铁模具；2—钉子

钢管切割一般也采用钢锯条切断。切割时，要注意锯条保持垂直，以免切断处出现马蹄口。另外，用力不可过猛，以免锯断锯条。为防止锯条发热，要注意在锯条上注油。管子切断后，应锉去毛刺和锋口。当出现马蹄口后，应重新锯割。

图 9-40 套螺纹

(4) 套螺纹

钢管与钢管，钢管与接线盒、配电箱的连接，都需要在钢管端部套螺纹。钢管套螺纹一般使用管子套螺纹铰板，如图 9-40 所示。

套螺纹时，应先将线管固定在台虎钳上，然后用套螺纹铰板铰出螺纹。操作时，应先调整铰板的活动刻度盘，使板牙符合需要的距离，用固定螺钉把它固定，再调整铰板上的三个支撑脚，使其紧贴钢管，防止套螺纹时出现斜丝。铰板调整好后，手握铰板手柄，按顺时针方向转动手柄，用力要均匀，并加润滑油，以保护螺纹光滑。第一次套完后，松开板牙，再调整其距离（比第一次小一些），用同样的方法再套一次。当第二次螺纹快要套完时，稍微松开板牙，边转边松，使其成为锥形螺纹。套螺纹完成后，应随即清理管口，将钢管端面的毛刺清理干净，并用管箍试套。

选用板牙时，应注意管径是以内径还是外径标称的，否则无法使用。另外，用于接线盒、配电箱连接处的套螺纹长度，不宜小于钢管外径的 1.5 倍；用于管与管连接部位的套螺纹长度，不应小于管接头长度的 1/2 加 2~4 扣。

(5) 线管的连接

① 钢管与钢管的连接 钢管与钢管的连接有管箍连接和套管连接两种方法。镀锌钢管和薄壁管应采用管箍连接。

a. 管箍连接：钢管与钢管的连接，无论是明敷或暗敷，最好采用管箍连接，特别是埋地等潮湿场所和防爆线管。为了保证管接头的严密性，管子的螺纹部分应涂以铅油并顺螺纹方向缠上麻绳，再用管钳拧紧，并使两端间吻合。

钢管采用管箍连接时，要用圆钢或扁钢作跨接线，焊接在接头处，如图 9-41 所示，使管子之间有良好的电气连接，以保证接地的可靠性。

b. 套管连接：在干燥少尘的厂房内，对于直径在 50mm 及以上的钢管，可采用套管焊接方式连接，套管长度为连接管外径的 1.5~3 倍。焊接前，先将管子从两端插入套管，并使连接管对口处位于套管的中心，然后在两端焊接牢固。

c. 钢管与接线盒的连接：钢管的端部与接线盒连接时，一般采用在接线盒内各用一个薄型螺母（又称锁紧螺母）夹紧线管的方法，如图 9-42 所示。安装时，先在线管管口拧入一个螺母，管口穿入接线盒后，在盒内再套拧一个螺母，然后用两把扳手把两个螺母反向拧紧。如果需要密封，则应在两螺母间各垫入封口垫圈。钢管与接线盒的连接也可采用焊接的方法进行。

② 硬质塑料管的连接 硬质塑料管的连接有插入法连接和套接法连接两种方法。

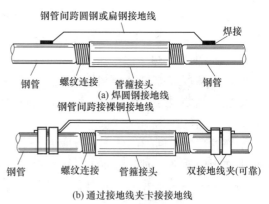

图 9-41 钢管的连接

a. 插入法连接：连接前，先将待连接的两根管子的管口，一个加工成内倒角（作阴管），另一个加工成外倒角（作阳管），如图 9-43（a）所示。然后用汽油或酒精把管子的插接段的油污擦干净，接着将阴管插接段（长度为 1.2～1.5 倍管子直径）放在电炉或喷灯上加热至 145°左右呈柔软状态后，将阳管插入部分涂一层胶合剂（如过氯乙烯胶水），然后迅速插入阴管，并立即用湿布冷却，使管子恢复原来硬度，如图 9-43（b）所示。

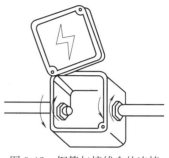

图 9-42 钢管与接线盒的连接

b. 套接法连接：连接前，先将同径的硬质塑料管加热扩大成套管，套管长度为 2.5～3 倍的管子直径，然后把需要连接的两根管端倒角，并用汽油或酒精擦干净，待汽油挥发后，涂上粘接剂，再迅速插入套管中，如图 9-44 所示。

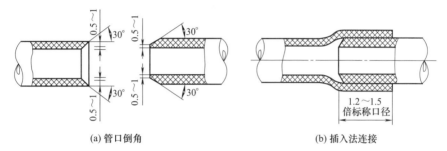

(a) 管口倒角　　　　(b) 插入法连接

图 9-43 硬塑料管的插入法连接

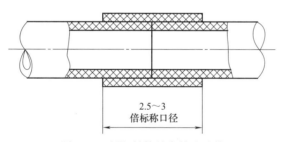

2.5～3 倍标称口径

图 9-44 硬塑料管的套接法连接

9.7.4 线管的固定

① 线管明线的敷设：线管明线敷设时应采用管卡支持，常用管卡外形结构如图 9-45 所示。用管卡固定线管时，线管直线部分的两管卡之间的距离应不大于表 9-6 所规定的距离。

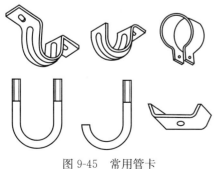

图 9-45 常用管卡

表 9-6 线管直线部分管卡间最大距离

管卡间距/m ＼ 线管直径/mm　管壁厚度/mm	13～19	25～32	38～51	64～76
＜2.5	1.5	2.0	2.5	3.4
≥2.5	1.0	1.5	2.0	—

在线管进入开关、灯头、插座和接线盒孔前 300mm 处和线管弯头两边时，一般都需用管卡固定，且管卡应安装在木结构或木榫上，如图 9-46 所示。

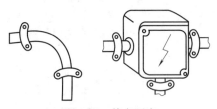

图 9-46　管卡固定

② 线管在砖墙内暗线敷设：线管在砖墙内暗线敷设时，一般应在土建砌砖时预埋，否则应在砖墙上留槽或开槽，然后在砖缝内打入木榫并用钉子固定。

③ 线管在混凝土内暗线敷设：线管在混凝土内暗线敷设时，可用铁丝将管子绑扎在钢筋上，也可用钉子钉在模板上，用垫块将管子垫高 15mm 以上，使管子与混凝土模板间保持足够的距离，并防止浇灌混凝土时管子脱开，如图 9-47 所示。

④ 钢管暗敷的埋设：确定好钢管与接线盒的位置，在配合土建施工中，将钢管与接线盒按已确定的位置连接起来，并在管与管、管与接线盒的连接处，焊上接地跨接线，使金属外壳连成一体。钢管暗敷示意图如图 9-48 所示。

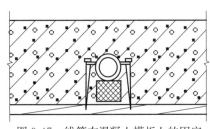

图 9-47　线管在混凝土模板上的固定

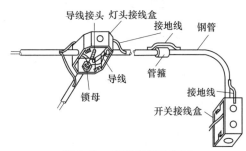

图 9-48　钢管暗敷示意图

◯ 9.7.5　线管的穿线

① 在穿线前，应先将管内的积水及杂物清理干净。

② 选用 ϕ1.2mm 的钢丝作引线，当线管较短且弯头较少时，可把钢丝引线由管子一端送向另一端；如果弯头较多或线路较长，将钢丝引线从管子一端穿入另一端有困难时，可从管子的两端同时穿入钢丝引线，此时引线端应弯成小钩，如图 9-49 所示。当钢丝引线在管中相遇时，用手转动引线使其钩在一起，然后把一根引线拉出，即可将导线牵入管内。

③ 导线穿入线管前，在线管口应先套上护圈，接着按线管长度与两端连接所需的长度余量之和截取导线，削去两端绝缘层，同时在两端头标出同一根导线的记号。再将所有导线按图 9-50 所示的方法与钢丝引线缠绕，一个人将导线理成平行束并往线

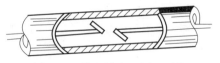

图 9-49　管两端穿入钢丝引线

管内输送，另一个人在另一端慢慢抽拉钢丝引线，如图 9-51 所示。

图 9-50　导线与引线的缠绕

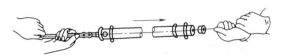

图 9-51　导线穿入管内的方法

④ 在穿线过程中，如果线管弯头较多或线路较长，穿线发生困难时，可使用滑石粉等润滑材料来减小导线与管壁的摩擦，便于穿线。

⑤ 如果多根导线穿管，为防止缠绕处外径过大在管内被卡住，应把导线端部剥出线芯，斜错排开，与引线钢丝一端缠绕接好，然后再拉入管内，如图 9-52 所示。

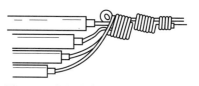

图 9-52 多根导线与钢丝引线的绑扎

9.7.6 线管配线的注意事项

① 管内导线的绝缘强度不应低于 500V；铜导线的线芯截面积不应小于 $1mm^2$，铝导线的线芯截面积不应小于 $2.5mm^2$。

② 管内导线不准有接头，也不准穿入绝缘破损后经过包缠恢复绝缘的导线。

③ 不同电压和不同回路的导线不得穿在同一根钢管内。

④ 管内导线一般不得超过 10 根。多根导线穿管时，导线的总截面积（包括绝缘层）不应超过线管内截面积的 40%。

⑤ 钢管的连接通常采用螺纹连接；硬塑料管可采用套接或焊接。敷设在含有对导线绝缘有害的蒸汽、气体或多尘房屋内的线管以及敷设在可能进入油、水等液体的场所的线管，其连接处应密封。

⑥ 采用钢管配线时必须接地。

⑦ 管内配线应尽可能减少转角或弯曲，转角越多，穿线越困难。为便于穿线，规定线管超过下列长度，必须加装接线盒。

a. 无弯曲转角时，不超过 45m；

b. 有一个弯曲转角时，不超过 30m；

c. 有两个弯曲转角时，不超过 20m；

d. 有三个弯曲转角时，不超过 12m。

⑧ 在混凝土内暗敷设的线管，必须使用壁厚为 3mm 以上的线管；当线管的外径超过混凝土厚度的 1/3 时，不得将线管埋在混凝土内，以免影响混凝土的强度。

⑨ 采用硬塑料管敷设时，其方法与钢管敷设基本相同，但明管敷设时还应注意以下几点：

a. 管径在 20mm 及以下时，管卡间距为 1m；

b. 管径在 25～40mm 及以下时，管卡间距为 1.2～1.5m；

c. 管径在 50mm 及以上时，管卡间距为 2m。

硬塑料管也可在角铁支架上架空敷设，支架间距不能大于上述距离要求。

⑩ 管内穿线困难时应查找原因，不得用力强行穿线，以免损伤导线的绝缘层或线芯。

第**10**章

电气照明装置和电风扇

>>> 10.1 认识电气照明

◯ **10.1.1** 电气照明的分类

电气照明是指利用一定的装置和设备将电能转换成光能，为人们的日常生活、工作和生产提供的照明。电气照明一般由电光源、灯具、电源开关和控制线路等组成。良好的照明条件是保证安全生产、提高劳动生产率和保护人的视力健康的必要条件。

(1) 电气照明按灯具布置方式分类

电气照明按灯具布置方式可分为以下三类：

① 一般照明：是指不考虑特殊或局部的需要，为照亮整个工作场所而设置的照明。这种照明灯具往往对称均匀排列在整个工作面的顶棚上，因而可以获得基本均匀的照明。如居民住宅、学校教室、会议室等处主要采用一般照明作为基本照明。

② 局部照明：是指利用设置于特定部位的灯具（固定的或移动的），用于满足局部环境照明需要的照明方式。如办公学习用的台灯、检修设备用的手提灯等。

③ 混合照明：是指由一般照明和局部照明共同组成的照明方式，实际应用中多为混合照明。如居民家庭、饭店宾馆、办公场所等处，都是在采用一般照明的基础上，根据需要再在某些部位装设壁灯、台灯等局部照明灯具。

(2) 电气照明按照明性质分类

电气照明按照明性质可分为以下七种：

① 正常照明：正常工作时使用的室内、室外照明。一般可以单独使用。

② 应急照明：正常照明因故障熄灭后，供故障情况下继续工作或人员安全通行的照明称为应急照明。应急照明主要由备用照明、安全照明、疏散照明等组成。应急照明光源一般采用瞬时点亮的白炽灯或卤钨灯，灯具通常布置在主要通道、危险地段、出入口处，在灯具上加涂红色标记。

③ 警卫照明：用于有警卫任务的场所，根据警戒范围的需要装设警卫照明。

④ 值班照明：在重要的车间和场所设置的供值班人员使用的照明称为值班照明。值班照明可利用正常照明中能单独控制的一部分，或应急照明中的一部分。

⑤ 障碍照明：装设在高层建筑物或构筑物上，作为航空障碍标志（信号）用的照明，并应执行民航和交通部门的有关规定。障碍照明采用能穿透雾气的红光灯具。

⑥ 标志照明：借助照明以图文形式告知人们通道、位置、场所、设施等信息。

⑦ 景观照明：包括装饰照明、庭院照明、外观照明、节日照明、喷泉照明等，常用于烘托气氛、美化环境。

10.1.2 对电气照明质量的要求

对照明的要求，主要是由被照明的环境内所从事活动的视觉要求决定的。一般应满足下列要求：

① 照度均匀：指被照空间环境及物体表面应有尽可能均匀的照度，这就要求电气照明应有合理的光源布置，选择适用的照明灯具。

② 照度合理：根据不同环境和活动的需要，电气照明应提供合理的照度。

③ 限制眩光：集中的高亮度光源对人眼的刺激作用称为眩光。眩光损坏人的视力，也影响照明效果。为了限制眩光，可采用限制单个光源的亮度，降低光源表面亮度（如用磨砂玻璃罩），或选用适当的灯具遮挡直射光线等措施。实践证明合理地选择灯具悬挂高度，对限制眩光的效果十分显著。一般照明灯具距地面最低悬挂高度的规定值见表10-1。

表 10-1 照明灯具距地面最低悬挂高度的规定值

光源种类	灯具形式	光源功率/W	最低悬挂高度/m
白炽灯	有反射罩	≤60	2.0
		100～150	2.5
		200～300	3.5
		≥500	4.0
	有乳白玻璃漫反射罩	≤100	2.0
		150～200	2.5
		300～500	3.0
卤钨灯	有反射罩	≤500	6.0
		1000～2000	7.0
荧光灯	无反射罩	<40	2.0
		>40	3.0
	有反射罩	≥40	2.0
高压汞灯	有反射罩	≤125	3.5
		125～250	5.0
		≥400	6.0
	有反射罩带格栅	≤125	3.0
		125～250	4.0
		≥400	5.0
金属卤化物灯	搪瓷反射罩	250	6.0
	铝抛光反射罩	1000	7.5
高压钠灯	搪瓷反射罩	250	6.0
	铝抛光反射罩	400	7.0

>>> 10.2   白炽灯

◎ 10.2.1   白炽灯的特点

白炽灯具有结构简单、使用可靠、价格低廉、装修方便等优点，但发光效率较低、使用寿命较短，适用于照度要求较低，开关次数频繁的户内、外照明。

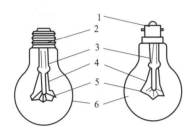

图 10-1   白炽灯的结构

1—卡口灯头；2—螺口灯头；3—玻璃支架；
4—引线；5—灯丝；6—玻璃壳

白炽灯主要由灯头、灯丝和玻璃壳组成，其结构如图 10-1 所示。灯头可分为螺口和卡口两种。

灯丝是用耐高温（可达 3000℃）的钨丝制成的，玻璃壳分透明和磨砂两种，壳内一般都抽成真空，对 60W 以上的大功率灯泡，抽成真空后，往往再充入惰性气体（氩气或氮气）。

工作原理：在白炽灯上施加额定电压时，电流通过灯丝，灯丝被加热成白炽体而发光。输入到白炽灯上的电能，大部分变成热能辐射掉，只有 10% 左右的电能转化为光能。

◎ 10.2.2   白炽灯的安装与使用

安装白炽灯时，每个用户都要装设一组总保险（熔断器），作为短路保护用。电灯开关应安装在相线（火线）上，使开关断开时，电灯灯头不带电，以免触电。对于螺口灯座，还应将中性线（零线）与铜螺套连接，将相线与中心簧片连接。

(1) 平灯座的安装

平灯座通常安装固定在天花板或墙上。螺口平灯座的安装方式如图 10-2 所示。灯座常由木台或预埋的金属构件固定，安装接线时，木台穿出的两根线，分别接在接线柱上。用木螺钉把平灯座固定在木台上。固定时，要注意使灯座位于木台的中间位置，同时可把 3～6cm 长的导线塞入木台空腔内，便于以后在维修中拉出重做接线端头。

(2) 吊灯的安装

吊灯的导线应采用绝缘软线，并应在吊线盒及灯座罩盖内将导线打结，以免导线线芯直接承受吊灯的重量而被拉断。吊灯的安装方法如图 10-3 所示。

(3) 使用注意事项

① 使用时灯泡电压应与电源电压相符。为使灯泡发出的光能得到很好的分布和避免光线刺眼，最好根据照明要求安装反光适度的灯罩。

② 灯座的形式必须与灯头相一致。

③ 大功率的白炽灯在安装时要考虑通风良好，以免灯泡过热而引起玻璃壳与灯头松脱。

④ 灯泡使用在室外时，应有防雨装置，以免灯泡玻璃遇雨破裂。

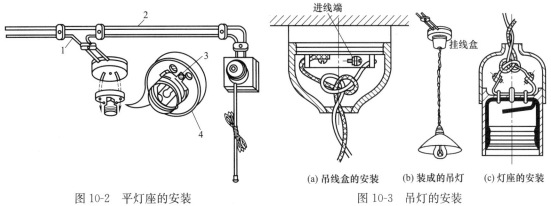

图 10-2 平灯座的安装
1—中性线；2—相线；3—接线柱；4—螺口灯座

图 10-3 吊灯的安装
(a) 吊线盒的安装 (b) 装成的吊灯 (c) 灯座的安装

⑤ 室内使用时要经常清扫灯泡和灯罩上的灰尘和污物，以保持清洁和亮度。

⑥ 在拆换和清扫白炽灯泡时，应关闭电灯开关，注意不要触及灯泡螺旋部分，以免触电。

⑦ 不要用灯泡取暖，更不要用纸张或布遮光。

10.3 荧光灯

10.3.1 荧光灯的特点

荧光灯又称日光灯，是应用最广的气体放电光源。它是靠汞蒸气电离形成气体放电，导致管壁的荧光物质发光的。目前我国生产的荧光灯有普通荧光灯和三基色荧光灯。三基色荧光灯具有高显色指数，色温达 5600K，在这种光源下，能保证物体颜色的真实性，所以适用于照度要求高，需辨别色彩的室内照明。

荧光灯主要由灯管、启辉器、镇流器、灯座和灯架等组成，如图 10-4 所示。

灯管由一根直径为 15～40.5mm 的玻璃管、灯丝、灯头和灯脚等组成。启辉器主要由氖泡、电容器、电极、外壳等组成。镇流器有两个作用：在启动时与启辉器配合，产生瞬时高电压，促使灯管放电；在工作时利用串联在电路中的电感来限制灯管中的电流，以延长灯管的使用寿命。镇流器主要有两种：电感式镇流器和高频交流电子镇流器。

镇流器的选用必须与灯管配套（否则会影响日光灯的使用寿命），即镇流器的功率必须与灯管的功率相同。

灯座有开启式和插入弹簧式两种。灯架是用来固定灯座、灯管、启辉器等荧光灯零部件的，有木制、铁皮制、铝制等几种。

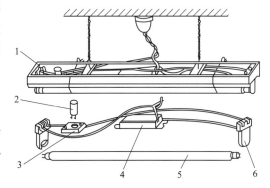

图 10-4 荧光灯的结构
1—灯架；2—启辉器；3—启辉器座；
4—镇流器；5—灯管；6—灯座

⊙ 10.3.2　荧光灯的接线原理图

荧光灯的工作环境受温度和电源电压的影响较大。当温度过低或电源电压偏低时，可能会造成荧光灯启动困难。为了改善荧光灯的启动性能，可采用双线圈镇流器。双线圈镇流器

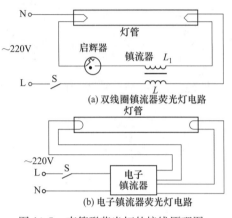

图 10-5　直管形荧光灯的接线原理图

荧光灯的接线原理图如图 10-5（a）所示，其中附加线圈 L_1 与主线圈 L 经灯丝反向串联，可使启动时灯丝电流加大，易于使灯管点燃。当灯管点燃后，灯丝回路处于断开状态，L_1 即不再起作用。接线时，主副线圈不能接错，否则可能会烧毁灯管或镇流器。

另外，近几年荧光灯越来越多地使用电子镇流器。由于电子镇流器具有良好的启动性能及高效节能等优点，正在逐步取代传统的电感式镇流器。市场上销售的电子镇流器种类很多，但其基本工作原理都是利用电子振荡电路产生高频、高压加在灯管两端，而直接点燃灯管，省去了启辉器。采用电子镇流器荧光灯的接线原理图如图 10-5（b）所示。

⊙ 10.3.3　荧光灯的安装与使用

荧光灯的安装形式有多种形式，但一般常采用吸顶式和吊链式。荧光灯的安装示意图如图 10-6 所示。

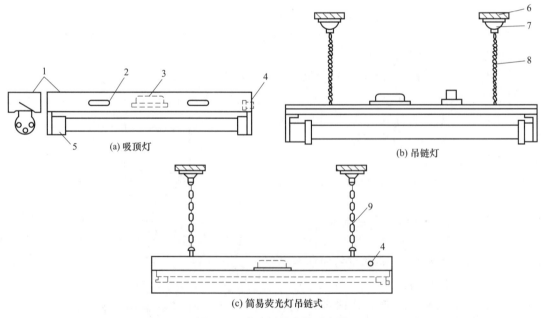

图 10-6　荧光灯的安装示意图

1—外壳；2—通风孔；3—镇流器；4—启辉器；5—灯座；6—圆木；7—吊线盒；8—吊线；9—吊链

(1) 安装方法

安装荧光灯时应注意以下几点：

① 安装荧光灯时，应按图正确接线。

② 镇流器必须与电源电压、荧光灯功率相匹配，不可混用。

③ 启辉器的规格应根据荧光灯的功率大小来决定，启辉器应安装在灯架上便于检修的位置。

④ 灯管应采用弹簧式或旋转式专用的配套灯座，以保证灯脚与电源线接触良好，并可使灯管固定。

⑤ 为防止灯管脚松动脱落，应采用弹簧安全灯脚或用扎线将灯管固定在灯架上，不得用电线直接连接在灯脚上，以免产生不良后果。

⑥ 荧光灯配用电线不应受力，灯架应用吊杆或吊链悬挂。

⑦ 对环形荧光灯的灯头不能旋转，否则会引起灯丝短路。

(2) 使用注意事项

① 荧光灯的部件较多，应检查接线是否有误，经检查无误后，方可接电使用。

② 荧光灯的镇流器和启辉器应与灯管的功率相匹配。

③ 镇流器在工作中必须注意它的散热。

④ 电源电压变化太大，将影响灯的光效和寿命，一般电压变化不宜超过额定电压的 $\pm5\%$。

⑤ 荧光灯工作最适宜的环境温度为 $18\sim25℃$。环境温度过高或过低都会造成启动困难和光效下降。

⑥ 破碎的灯管要及时妥善处理，防止汞害。

⑦ 荧光灯启动时，其灯丝所涂能发射电子的物质被加热冲击、发射，以致发生溅散现象（把灯丝表面所涂的氧化物打落）。启动次数越多，所涂的物质消耗越快。因此，使用中尽量减少开关的次数，更不应随意开关灯，以延长使用寿命。

》》 10.4 高压汞灯

○ 10.4.1 高压汞灯的特点

高压汞灯又称高压水银灯，它主要利用高压汞气放电而发光，具有发光效率高（约为白炽灯的3倍）、耐振耐热性能好、耗电低、寿命长等优点，但启辉时间长，适应电源电压波动的能力较差，适用于悬挂高度5m以上的大面积室内、外照明。

常用高压汞灯的结构如图10-7所示。

○ 10.4.2 高压汞灯的安装与使用

(1) 安装方法

安装高压汞灯时应注意以下几点：

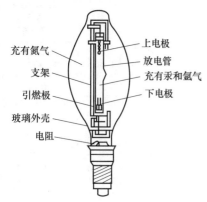

充有氮气
支架
引燃极
玻璃外壳
电阻

上电极
放电管
充有汞和氩气
下电极

图 10-7　常用高压汞灯的结构

① 安装接线时，一定要分清楚高压汞灯是外接镇流器，还是自镇流式。需接镇流器的高压汞灯，镇流器的功率必须与高压汞灯的功率一致，应将镇流器安装在灯具附近人体触及不到的位置，并注意有利于散热和防雨。自镇流式高压汞灯则不必接入镇流器。

② 高压汞灯以垂直安装为宜，水平安装时，其光通量输出（亮度）要减少 7% 左右，而且容易自灭。

③ 由于高压汞灯的外玻璃壳温度很高，所以必须安装散热良好的灯具，否则会影响灯的性能和寿命。

④ 高压汞灯的外玻璃壳破碎后仍能发光，但有大量的紫外线辐射，对人体有害，所以玻璃壳破碎的高压汞灯应立即更换。

⑤ 高压汞灯的电源电压应尽量保持稳定。当电压降低时，灯就可能自灭，而再行启动点燃的时间较长，所以，高压汞灯不宜接在电压波动较大的线路上，否则应考虑采取调压或稳压措施。

(2) 使用注意事项

使用高压汞灯时应注意以下几点：

① 电源电压突然低于额定电压的 20% 时，就有可能造成灯泡自行熄灭。

② 灯泡点燃后的温度较高，要注意散热。配套的灯具必须具有良好的散热条件，不然会影响灯的性能和寿命。

③ 灯泡熄灭后，须自然冷却 8~15min，待管内水银气压降低后，方可再启动使用，所以该灯不能用于有迅速点亮要求的场所。

④ 需要更换灯泡时，一定要先断开电源，并待灯泡自然冷却后方可进行。

⑤ 破碎灯泡要及时妥善处理，防止汞害。

≫ 10.5　高压钠灯

◯ 10.5.1　高压钠灯的特点

高压钠灯的结构与高压汞灯相似，它的放电管内充有高压钠蒸气，利用钠气放电发光，其启动过程则与普通荧光灯相似。常用高压钠灯如图 10-8 所示。

高压钠灯的工作原理是当高压钠灯接入电源后，电流首先通过加热元件，使双金属片受热弯曲从而断开电路，在此瞬间镇流器两端产生很高的自感电动势，灯管启动后，放电热量使双金属片保持断开状态。当电源断开，灯熄灭后，即使立刻恢复供电，灯也不会立即点燃，需 10~15min 待双金属片冷却后，回到闭合状态后，方可再启动。

高压钠灯发出的辐射光，是人眼易于感受的光波，光效很高，并能节约电能。

◎ 10.5.2　高压钠灯的安装与使用

（1）安装方法

钠灯也需要镇流器，其接线和汞灯相同。安装高压钠灯应注意以下几点。

① 线路电压与钠灯额定电压的偏差不宜大于±5％。

② 无外玻璃壳的钠灯有很强的紫外线辐射，故灯具应加玻璃罩。无玻璃罩时，悬挂高度应不低于14m。

③ 灯的玻璃壳温度较高，安装时必须配用散热良好的灯具。

④ 镇流器的功率必须与钠灯的功率匹配。

（2）使用注意事项

使用高压钠灯应注意以下几点：

① 电源电压的变化不宜大于±5％。高压钠灯的管压、功率及光通量，随电压的变化而引起的变化比其他气体放电灯大。当电压升高时，由于管压降增大，容易引起灯的自熄；当电源电压降低时，光通量也随之减少，光色变差。

② 配套的灯具应有良好的散热性能，以免受热变形。

③ 灯具的反射光不宜通过灯管，否则会因吸收放射热使灯管温度升高，影响使用寿命。

④ 镇流器必须与灯管配套使用，否则会缩短灯的寿命和启动困难。

⑤ 因高压钠灯的再启动时间长，故不能用于要求迅速启动的场所。

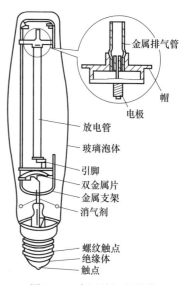

图10-8　高压钠灯的结构

≫ 10.6　卤钨灯

◎ 10.6.1　卤钨灯的特点

卤钨灯是在白炽灯灯泡中充入微量卤化物，灯丝温度比一般白炽灯高，使蒸发到玻璃壳上的钨与卤化物形成卤钨化合物，遇灯丝高温分解把钨送回钨丝，如此再生循环，既提高发光效率又延长使用寿命。卤钨灯有两种：一种是石英卤钨灯；另一种是硬质玻璃卤钨灯。石英卤钨灯由于卤钨再生循环好，灯的透光性好，光通量输出不受影响，而且石英的膨胀系数很小，即使点亮的灯碰到水也不会炸裂。

卤钨灯由灯丝和耐高温的石英玻璃管组成。灯管两端为灯脚，管内中心的螺旋状灯丝安装在灯丝支持架上，在灯管内充有微量的卤元素（碘或溴），其结构如图10-9所示。

卤钨灯的工作原理与白炽灯一样，由灯丝作为发光体，所不同的是灯管内装有碘，在管内温度升高后，碘与灯丝蒸发出来的钨化合成为挥发性的碘化钨。碘化钨在靠近灯丝的高温处又分解为碘和钨，钨留在灯丝上，而碘又回到温度较低的位置，依次不断循环，从而提高了发光效率和灯丝寿命。

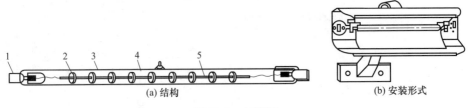

图 10-9 卤钨灯

1—灯脚；2—灯丝支持架；3—石英管；4—碘蒸气；5—灯丝

10.6.2 卤钨灯的安装与使用

(1) 安装方法

卤钨灯的接线与白炽灯相同，不需任何附件，安装时应注意以下几点。

① 电源电压的变化对灯管寿命影响很大，当电压超过额定值的 5% 时，寿命将缩短一半，所以电源电压的波动一般不宜超过 ±2.5%。

② 卤钨灯使用时，灯管应严格保持在水平位置，其斜度不得大于 4°，否则会损坏卤钨的循环，严重影响灯管的寿命。

③ 卤钨灯不允许采用任何人工冷却措施，以保证在高温下的卤钨循环。

④ 卤钨灯在正常工作时，管壁温度高达 500～700℃，故卤钨灯应配用成套供应的金属灯架，并与易燃的厂房结构保持一定距离。

⑤ 使用前要用酒精擦去灯管外壁的油污，否则会在高温下形成污斑而降低亮度。

⑥ 卤钨灯的灯脚引线必须采用耐高温的导线，不得随意改用普通导线。电源线与灯线的连接须用良好的瓷接头。靠近灯座的导线需套耐高温的瓷套管或玻璃纤维套管。灯脚固定必须良好，以免灯脚在高温下被氧化。

⑦ 卤钨灯耐振性较差，不宜用在振动性较强的场所，更不能作为移动光源来使用。

(2) 卤钨灯的常见故障及其排除方法

卤钨灯除了会出现类似白炽灯的故障外，还可能发生以下故障。

① 灯丝寿命短　其主要原因是灯管没有按水平位置安装。处理方法：重新安装灯管，使其保持水平，倾斜度不得超过 4°。

② 灯脚密封处松动　其主要原因是工作时灯管过热，经反复热胀冷缩后，灯脚松动。处理方法：更换灯管。

➤➤➤ 10.7　LED 灯

10.7.1 认识 LED 灯

LED 是一种新型半导体固态光源。它是一种不需要钨丝和灯管的颗粒状发光元件。LED 光源凭借环保、节能、寿命长、安全等众多优点，已成为照明行业的"新宠"。

在某些半导体材料的 PN 结中，注入的少数载流子与多数载流子复合时会把多余的能量以光的形式释放出来，从而把电能直接转换为光能。PN 结加反向电压，少数载流子难以注入，故不发光。这种利用注入式电致发光原理制作的二极管叫发光二极管（Light Emitting Diode），通称为 LED。

LED 与普通二极管一样，仍然由 PN 结构成，同样具有单向导电性。LED 工作在正偏状态，在正向导通时能发光，所以它是一种把电能转换成光能的半导体器件。

典型的点光源属于高指向性光源，如图 10-10 所示。如果将多个 LED 芯片封装在一个面板上，就构成了面光源，它仍具有高指向性，如图 10-11 所示。

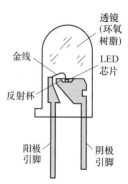

图 10-10　LED 截面图

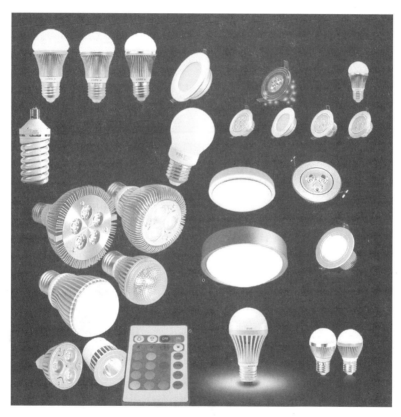

图 10-11　常用 LED 灯外形图

10.7.2　LED 灯的安装与使用

（1）安装方法

① 电源电压应当与灯具标示的电压相一致，特别要注意输入电源是直流还是交流，电源线路要设置匹配的漏电及过载保护开关，确保电源的可靠性。

② LED 灯具在室内安装时，防水要求与在室外安装基本一致，同样要求做好产品的防

水措施，以防止潮湿空气、腐蚀气体等进入线路。安装时，应仔细检查各个有可能进水的部位，特别是线路接头位置。

③ LED 灯具均自带公母接头，在灯具相互串接时，先将公母接头的防水圈安装好，然后将公母接头对接，确定公母接头已插到底部后用力锁紧螺母即可。

④ 产品拆开包装后，应认真检查灯具外壳是否有破损，如有破损，请勿点亮 LED 灯具，应采取必要的修复或更换措施。

⑤ 对于可延伸的 LED 灯具，要注意复核可延伸的最大数量，不可超量串接安装和使用，否则会烧毁控制器或灯具。

⑥ 灯具安装时，如果遇到玻璃等不可打孔的地方，切不可使用胶水等直接固定，必须架设铁架或铝合金架后用螺钉固定；螺钉固定时不可随意减少螺钉数量，且安装应牢固可靠，不能有飘动、摆动和松脱等现象；切不可安装于易燃、易爆的环境中，并保证 LED 灯具有一定的散热空间。

⑦ 灯具在搬运及施工安装时，切勿摔、扔、压、拖灯体，切勿用力拉动、弯折延伸接头，以免拉松密封固线口，造成密封不良或内部芯线断路。

(2) 使用注意事项

① LED 的极性不得反接，通常引线较长的为正极，引线较短的是负极。

② 使用中各项参数不得超过规定极限值。正向电流 I_F 不允许超过极限工作电流 I_{FM} 值，并且随着环境温度的升高，必须降低工作电流使用。长期使用时温度不宜超过 75 ℃。

③ LED 的正常工作电流为 20mA，电压的微小波动（如 0.1V）都将引起电流的大幅度波动（10%～15%）。因此，在电路设计时，应根据 LED 的压降配对不同的限流电阻，以保证 LED 处于最佳工作状态。电流过大，LED 会缩短寿命；电流过小，达不到所需发光强度。

④ 在发光亮度基本不变的情况下，采用脉冲电压驱动可以减少耗电。

⑤ 静电电压和电流的急剧升高将会对 LED 产生损害。严禁徒手触摸白光 LED 的两个引线脚。因为人体的静电会损坏发光二极管的结晶层，工作一段时间后（如 10h）二极管就会失效（不亮），严重时会立即失效。

⑥ 在给 LED 上锡时，加热锡的装置和电烙铁必须接地，以防止静电损伤器件，防静电线最好用直径为 3mm 的裸铜线，并且终端与电源地线可靠连接。

⑦ 不要在引脚变形的情况下安装 LED。

⑧ 在通电情况下，避免 80℃以上高温作业。如有高温作业，一定要做好散热 。

⟫⟫ 10.8　照明灯具

◯ 10.8.1　常用照明灯具的分类

灯具的作用是固定光源器件（灯管、灯泡等），防护光源器件免受外力损伤，消除或减弱眩光，使光源发出的光线向需要的方向照射，装饰和美化建筑物等。常用灯具按灯具安装方式分类可分为以下几类。

①　吸顶灯。直接固定在顶棚上的灯具，形式很多。为防止眩光，吸顶灯多采用乳白玻璃罩，或有晶体花格的玻璃罩，在楼道、走廊、居民住宅应用较多。

②　悬挂式。用导线、金属链或钢管将灯具悬挂在顶棚上，通常还配用各种灯罩。这是一种应用最多的安装方式。

③　嵌入顶棚式。有聚光型和散光型，其特点是灯具嵌入顶棚内，使顶棚简洁美观，视线开阔。在大厅、娱乐场所应用较多。

④　壁灯。用托架将灯具直接安装在墙壁上，通常用于局部照明，也用于房间装饰。

⑤　台灯和落地灯（立灯）。用于局部照明的灯具，使用时可移动，也具有一定的装饰性。

常用照明灯具的安装方式如图 10-12 所示。

(a) 悬吊式(吊线、吊链、吊杆)　　(b) 吸顶式

(c) 壁式　　(d) 嵌入式　　(e) 半嵌入式　　(f) 落地式

(g) 台式　　(h) 庭院式　(i) 道路、广场式

图 10-12　常用照明灯具的安装方式

10.8.2　安装照明灯具应满足的基本要求

灯具安装时应满足的基本要求如下：

①　当采用钢管作灯具的吊杆时，钢管内径不应小于10mm；钢管壁厚不应小于1.5mm。

②　吊链灯具的灯线不应受拉力，灯线应与吊链编织在一起。

③　软线吊灯的软线两端应做保护扣；两端芯线应搪锡。

④　同一室内或场所成排安装的灯具，其中心线偏差应不大于5mm。

⑤　日光灯和高压汞灯及其附件应配套使用，安装位置应便于检查和维修。

⑥ 灯具固定应牢固可靠。每个灯具固定用的螺钉或螺栓不应少于 2 个；当绝缘台直径为 75mm 及以下时，可采用 1 个螺钉或螺栓固定。

⑦ 当吊灯灯具质量大于 3kg 时，应采取预埋吊钩或螺栓固定；当软线吊灯灯具质量大于 1kg 时，应增设吊链。

⑧ 投光灯的底座及支架应固定牢固，枢轴应沿需要的光轴方向拧紧固定。

⑨ 固定在移动结构上的灯具，其导线宜敷设在移动构架的内侧；在移动构架活动时，导线不应受拉力和磨损。

⑩ 公共场所用的应急照明灯和疏散指示灯，应有明显的标志。无专人管理的公共场所照明宜装设自动节能开关。

⑪ 每套路灯应在相线上装设熔断器。由架空线引入路灯的导线，在灯具入口处应做防水弯。

⑫ 管内的导线不应有接头。

⑬ 导线在引入灯具处，应有绝缘保护，同时也不应使其受到应力。

⑭ 必须接地（或接零）的灯具金属外壳应有专设的接地螺栓和标志，并和地线（零线）妥善连接。

⑮ 特种灯具（如防爆灯具）的安装应符合有关规定。

10.8.3 照明灯具的布置方式

布置灯具时，应使灯具高度一致、整齐美观。一般情况下，灯具的安装高度应不低于 2m。

(1) 均匀布置

均匀布置是将灯具作有规律的匀称排列，从而在工作场所或房间内获得均匀照度的布置方式。均匀布置灯具的方案主要有方形、矩形、菱形等几种，如图 10-13 所示。

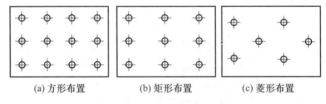

(a) 方形布置　　　　(b) 矩形布置　　　　(c) 菱形布置

图 10-13　灯具均匀布置示意图

均匀布置灯具时，应考虑灯具的距高比（L/h）在合适的范围。距高比（L/h）是指灯具的水平间距 L 和灯具与工作面的垂直距离 h 的比值。L/h 的值小灯具密集，照度均匀，经济性差；L/h 的值大，灯具稀疏，照度不均匀，灯具投资小。表 10-2 为部分对称灯具的参考距高比值。表 10-3 为荧光灯具的参考距高比值。灯具离墙边的距离一般取灯具水平间距 L 的 $1/2 \sim 1/3$。

(2) 选择布置

选择布置是把灯具重点布置在有工作面的区域，保证工作面有足够的照度。当工作区域不大且分散时可以采用这种方式以减少灯具的数量，节省投资。

表 10-2 部分对称灯具的参考距高比值

灯具形式	距高比 L/h 值	
	多行布置	单行布置
配照型灯	1.8	1.8
深照型灯	1.6	1.5
广照型、散照型、圆球形灯	2.3	1.9

表 10-3 荧光灯具的参考距高比值

灯具名称	灯具型号	光源功率/W	距高比 L/h 值		备　　注
			$A—A$	$B—B$	
简式荧光灯	YG 1-1	1×40	1.62	1.22	
	YG 2-1	1×40	1.46	1.28	
	YG 2-2	2×40	1.33	1.28	
吸顶荧光灯具	YG 6-2	2×40	1.48	1.22	
	YG 6-3	3×40	1.5	1.26	
嵌入式荧光灯具	YG 15-2	2×40	1.25	1.2	
	YG 15-3	3×40	1.07	1.05	

◯ 10.8.4 吊灯的安装

(1) 小型吊灯的安装

小型吊灯在吊棚上安装时，必须在吊棚主龙骨上设灯具紧固装置，将吊灯通过连接件悬挂在紧固装置上。紧固装置与主龙骨的连接应可靠，有时需要在支持点处对称加设建筑物主体与棚面间的吊杆，以抵消灯具加在吊棚上的重力，使吊棚不至于下沉、变形。吊杆出顶棚面最好加套管，这样可以保证顶棚面板的完整性。安装时要保证牢固和可靠，如图 10-14 所示。

(2) 大型吊灯的安装

重量较重的吊灯在混凝土顶棚上安装时，要预埋吊钩或螺栓，或者用膨胀螺栓紧固，如图 10-15 所示。安装时应使吊钩的承重力大于灯具重量的 14 倍。大型吊灯因体积大、灯体重，必须固定在建筑物的主体棚面上（或具有承重能力的构架上），不允许在轻钢龙骨吊棚上直接安装。采用膨胀螺栓紧固时，膨胀螺栓规格不宜小于 M6，螺栓数量至少要两个，不能采用轻型自攻型膨胀螺钉。

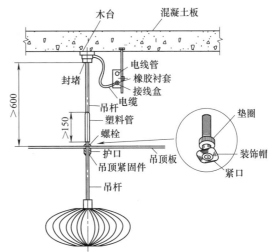

图 10-14 吊灯在顶棚上的安装

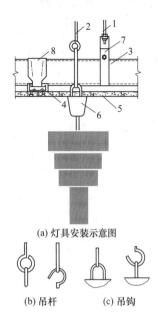

(a) 灯具安装示意图

(b) 吊杆   (c) 吊钩

图 10-15 大（重）型吊灯的安装
1—吊杆；2—灯具吊钩；3—大龙骨；
4—中龙骨；5—纸面石膏板；6—灯具；
7—大龙骨垂直吊挂件；
8—中龙骨垂直吊挂件

10.8.5 吸顶灯的安装

（1）吸顶灯在混凝土顶棚上的安装

吸顶灯在混凝土顶棚上安装时，可以在浇筑混凝土前，根据图纸要求把木砖预埋在里面，也可以安装金属膨胀螺栓，如图 10-16 所示。在安装灯具时，把灯具的底台用木螺钉安装在预埋木砖上，或者用紧固螺栓将底盘固定在混凝土顶棚的膨胀螺栓上，再把吸顶灯与底台、底盘固定。圆形底盘吸顶灯紧固螺栓数量一般不得少于 3 个；方形或矩形底盘吸顶灯紧固螺栓一般不得少于 4 个。

（2）吸顶灯在吊顶棚上的安装

小型、轻型吸顶灯可以直接安装在吊顶棚上，但不得用吊顶棚的罩面板作为螺钉的紧固基面。安装时应在罩面板的上面加装木方，木方要固定在吊棚的主龙骨上。安装灯具的紧固螺钉拧紧在木方上，如图 10-17 所示。较大型吸顶灯安装，可以用吊杆将灯具底盘等附件装置悬吊固定在建筑物主体顶棚上，或者固定在吊棚的主龙骨上；也可以在轻钢龙骨上紧固灯具附件，而后将吸顶灯安装至吊顶棚上。

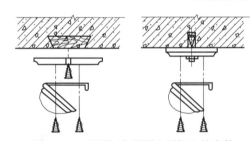

图 10-16 吸顶灯在混凝土顶棚上的安装

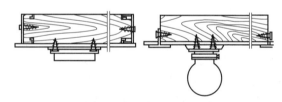

图 10-17 吸顶灯在吊顶棚上的安装

10.8.6 壁灯的安装

壁灯一般安装在墙上或柱子上。当装在砖墙上时，一般在砌墙时应预埋木砖，但是禁止用木楔代替木砖，当然也可用预埋金属件或打膨胀螺栓的办法来解决。当采用梯形木砖固定壁灯灯具时，木砖须随墙砌入。

在柱子上安装壁灯，可以在柱子上预埋金属构件或用抱箍将灯具固定在柱子上，也可以用膨胀螺栓固定的方法。壁灯的安装如图 10-18 所示。

10.8.7 建筑物彩灯的安装

① 建筑物顶部彩灯灯具应使用具有防雨性能的灯具，安装时应将灯罩装紧。

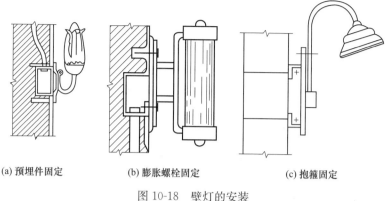

(a) 预埋件固定　　　(b) 膨胀螺栓固定　　　(c) 抱箍固定

图 10-18　壁灯的安装

② 管路应按照明管敷设工艺安装，并应具有防雨水功能。管路连接和进入灯头盒均应采用螺纹连接，螺纹应缠防水胶带或缠麻抹铅油，如图 10-19 所示。

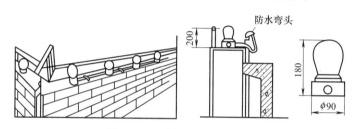

图 10-19　建筑物彩灯的安装

③ 垂直彩灯悬挂挑臂应采用 10# 槽钢，开口吊钩螺栓直径≥10mm，上、下均附平垫圈、弹簧垫圈、螺母安装紧固。

④ 钢丝绳直径应≥4.5mm，底盘可参照拉线底盘安装，底把≥16mm 圆钢。

⑤ 布线可参照钢索室外明配线工艺，灯口应采用防水吊线灯口。

⑥ 金属架构及钢索应做保护接地。

10.8.8　小型庭院柱灯的安装

① 清理预埋管路，穿线及将地脚螺栓用油洗去或用刷子刷去锈蚀，必要时应重新套螺纹。

② 将灯具安装在钢管柱子（高一般大于 3m，直径不大于 100mm）的顶部，通常灯的底座与灯柱配套。接线同吊灯，并将线穿于柱内引至底部穿出，如图 10-20 所示。

③ 将底部护罩推上，把瓷插式熔断器用螺钉固定在管外的螺孔上，然后将电线管的线也从孔穿出，并把管立起安装在底座上。

④ 将引来的控制相线（火线）接在熔断器的上端，灯具的控制相线接在熔断器的下端，引来的零线与灯具的零线连

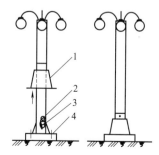

图 10-20　小型庭院柱灯的安装
1—护罩；2—出线口；
3—熔断器；4—底座

接并包扎好，然后把护罩放下，用螺钉固定好。

广场、公路侧大型柱灯常采用水泥电杆或 $\phi300mm$ 以上的钢管支撑，护罩多为组合式，安装方法基本同上，柱灯的立柱必须垂直于地面。

10.8.9 建筑物照明进行通电试运行的注意事项

送电及试灯时应注意以下几点：

① 送电时先合总闸，再合分闸，最后合支路开关。

② 试灯时先试支路负载，再试分路，最后试总路。

③ 使用熔丝作保护的开关，其熔丝应按负载额定电流的1.1倍选择。

④ 送电前应将总闸、分闸、支路开关全部关掉。

10.8.10 施工现场临时照明装置的安装

临时用电应是暂时、短期和非周期用电。施工现场照明则属于临时照明装置。对施工现场临时照明装置的安装有如下要求：

① 安装前应检查照明灯具和器材必须绝缘良好，并应符合现行国家有关标准的规定，严禁使用绝缘老化或破损的灯具和器材。

② 照明线路应布线整齐，室内安装的固定式照明灯具悬挂高度不得低于2.5m，室外安装的照明灯具不得低于3m，照明系统每一单相回路上应装设熔断器作保护。安装在露天工作场所的照明灯具应选用防水型灯头，并应单独装设熔断器作保护。

③ 现场办公室、宿舍、工作棚内的照明线，除橡套软电缆和塑料护套线外，均应固定在绝缘子上，并应分开敷设；导线穿过墙壁时应套绝缘管。

④ 为防止绝缘能力降低或绝缘损坏，照明电源线路不得接触潮湿地面，也不得接近热源和直接绑挂在金属构架上。

⑤ 照明开关应控制相线，不得将相线直接引入灯具。当采用螺口灯头时，相线应接在中心触点上，防止产生触电的危险。灯具内的接线必须牢固，灯具外的接线必须做可靠的绝缘包扎。

⑥ 照明灯具的金属外壳必须做保护接地或保护接零。灯头的绝缘外壳不得有损伤和漏电。单相回路的照明开关箱（板）内必须装设漏电保护器。

⑦ 施工现场照明应采用高光效、长寿命的照明光源。照明灯具与易燃物之间应保持一定的安全距离。

⑧ 暂设工程照明灯具、开关安装位置应符合下列要求：

a. 拉线开关距地面高度为2~3m，临时照明灯具宜采用拉线开关。

b. 其他开关距地面高度为1.3m。

c. 严禁在床上装设开关。

⑨ 对于夜间影响飞机或车辆通行的在建工程或机械设备，必须设置醒目的红色信号灯，其电源应设在施工现场电源总开关的前侧。

10.9 开关的安装

10.9.1 拉线开关的安装

开关的安装位置应便于操作和维修，其安装应符合以下规定：

① 拉线开关距地面高度为 2～3m，或距顶棚 0.25～0.3m，距门框边宜为 0.15～0.2m，如图 10-21 所示。

② 为了装饰美观，并列安装的相同型号开关距地面高度应一致，高度差不应大于 1mm；同一室内安装的开关高度差不应大于 5mm。

10.9.2 暗开关的安装

暗开关有扳把式开关、跷板式开关（又称活装暗扳把式开关）、延时开关等。与暗开关安装方法相同的还有拉线式暗开关。根据不同布置需要有单联、双联、三联等形式。暗装开关盒如图 10-22 所示。暗装开关距地面高度一般为 1.3m；距门框水平距离，一般为 0.2m。

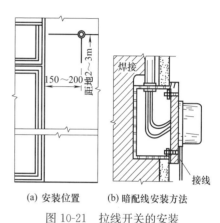

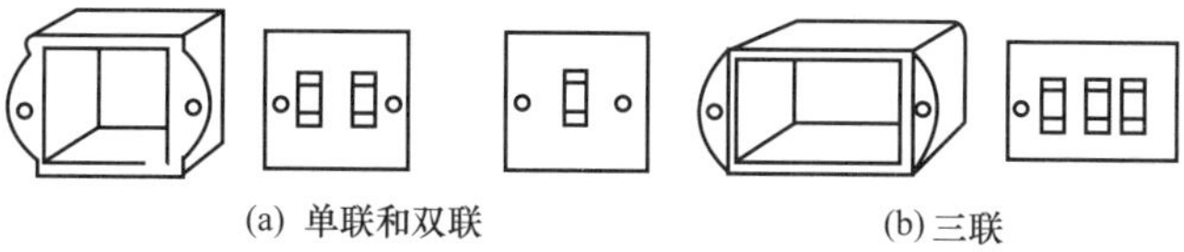

图 10-21 拉线开关的安装

(a) 安装位置　(b) 暗配线安装方法

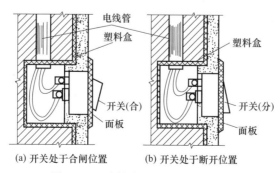

(a) 单联和双联　　　(b) 三联

图 10-22 暗装开关盒

暗装跷板式开关安装接线时，应使开关切断相线，并应根据开关跷板或面板上的标志确定面板的装置方向。跷板上有红色标记的应朝下安装。当开关的跷板和面板上无任何标志时，应装成跷板向下按时，开关处于合闸的位置，跷板向上按时，处于断开的位置，即从侧面看跷板上部突出时灯亮，下部突出时灯熄，如图 10-23 所示。

(a) 开关处于合闸位置　　(b) 开关处于断开位置

图 10-23 暗装跷板式开关通断位置

>>> 10.10 插座的安装

◎ 10.10.1 安装插座应满足的技术要求

① 插座垂直离地高度，明装插座不应低于 1.3m；暗装插座用于生活的允许不低于 0.15m，用于公共场所应不低于 1.3m，并与开关并列安装。

② 在儿童活动的场所，不应使用低位置插座，应装在不低于 1.3m 的位置上，否则应采取防护措施。

③ 浴室、蒸汽房、游泳池等潮湿场所内应使用专用插座。

④ 空调器的插座电源线，应与照明灯电源线分开敷设，应经配电板或漏电保护器后单独敷设，插座的规格也要比普通照明、电热插座大，导线截面积一般采用不小于 $1.5mm^2$ 的铜芯线。

⑤ 墙面上各种电器连接插座的安装位置应尽可能靠近被连接的电器，缩短连接线的长度。

◎ 10.10.2 插座的安装及接线

插座是长期带电的电器，是线路中最容易发生故障的地方，插座的接线孔都有一定的排列位置，不能接错，尤其是单相带保护接地（接零）的三极插座，一旦接错，就容易发生触电伤亡事故。暗装插座接线时，应仔细辨别盒内分色导线，正确地与插座进行连接。

插座接线时应面对插座。单相两极插座垂直排列时，上孔接相线（L 线），下孔接中性线（N 线），如图 10-24（a）所示。水平排列时，右孔接相线，左孔接中性线，如图 10-24（b）所示。

单相三极插座接线时，上孔接保护接地或接零线（PE 线），右孔接相线（L 线），左孔接中性线（N 线），如图 10-24（c）所示。严禁将上孔与左孔用导线连接。

三相四极插座接线时，上孔接保护接地或接零线（PE 线），左孔接相线（L_1 线），下孔接相线（L_2 线），右孔也接相线（L_3 线），如图 10-24（d）所示。

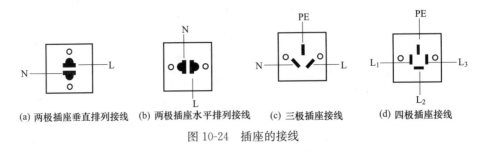

(a) 两极插座垂直排列接线　(b) 两极插座水平排列接线　(c) 三极插座接线　(d) 四极插座接线

图 10-24　插座的接线

暗装插座接线完成后，不要马上固定面板，应将盒内导线理顺，依次盘成圆圈状塞入盒内，且不允许盒内导线相碰或损伤导线，面板安装后表面应清洁。

≫ 10.11 电风扇的安装

○ 10.11.1 吊扇的安装

① 吊扇的安装需要在土建施工中，根据图纸预埋吊钩。吊钩不应小于悬挂销钉的直径，且应用不小于 8mm 的圆钢制作。在不同的建筑结构中，吊钩的安装方法也不同。

② 吊扇的规格、型号必须符合设计要求，并有产品合格证。吊扇叶片应无变形，吊杆长度合适。

③ 组装吊扇时应根据产品说明书进行，注意不要改变扇叶的角度。扇叶的固定螺钉应装防松装置。

④ 吊扇与吊杆之间、吊杆与电动机之间，螺纹连接啮合长度不得小于 20mm，并必须有防松装置。吊扇吊杆上的悬挂销钉必须装设防振橡皮垫，销钉的防松装置应齐全、可靠。

⑤ 操作工艺安装前检查、清理接线盒，注意检查接线盒预埋安装位置是否接错。

⑥ 吊扇接线时注意区分导线的颜色，应与系统穿线颜色一致，以区别相线、零线及保护地线。

⑦ 将吊扇通过减振橡胶耳环挂牢在预埋的吊钩上，吊钩挂上吊扇后，一定要使吊扇的重心和吊钩垂直部分在同一垂线上。吊钩伸出建筑物的长度应以盖住风扇吊杆护罩后能将整个吊钩全部罩住为宜，如图 10-25 所示。

⑧ 用压接帽接好电源接头，将接头扣于扣碗内，紧贴顶棚后拧紧固定螺钉。按要求安装好扇叶，扇叶距地面高度不应低于 2.5m。

⑨ 吊扇调速开关安装高度应为 1.3m。同一室内并列安装的吊扇开关高度应一致，且控制有序不错位。

⑩ 吊扇运转时扇叶不应有明显的颤动和异常声响。

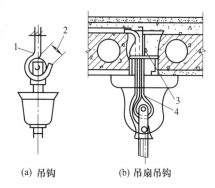

(a) 吊钩　　　　(b) 吊扇吊钩

图 10-25　吊扇吊钩安装
1—吊钩曲率半径；2—吊扇橡皮轮直径；
3—水泥砂浆；4—ϕ8mm 圆钢

○ 10.11.2 换气扇的安装

换气扇一般在公共场所、卫生间及厨房内墙体或窗户上安装。电源插座、控制开关须使用防溅型插座、开关。换气扇在墙上、窗上的安装做法如图 10-26 和图 10-27 所示。

○ 10.11.3 壁扇的安装

壁扇底座在墙上采用塑料胀管或膨胀螺栓固定，塑料胀管或膨胀螺栓的数量不应少于 2 个，且直径不应小于 8mm，壁扇底座应固定牢固。在安装的墙壁上找好挂板安装孔和底板

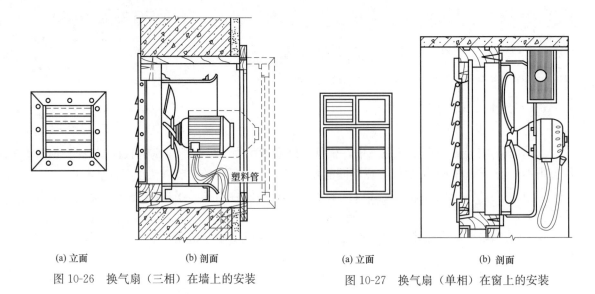

| (a) 立面 | (b) 剖面 | (a) 立面 | (b) 剖面 |

图 10-26　换气扇（三相）在墙上的安装　　　　图 10-27　换气扇（单相）在窗上的安装

钥匙孔的位置，安装好塑料胀管。先拧好底板钥匙孔上的螺钉，把风扇底板的钥匙孔套在墙壁螺钉上，然后用木螺钉把挂板固定在墙壁的塑料胀管上。壁扇的下侧边线距地面高度不宜小于 1.8m，且底座平面的垂直偏差不宜大于 2mm。壁扇的防护罩应扣紧，固定可靠。壁扇在运转时，扇叶和防护罩均不应有明显的颤动和异常声响。

第**11**章

安全用电

>>> 11.1 电流对人体的伤害

○ 11.1.1 电流对人体伤害的形式

电流对人体伤害的形式，可分为电击和电伤两类。伤害的形式不同，后果也往往不同。

① 电击 电击是指电流通过人体内部，破坏人的心脏、呼吸系统以及神经系统的正常工作，甚至危及生命的伤害。人体触及带电导线、漏电设备的外壳和其他带电体，以及雷击或电容器放电，都可能导致电击（通称触电）。在低压系统，通电电流较小，通电时间不长的情况下，电流引起人的心室颤动是电击致死的主要原因；在通电时间较长，通电电流更小的情况下也会形成窒息致死。

② 电伤 电伤是电能转化为其他形式的能量作用于人体所造成的伤害。它是高压触电造成伤害的主要形式。

电伤的形成大多是人体与高压带电体的距离近到一定程度，使这个间隙中的空气电离，产生弧光放电对人体外部造成局部伤害。电伤的后果，可分为电灼伤、电烙印和皮肤金属化等，电击和电伤的特征及危害见表 11-1。

表 11-1 电击和电伤的特征及危害

名　称		特　征	危　害
电击		人体表面无显著伤痕,有时找不到电流出入人体的痕迹	与人体电阻的变化、通过人体的电流的大小、电流的种类、电流通过的持续时间、电流通过人体的途径、电流频率、电压高低及人体的健康状况等因素有关
电伤	电灼伤	人触电时,人体与带电体的接触不良就会有火花和电弧发生,由于电流的热效应造成皮肤的灼伤	皮肤发红、起泡及烧焦和组织破坏。严重的电灼伤可致人死亡,严重的电弧伤眼可引起失明
	电烙印	由电流的化学效应和机械效应引起,通常在人体和导电体有良好接触的情况下发生	皮肤表面留有圆形或椭圆形的肿块痕迹,颜色是灰色或淡黄色,并有明显的受伤边缘、皮肤硬化现象

续表

名 称		特 征	危 害
电伤	皮肤金属化	熔化和蒸发的金属微粒在电流的作用下渗入表面层,皮肤的伤害部分形成粗糙坚硬的表面及皮肤呈特殊颜色	皮肤金属化是局部性的,日久会逐渐脱落
	间接伤害	因电击引起的次生人身伤害事故	如高空坠跌、物体打击、火灾烧伤等

在触电伤害中,有时主要是电击对人体的伤害,有时也可能是电击和电伤同时发生。触电伤害中,绝大部分触电死亡事故都是电击造成的,而通常所说的触电事故,基本上是针对电击而言的。

◎ 11.1.2　人体触电时的危险性分析

① 人体触电时,致命的因素是通过人体的电流,而不是电压,但是当电阻不变时,电压越高,通过人体的电流就越大。因此,人体触及到带电体的电压越高,危险性就越大,但不论是高压还是低压,触电都是危险的。

② 电流通过人体的持续时间是影响触电伤害程度的一个重要因素。人体通过电流的时间越长,人体电阻就越低,流过的电流就越大,对人体组织破坏就越厉害,造成的后果就越严重。同时,人体心脏每收缩、扩张一次,中间约有 0.1s 的间隙。这 0.1s 对电流最为敏感,若电流在这一瞬间通过心脏,即使电流很小(零点几毫安)也会引起心室颤动;如果电流不在这一瞬间通过心脏,即使电流较大,也不会引起心脏停搏。

由此可见,只有电流持续时间超过 0.1s,并且必须与心脏最敏感的间隙相重合,才会造成很大的危险。

③ 电流通过人体的途径也与触电程度有直接关系。当电流通过人体的头部时,会使人立即昏迷,或对脑组织产生严重损坏而导致死亡;当通过人体脊髓时,会使人半截肢体瘫痪;当通过人体中枢神经或有关部位时,会引起中枢神经系统强烈失调而导致死亡;当通过心脏时,会引起心室颤动,电流较大时,会使心脏停止跳动,从而导致血液循环中断而死亡。因此,电流通过心脏、呼吸系统和中枢神经系统时,其危害程度比其他途径要严重。

实践证明,电流从一只手到另一只手或从手到脚流过,触电的危害最为严重,这主要是因为电流通过心脏,引起心室颤动,使心脏停止跳动,直接威胁着人的生命安全。因此,应特别注意,勿让触电电流经过心脏。

应特别指出的是,通过心脏电流的百分数小,并不等于没有危险。因为,人体的任何部位触电,都可能形成肌肉收缩以及脉搏和呼吸神经中枢的急剧失调,从而丧失知觉,形成触电伤亡事故。

④ 电流的种类和频率对触电的程度有很大影响。电流的种类不同,对触电的危险程度也不同。许多研究者对人身触电电流的类型和频率做过比较和评定,但直到目前,对这个问题仍未取得一致意见。如在同样的电压下,用比较法研究交流和直流的危险性,就未得出确定的倍数关系,说明还存在一些不明原因。

一般情况下,直流的危险性要比交流的危险性要小,这主要是因为人体电气参数有交、直流之分,而且不同类型的电流,作用在活的肌体上,所引起的生理反应也不同。

另外,不同频率的电流对人体的危害也不一样。频率越高,危害越小。多数研究者认为,50～60Hz 是对人体伤害最严重的频率(也有资料表明,200Hz 时最危险),当电流的频率超过 2000Hz 时，对心肌的影响就很小了，所以医生常用高频电流给病人进行理疗。

⑤ 人的健康状况，人体的皮肤干湿等情况对触电伤害程度也有影响。一般情况下，凡患有心脏病、神经系统疾病或结核病的人，由于自身抵抗能力差，触电后引起的伤害程度，要比一般健康人更为严重。另外，皮肤干燥时电阻大，通过的电流小；皮肤潮湿时电阻小，通过的电流就大，触电危险性就大。

》》 11.2 安全电流和安全电压

◯ 11.2.1 安全电流

电流对人体是有害的，那么，多大的电流对人体是安全的？根据科学实验和事故分析得出不同的数值，但确定 50～60Hz 的交流电 10mA 和直流电流 50mA 为人体的安全电流，也就是说人体通过的电流小于安全电流时对人体是安全的。各种不同数值的电流对人身的伤害程度情况见表 11-2 。

表 11-2　电流对人体的危害程度

电流/mA	50Hz 交流电	直 流 电
0.6～1.5	开始感觉手指麻刺	没有感觉
2～3	手指强烈麻刺	没有感觉
5～7	手部疼痛，手指肌肉发生不自主收缩	刺痛并感到灼热
8～10	手难于摆脱电源，但还可以脱开，手感到剧痛	灼热增加
20～25	手迅速麻痹，不能脱离电源，呼吸困难	灼热愈加增高，产生不强烈的肌肉收缩
50～80	呼吸麻痹，心脏开始振颤	强烈的肌肉痛，手肌肉不自主地强烈收缩，呼吸困难
90～100	呼吸麻痹，持续 3s 以上，心脏停止跳动	呼吸麻痹
500 以上	延续 1s 以上有死亡危险	呼吸麻痹，心室振颤，停止跳动

◯ 11.2.2 人体电阻的特点

人体触电时，人体电阻是决定人身触电电流大小、人对电流的反应程度和伤害的重要因素。一般情况下，当电压一定时，人体电阻越大，通过人体的电流就越小，反之，则越大。

人体电阻是指电流所经过人身组织的电阻之和。它包括两个部分，即内部组织电阻和皮肤电阻。内部组织电阻与接触电压和外界条件无关，而皮肤电阻随皮肤表面干湿程度和接触电压而变化。

皮肤电阻是指皮肤外表面角质层的电阻，它是人体电阻的重要组成部分。由于人体皮肤的外表面角质层具有一定的绝缘性能，因此，决定人体电阻值大小的主要是皮肤外表面角质层。人的外表面角质层的厚薄不同，电阻值也不同。一般人体承受 50V 的电压时，人的皮肤角质外层绝缘就会出现缓慢破坏的现象，几秒钟后接触点即生水泡，从而破坏了干燥皮肤的绝缘性能，使人体的电阻值降低。电压越高，电阻值降低得越快。另外，人体出汗、身体有损伤、环境潮湿、接触带有能导电的化学物质、精神状态不良等情况，都会使皮肤的电阻值显著下降。皮肤电阻还同人体与带电体的接触面积及压力有关，这正如金属导体连接时的接触电阻一样，接触面积越大，电阻则越小。

不同条件下的人体电阻见表11-3。

表 11-3　不同条件下的人体电阻

接触电压/V	人体电阻/Ω			
	皮肤干燥①	皮肤潮湿②	皮肤潮湿③	皮肤浸入水中④
10	7000	3500	1200	600
25	5000	2500	1000	500
50	4000	2000	875	440
100	3000	1500	770	375
250	1500	1000	650	325

① 干燥场合的皮肤，电流途径单手至双脚。
② 潮湿场所的皮肤，电流途径单手至双脚。
③ 有水蒸气，特别潮湿场所的皮肤，电流途径双手至双脚。
④ 游泳池或浴池中的情况，基本为体内电阻。

不同类型的人，皮肤电阻差异很大，因而使人体电阻差异也大。所以，在同样条件下，有人发生触电死亡，而有人能侥幸不受伤害。但必须记住，即使平时皮肤电阻很高，如果受到上述各种因素的影响，仍有触电伤亡的可能。

一般情况下，人体电阻主要由皮肤电阻来决定，人体电阻一般可按1～2kΩ考虑。

11.2.3　安全电压

安全电压是为了防止触电事故而采用的有特定电源的电压系列。安全电压是以人体允许电流与人体电阻的乘积为依据而确定的。安全电压一方面是相对于电压的高低而言，但更主要是指对人体安全危害甚微或没有威胁的电压。

我国安全电压标准规定的安全电压系列是6V、12V、24V、36V和42V。当设备采用安全电压作直接接触防护时，只能采用额定值为24V以下（包括24V）的安全电压；当作间接接触防护时，则可采用额定值为42V以下（包括42V）的安全电压。

从安全电压与使用环境的关系来看，由于触电的危险程度与人体电阻有关，而人体电阻与不同使用环境下的接触状况有极大的关系，在不同的状况下，人体电阻是不同的。

人体电阻与接触状况的关系，通常分为三类：
① 干燥的皮肤，干燥的环境，高电阻的地面（此时人体阻抗最大）。
② 潮湿的皮肤，潮湿的环境，低电阻的地面（此时人体阻抗最小）。
③ 人浸在水中（此时人体电阻可忽略不计）。

11.2.4　使用安全电压的注意事项

① 应根据不同的场合按规程规定选择相应电压等级的安全电压。
② 采取降压变压器取得安全电压时，应采用双绕变压器，而不能采用自耦变压器，以使一、二次绕组之间只有电磁耦合而不直接发生电的联系。
③ 安全电压的供电网络必须有一点接地（中性线或某一相线），以防电源电压偏移引起触电。
④ 安全电压并非绝对安全，如果人体在汗湿、皮肤破裂等情况下长时间触及电源，也

可能发生电击伤害。因此，采用安全电压的同时，还要采取防止触电的其他措施。

》》 11.3 安全用电常识

11.3.1 用电注意事项

① 严禁用一线一地安装用电器具。

② 在一个电源插座上不允许引接过多或功率过大的用电器具和设备。

③ 未掌握有关电气设备和电气线路知识的专业人员，不可安装和拆卸电气设备及线路。

④ 严禁用金属丝绑扎电源线。

⑤ 严禁用潮湿的手接触开关、插座及具有金属外壳的电气设备，不可用湿布擦拭上述电器。

⑥ 堆放物资、安装其他设备或搬移各种物体时，必须与带电设备或带电导体相隔一定的安全距离。

⑦ 严禁在电动机和各种电气设备上放置衣物，不可在电动机上坐立，不可将雨具等挂在电动机或电气设备的上方。

⑧ 在搬移电焊机、鼓风机、洗衣机、电视机、电风扇、电炉和电钻等可移动电器时，要先切断电源，更不可拖拉电源线来移动电器。

⑨ 在潮湿的环境下使用可移动电器时，必须采用额定电压 36V 及以下的低压电器。在金属容器及管道内使用移动电器，应使用 12V 的低压电器，并要加接临时开关，还要有专人在该容器外监视。安全电压的移动电器应装特殊型号的插头，以防误插入 220V 或 380V 的插座内。

⑩ 雷雨天气，不可走近高压电杆、铁塔和避雷针的接地导线周围，以防雷电伤人。

11.3.2 短路的危害

短路是指由电源通向用电设备（也称负载）的导线不经过负载（或负载为零）而相互直接连通的状态，也称短路状态。

短路的危害是：短路所产生的短路电流远远超过导线和设备所允许的电流限度，结果造成电气设备过热或烧损，甚至引起火灾。另外，短路电流还会产生很大的电动力，可能会导致设备严重损坏。所以，应采取相应的保护措施，如装设保护装置，以防止发生短路或限制短路造成烧损。

11.3.3 绝缘材料被击穿的原因

通常，绝缘材料所承受的电压超过一定程度，其某些部位就会发生放电而遭到破坏，这就是绝缘击穿现象。固体绝缘一旦击穿，一般不能恢复绝缘性能。而液体和气体绝缘如果击穿，在电压撤除后，其绝缘性能通常还能恢复。

固体绝缘击穿分热击穿和电击穿两种。

热击穿是绝缘材料在外加电压作用下，产生泄漏电流而发热，如果产生的热量来不及排散，绝缘材料的温度就会升高，由于它具有负的温度系数，所以绝缘电阻随温度的升高而减小，而增大的电流又使绝缘材料进一步发热，直至其熔化和烧穿。热击穿是"热"起主要作用。

电击穿是绝缘材料在强电场的作用下，其内部的离子进行高速运动，从而使中性分子发生碰撞电离，以致产生大量电流而被击穿。电击穿主要决定于电场强度的高低。

通常，用绝缘电阻表来测试绝缘电阻，以判断电气设备的绝缘好坏。如果没有绝缘电阻表，也可用万用表的 $R \times 10k\Omega$ 挡进行大概的测试。由于万用表不能产生足够高的电压，所测得的电阻值一般不够准确，只能作为参考。如果万用表测得的电阻值不符合要求，说明电气设备的绝缘水平低，不符合要求；如果万用表测得的电阻值符合要求，也不能据此判断绝缘正常，还应进一步采取其他方法补充测试。

电气设备绝缘电阻的测量，应停电进行，并断开与它有联系的所有电气设备和电路。

◎ 11.3.4 预防绝缘材料损坏的措施

① 不使用质量不合格的电气产品；
② 按工作环境和使用条件正确选用电气设备；
③ 按规定正确安装电气设备或线路；
④ 按技术参数使用电气设备，避免过电压和过负荷运行；
⑤ 正确选用绝缘材料；
⑥ 按规定的周期和项目对电气设备进行绝缘预防性试验；
⑦ 适当改善绝缘结构；
⑧ 在搬运、安装、运行和维护中避免电气设备的绝缘结构受机械损伤，受潮湿、污物的影响。

≫ 11.4 触电的类型及防止触电的措施

◎ 11.4.1 单相触电

图 11-1 单相触电

在中性点接地的电网中，当人体接触一根相线（火线）时，人体将承受 220V 的相电压，电流通过人体、大地和中性点的接地装置形成闭合回路，造成单相触电，如图 11-1 所示。此外，在高压电气设备或带电体附近，当人体与高压带电体的距离小于规定的安全距离时，将发生高压带电体对人体放电，造成触电，这种触电方式也称为单相触电。

在中性点不接地的电网中，如果线路的对地绝缘不良，也会造成单相触电。

在触电事故中，大部分属于单相触电。

● 11.4.2 两相触电

人体与大地绝缘的时候，同时接触两根不同的相线或人体同时接触电气设备不同相的两个带电部分时，这时电流由一根相线经过人体到另一根相线，形成闭合回路。这种情形称为两相触电，此时人体上的电压比单相触电时高，后果更为严重，如图11-2所示。

● 11.4.3 跨步电压触电

当架空线路的一根带电导线断落在地上时，以落地点为中心，在地面上会形成不同的电位。如果此时人的两脚站在落地点附近，两脚之间就会有电位差，即跨步电压。由跨步电压引起的触电，称为跨步电压触电，如图11-3所示。

图 11-2 两相触电

图 11-3 跨步电压触电

当发生跨步电压触电时，先感觉到两脚麻木、发生抽筋以致跌倒，跌倒后，由于手、脚之间的距离加大，电压增高，心脏串联在电路中，人就有生命危险。跨步电压的高低决定于人体与导线落地点的距离，距导线落地点越近，跨步电压越高，危险性越大，距导线落地点越远，电流越分散，地面电位也越低。当人体与导线落地点距离达到20m以上时，地面电位近似等于零，跨步电压也为零，就不会发生跨步电压触电。因此，遇到这种危险场合，应合拢双脚跳离接地处20m之外，以保障人身安全。

● 11.4.4 接触电压触电

人体与电气设备的带电外壳相接触而引起的触电，称为接触电压触电，如图11-4所示。当电气设备（如变压器、电动机等）的绝缘损坏而使外壳带电时，电流将通过接地装置注入大地，同时在以接地点为中心的地面上形成不同的电位。如果此时人体触及带电的设备外壳，便会发生接触电压触电，而接触电压又等于相电压减去人体站立点的地面电位，所以人体站立点离接触点越近，接触电压越小；反之，接触电压就越大。

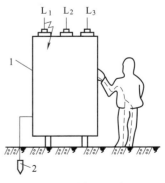

图 11-4 接触电压触电
1—变压器外壳；2—接地体

当电气设备的接地线断路时，人体触及带电外壳的触电情况与单相触电情况相同。

◎ 11.4.5 防止触电的措施

电工属于特殊工种，除必须熟练掌握正规的电工操作技术外，还应掌握电气安全技术，在此基础上方可参加电工操作。为保证人身安全，应注意以下几点：

① 电工在检修电路时，应严格遵守停电操作的规定，必须先拉下总开关，并拔下熔断器（保险盒）的插座，以切断电源，方可操作。电工操作时，严禁任何形式的约时停送电，以免造成人身伤亡事故。

② 在切断电源后，电工操作者须在停电设备的各个电源端或停电设备的进出线处，用合格的验电笔进行验电。如在闸刀开关或熔断器上验电时，应在断口两侧验电；在杆上电力线路验电时，应先验下层，后验上层，先验距人较近的，后验距人较远的导线。

③ 经验明设备两端确实无电后，应立即在设备工作点两端导线上挂接地线。挂接地线时，应先将地线的接地端接好，然后在导线上挂接地线，拆除接地线的程序与上述相反。

④ 为防止电路突然通电，电工在检修电路时，应采取以下措施：

a. 操作前应穿具有良好绝缘的胶鞋，或在脚下垫干燥的木凳等绝缘物体，不得赤脚、穿潮湿的衣服或布鞋。

b. 在已拉下的总开关处挂上"有人工作，禁止合闸"的警告牌，并进行验电；或一人监护，一人操作，以防他人误把总开关合上。同时，还要拔下用户熔断器上的插盖。注意在动手检修前，仍要进行验电。

c. 在操作过程中，不可接触非木结构的建筑物，如砖墙、水泥墙等，潮湿的木结构也不可触及。同时，不可同没有与大地绝缘的人接触。

d. 在检修灯头时，应将电灯开关断开；在检修电灯开关时，应将灯泡卸下。在具体操作时，要坚持单线操作，并及时包扎接线头，防止人体同时触及两个线头。

以上只是一些基本的电工安全作业要点，在实际工作中，还应根据具体条件，制订符合实际情况的安全规程。国家及有关部门颁发了一系列的电工安全规程规范，维修电工必须认真学习，严格遵守。

⟩⟩⟩ 11.5 触电急救

◎ 11.5.1 使触电者迅速脱离电源的方法

当发现有人触电时，首先应切断电源开关，或用木棒、竹竿等不导电的物体挑开触电者身上的电线，也可用干燥的木把斧头等砍断靠近电源侧电线。砍电线时，要注意防止电线断落到别人或自己身上。

如果发现在高压设备上有人触电时，应立即穿上绝缘鞋，戴上绝缘手套，并使用适合该电压等级的绝缘棒作为工具，使触电者脱离带电设备。

使触电者脱离电源时，千万不能用手直接去拉触电者，更不能用金属或潮湿的物件去挑电线，否则救护人员自己也会触电。在夜间或风雨天救人时，更应注意安全。

　　触电者脱离电源后,如果神志清醒,只是感到有些心慌、四肢发麻、全身无力;或者触电者在触电过程中曾一度昏迷,但很快就恢复知觉。在这种情况下,应使触电者在空气流通的地方静卧休息,不要走动,让他自己慢慢恢复正常,并注意观察病情变化,必要时可请医生前来诊治或送医院。

◯ 11.5.2 对触电严重者的救护

(1) 人工呼吸法

　　具体做法是:先使触电人脸朝上仰卧,头抬高,鼻孔尽量朝天,救护人员一只手捏紧触电人的鼻子,另一只手掰开触电者的嘴,然后紧贴触电者的嘴吹气,如图 11-5 (a) 所示。也可隔一层纱布或手帕吹气,吹气时用力大小应根据不同的触电人而有所区别。每次吹气要以触电人的胸部微微鼓起为宜,吹气后立即将嘴移开,放松触电人的鼻孔使嘴张开,或用手拉开其下嘴唇,使空气呼出,如图 11-5 (b) 所示。吹气速度应均匀,一般为每 5s 重复一次(吹 2s、放 3s)。触电人如已开始恢复自主呼吸后,还应仔细观察呼吸是否还会停止。如果再度停止,应再进行人工呼吸,但这时人工呼吸要与触电者微弱的自主呼吸规律一致。

(2) 胸外心脏按压法

　　胸外心脏按压法是触电者心脏停止跳动后的急救方法。做胸外心脏按压时,应使触电者仰卧在比较坚实的地方,如木板、硬地上。救护人员双膝跪在触电者一侧,将一手的掌根放在触电者的胸骨下端〔见图 11-6 (a)〕,另一只手叠于其上〔见图

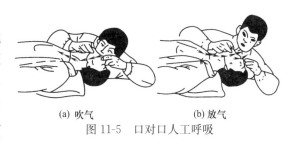

(a) 吹气　　　　　(b) 放气

图 11-5　口对口人工呼吸

11-6 (b)〕,靠救护人员上身的体重,向胸骨下端用力加压,使其陷下 3cm 左右〔见图 11-6 (c)〕,随即放松(注意手掌不要离开胸壁),让其胸廓自行弹起〔见图 11-6 (d)〕。如此有节奏地进行按压,以每分钟 100 次左右为宜。

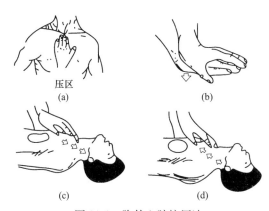

压区
(a)　　　　　(b)

(c)　　　　　(d)

图 11-6　胸外心脏按压法

　　胸外心脏按压法可以与人工呼吸法同时进行,如果有两人救护,可同时采用两种方法;如果只有一人救护,可交替采用两种方法,先按压心脏 30 次,再吹一次气,如此反复进行效果较理想。

　　在抢救过程中,如果发现触电者皮肤由紫变红,瞳孔由大变小,则说明抢救收到了效果。当发现触电者能够自己呼吸时,即可停止做人工呼吸,如人工呼吸停止后,触电者仍不能自己维持呼吸,则应立即再做人工呼吸,直至其脱离危险。

　　此外,对于与触电同时发生的外伤,应视情况酌情处理。对于不危及生命的轻度外伤,可放在触电急救之后处理;对于严重的外伤,应与人工呼吸和胸外心脏按压同时进行处理;如果伤口出血较多应予以止血,为避免伤口感染,最好予以包扎,使触电者尽快脱离生命危险。

参 考 文 献

[1]　龚顺镒. 电工电子手册. 北京：中国电力出版社，2008.
[2]　王槐斌等. 电路与电子简明教程. 武汉：华中科技大学出版社，2006.
[3]　严晓斌. 电子技术问答. 北京：机械工业出版社，2007.
[4]　王吉华. 电工快速掌握精要问答. 上海：上海科学技术出版社，2009.
[5]　王臣等. 电工技能图解. 北京：机械工业出版社，2012.
[6]　闫和平. 低压配电线路与电气照明技术问答. 北京：机械工业出版社，2007.
[7]　周晓鸣等. 新编电工技能手册. 北京：中国电力出版社，2010.
[8]　王兰君等. 全程图解电工实用技能. 北京：人民邮电出版社，2010.
[9]　陈海波等. 电工入门一点通. 北京：机械工业出版社，2012.
[10]　张应立. 内外线电工必读. 北京：化学工业出版社，2010.
[11]　刘法治. 维修电工实训技术. 北京：清华大学出版社，2006.
[12]　王俊峰等. 电工安装一本通. 北京：机械工业出版社，2011.
[13]　王世锟. 维修电工操作 1000 个怎么办. 北京：中国电力出版社，2010.
[14]　徐红升等. 图解电工操作技能. 北京：化学工业出版社，2008.
[15]　栗安安等. 维修电工（中级）. 北京：化学工业出版社，2009.
[16]　孙克军. 实用电工技术问答. 北京：金盾出版社，2011.
[17]　张军. 电工快速入门. 北京：国防工业出版社，2007.